普通高等教育"十三五"规划教材

电磁冶金学

亢淑梅　编著

北　京
冶金工业出版社
2017

内 容 提 要

本书集流体力学基础知识、电磁场作用基本原理、电磁场数值模拟及电磁场在材料领域应用实例为一体，以通俗易懂的方式叙述相关技术工作原理，讲述了电磁技术数值模拟和应用的各种具体问题，并对电磁场在冶金和材料制备过程中的实际应用做了详尽的介绍。

本书为高等院校冶金、材料专业以及机电一体化等相关专业本科生、研究生教材，也可供相关领域的科研、生产及设计人员参考。

图书在版编目（CIP）数据

电磁冶金学／亢淑梅编著. —北京：冶金工业出版社，
2017. 8

普通高等教育"十三五"规划教材

ISBN 978-7-5024-7579-6

Ⅰ. ①电…　Ⅱ. ①亢…　Ⅲ. ①电磁流体力学—应用—冶金学—高等学校—教材　Ⅳ. ①TF19

中国版本图书馆 CIP 数据核字（2017）第 210310 号

出 版 人　谭学余
地　　　址　北京市东城区嵩祝院北巷 39 号　邮编　100009　电话　(010)64027926
网　　　址　www. cnmip. com. cn　电子信箱　yjcbs@ cnmip. com. cn
责任编辑　宋　良　美术编辑　吕欣童　版式设计　孙跃红
责任校对　郑　娟　责任印制　牛晓波
ISBN 978-7-5024-7579-6
冶金工业出版社出版发行；各地新华书店经销；三河市双峰印刷装订有限公司印刷
2017 年 8 月第 1 版，2017 年 8 月第 1 次印刷
787mm×1092mm　1/16；10.25 印张；250 千字；156 页
28.00 元

冶金工业出版社　投稿电话　(010)64027932　投稿信箱　tougao@ cnmip. com. cn
冶金工业出版社营销中心　电话　(010)64044283　传真　(010)64027893
冶金书店　地址　北京市东四西大街 46 号(100010)　电话　(010)65289081(兼传真)
冶金工业出版社天猫旗舰店　yjgycbs. tmall. com
（本书如有印装质量问题，本社营销中心负责退换）

前　言

电磁场具有非接触传递热能和动能给材料的能力，能提供非常清洁的材料加工技术，被广泛用于冶金和材料制备过程中。近10年来，材料电磁加工成为材料科学和制备领域内重要的研究方向，已从早期的改进传统的工艺过程发展成为新材料、新工艺开发的源泉。面对新世纪经济和技术的挑战，电磁技术在材料制备过程中将扮演重要的角色。

在冶金过程中，一是应用电磁感应加热，如熔炼金属；二是应用电磁搅拌，以改善材料的性能。早在20世纪50年代，法国就开始对电磁场中的凝固现象进行了研究，并把电磁搅拌技术应用在板材的连铸中，采用电磁力对铸模和二冷区内的钢水进行搅拌，以提高产品的表面质量和内部质量。近几年，许多冶金学学者努力开展相关学科研究，学习现代化学工程学、计算流体力学（CFD）、传输理论等方面的知识，利用数学解析方法和计算技术，来定量分析和解决冶金学理论和工艺方面的问题，并获得重要进展。本书论述了冶金工程中电磁场作用基本原理、动量传输基本方程、电磁流体力学等，并对电磁场在冶金工程中的应用做了介绍。

全书共分7章，第1章概述，介绍了电磁冶金基本概念，电磁场的利用技术相关知识，强磁场分类及应用；第2章介绍了电磁场理论基础；第3章介绍了应用在冶金中的电磁流体力学相关知识；第4章介绍了电磁场数值模拟解析方法等基础知识，为电磁场的数值模拟奠定基础；第5章对电磁铸造原理、工艺、设备及应用现状做了介绍；第6章对电磁技术在冶金中的应用进行了介绍，包括冷坩埚感应熔炼技术、悬浮熔炼、电磁驱动、电磁细化、感应加热、检测功能、精炼功能等；第7章介绍了电磁技术在材料制备中的应用。在本书编写过程中，编者得到了辽宁科技大学校、院、系各级领导和同事们的支持与帮助，教务处对出版工作给予了大力支持，在此一并表示衷心的感谢。

本书内容涉及物理、声学、冶金及材料加工等诸多学科，且各学科发展迅速，由于时间、篇幅及知识面所限，难免有不妥之处，恳请读者指正。

亢淑梅

2017 年 5 月于鞍山

目　　录

1 概　述

1.1　电磁冶金学的沿革

材料电磁加工是在电场、磁场作用下制备材料的工艺方法。电磁场具有非接触传递热能和动能给材料的能力，能提供非常清洁的材料加工技术，被广泛地用于冶金和材料制备过程中。其通过在液体金属中形成热和力的交互作用，可提高铸坯的组织、结构和成分的均匀性，提高材料的物理性能。

电磁冶金是利用电磁场的力效应及热效应等来影响冶金过程中能量传输、流体运动和形状控制，进而达到优化冶金过程、提高生产效率、改善产品质量和性能的目的。以电磁热流体力学理论为指导，对各类材料进行制备、凝固、成型、处理的工程技术，称为电磁冶金技术。电磁热流体力学是电磁学、热力学、流体力学三个学科相互交叉的学科，包括流体与热、流体与电磁、热与电磁之间相互作用形成的理论。

法拉第早在 1823 年就开始研究海洋流动和地磁场的关系，注意到磁流体力学现象。而法拉第电磁感应定律和焦耳定律的提出，为电磁场热效应奠定了理论基础。人们很早以前就开始使用电能来冶炼金属。之后，人们发现了电场和磁场共同作用于液态金属产生的电磁流体力学现象，并将其应用于冶金生产，形成了电磁搅拌、电磁悬浮熔炼等一系列电磁冶金技术；随后扩展到材料制备的诸多过程中，称为材料电磁过程。近 10 年来，材料电磁加工（Electromagnetic processing，EPM）已成为材料科学和制备领域内重要的研究方向，它已从开始的改进传统的工艺过程发展成为新材料、新工艺开发的源泉。因此，材料电磁加工被认为是 21 世纪在冶金和铸造领域最有可能实现突破的技术方法。

在材料加工领域，磁场应用于材料的凝固技术有着悠久的历史。据文献报道，美国 J. D. Mcneill 1922 年获得了 EMS 控制凝固过程的专利；穆克于 1923 年提出了“悬浮熔融”的方法；Dreyfus 博士 1932 年从法拉第的电磁感应原理中发现，低速移动着的感应磁场能在钢水中产生强力的搅拌作用；Alfven 1942 年提出了在天体等离子体研究中有重要作用的磁流体力学波（后被称为阿尔文波），“磁流体力学”（Magneto hydrodynamics，MHD）一词开始被应用，磁流体力学也趋于系统化。至 1942 年，磁流体动力学的建立正式将磁场在金属加工中的应用提高到一个新的阶段，并开始了长达 70 年的理论研究工作。磁流体力学是研究导电流体在电磁场作用下运动规律的一门学科，涉及经典电动力学和流体力学。早在 18 世纪 60 年代，单一电场就被用来精炼铜金属，之后逐步发展到钢的冶炼等冶金生产中。19 世纪初期，又涌现出应用磁场及电场与磁场的复合场的冶金技术。1865 年，Maxwell 发表论文《电磁场的动力学理论》，提出了完整描述电磁场的方程组。

1982 年，在英国剑桥举行的“磁流体动力学在冶金学中的应用”会议上，首次提出了将磁流体动力学和冶金学结合建立新的学科"材料的电磁加工（Electromagnetic processing of materials，EPM）"。这次会议在材料的电磁加工领域有着里程碑的重要意义。到 1990 年，在日本名古屋召开的第六届国际钢铁会议上，材料电磁加工这个新兴术语第一次正式被提出。到了 1994 年，材料电磁加工这个新兴学科在日本名古屋召开了第一次国际会议，标志着材料电磁加工领域正式开始了国际化合作研究的进程。磁场对金属的作用一般从热力学（温度、压力、组分）、动力学（平移、旋转、加速、振动）和电学（极化、电热、索雷特效应）三个角度来讨论，按照磁场的类别，磁场在材料凝固技术中的应用可以分为两大类：稳态磁场和非稳态磁场。非稳态磁场分为旋转磁场，行波磁场，脉动、脉冲、交变磁场，复合电场磁场。

电磁场根据产生磁场装置不同可以分为：由传统线圈产生的普通强度的直流磁场，主要用于控制液体金属的流动。例如，作为电磁制动，抑制连铸结晶器内钢液的流动，抑制中间包内钢液的紊流等；作为电磁"坝"，用于薄带连铸的侧封等，改善冶金质量。由超导线圈产生的高强度的直流磁场，主要用于控制液体金属的流动，例如，作为电磁制动，抑制连铸特别是高速连铸时结晶器内钢液的流动，控制液体金属的形核、生长等凝固过程，开发新材料。频率从数赫兹到数十兆赫兹的交流磁场是材料加工过程中应用最广泛的一种磁场，可以通过磁场频率的选择，将其应用于感应加热、电磁搅拌、电磁加压、电磁传输等工艺过程，是控制液体金属传输的有力手段。其他特殊磁场，例如移动磁场、脉冲磁场、变幅磁场等，主要用于高效节能等新技术工艺的开发。上述各种磁场不仅可以单独使用，还可以将几种磁场同时用于某一材料加工过程。电磁场在材料制备过程中的使用将有助于高效益生产和能量合理利用。例如，在连铸过程中应用电磁场不仅改善了铸坯的质量，而且极大地节省了能源。特别是超导强磁场技术的发展，可能开发出无限的新材料和新工艺。这正是材料电磁加工的魅力所在。电磁场具有许多电热技术无法比拟的优点，最显著的特点是其可传递热能和动能给材料，且材料和电源之间不接触。因而电磁场能提供非常清洁的材料加工技术，生产高纯度材料。

电磁场应用于材料加工的另一个优点是可选择性大。

在过去电磁场主要应用于炼钢，特别是金属的连续铸造过程中，并取得了突破性的进展。毫无疑问，如果没有电磁场的应用，钢的连续铸造技术不可能发展到今天。目前在炼钢的每一个环节，如熔化、精炼、铸造、轧制等，几乎都应用了电磁场。

电磁搅拌（EMS）是由瑞典 ASEA 公司首先提出的。1948 年，制造出世界第一台电磁搅拌器用于电弧炉炼钢。1952 年，德国的半工业连铸机实现二冷区电磁搅拌，之后奥地利 Kapfanberg 厂的 Beohler 连铸机进行了结晶器工频旋转电磁搅拌的工业试验。1973 年，法国 SAFE 厂首先在四流方坯连铸机采用电磁搅拌技术，开辟了连铸电磁搅拌技术的工业应用。世界首台板坯连铸机二冷段电磁搅拌器（DKS）在新日铁君津厂投入使用，电磁搅拌技术逐渐发展成熟，为铸坯质量的提高和钢铁冶金生产的全连铸化，打下了重要的技术基础。1976 年，板坯连铸机结晶器电磁搅拌第一次用于德国的 Forges & Acieries de Dillingen 的立式板坯连铸机上（布置在板坯连铸机结晶器的每个宽面，目前已不再使用）。1977 年，法国 Rotelec 公司为小、大方坯结晶器搅拌器注册商标。ABB 提出辊后箱式搅拌的设想，安装在铸流奥氏体钢（无磁性）支撑辊后面。1978 年，法国钢研院在西德 Eillingen 厂的板坯连铸机首次使用了电磁搅拌技术，其方法是在结晶器宽面铜板后面的冷却水箱内装设线圈，产生竖直方向的线性搅拌，发现经搅拌后低碳铝镇静钢的皮下质量有明显改善。1979 年，法国 Rotelec 公司采用新型搅拌辊，进行了板坯连铸的二冷区电磁搅拌。同期，磁流体力学也获得了科学家的重视，取得了一系列的研究成果。Karl-Heinz Spitzer 等用模型实验和数值模拟的方法研究了圆坯在旋转搅拌作用下钢水内电磁场和流场。在对各种情况计算结果进行分析的基础上，讨论了搅拌器的内径、长度、磁感强度、激磁电流的频率、搅拌器沿长度方向的安装位置对流场的影响。对有限长搅拌器的非理想情况的流场分析结果表明：有限长旋转搅拌器将产生二次流，此二次流对整个流场有很大影响。板坯连铸机电磁搅拌技术开发较晚。后来，日本 Kobe Steel Ltd 在弧形板坯铸机上安装了直线型电磁搅拌器，同样使铸坯质量得到改善。1981 年，NSC 提出了旋转式结晶器电磁搅拌，可减少针孔、气孔、夹杂类等皮下缺陷。1982 年 9 月，在英国的剑桥大学首次召开了由国际理论力学和应用力学协会主持的磁流体力学在冶金中的应用（Metallurgical Applications of MHD）的国际会议，并出版了专门文集。该文集有 32 篇文章，所涉及的内容主要是电磁场和流速计测技术、感应炉、电磁搅拌、形状控制、电弧炉等五个课题，其中法国 Grenable 小组的研究报告显示出很高的水平。1982 年，日本川崎钢铁公司和瑞典 ASEA 公司共同开发了结晶器电磁制动，将这项技术应用于川崎公司的铸机上，收到良好的冶金效果。1983 年，日本名古屋大学浅井滋生教授发表的"磁流体力学在冶金过程中的应用"一文，对电磁感应流的基本式、电磁感应流的分析（包括移动磁场产生电磁感应搅拌，固定磁场产生电磁感应搅拌及加电浇后产生的电磁感应搅拌）、电磁力对凝固组织的影响以及高频磁场控制熔融金属的形状等方面进行了深入的论述。这些论述对如何在冶金过程中正确地运用磁流体力学原理是有重要意义的。受 IUTAM 研讨会的启发，日本钢铁协会研究委员会的下属组织"炼钢未来技术的调查、研讨委员会"提出了将磁流体力学应用到冶金领域中的有关问题，并将其命名为电磁冶金。1985 年，日本钢铁协会电磁冶金委员会成立，标志着电磁冶金已经成为一门独立的学科。MHD 之所以能在冶金中得到广泛应用，主要是由于熔融金属是电的良导体。在磁场和电流作用下，金属熔体内产生电磁力，利用电磁力就可以对熔融金属进行非接触性搅拌、传输和形状控制。MHD 技术具有能量的高密性和清洁性，优越的响应性和可控性，易于实现生产的自动化以及能量利用率高等特点，在冶金上有着广泛的应用前景。目前已经被广泛地应用于冶炼、精炼、铸造、连铸、钢水的检测等领域，并已在许多领域取得了重大进展。本书主要介绍其在冶炼、连铸和检测方面的发展和现状。20 世纪 90 年代相继开发了间歇式高频搅拌器和多频搅拌器，标志着电磁搅拌技术的发展和成熟，使搅拌能的选取具有更大的灵活性。1991 年，日本 NKK 引进了钢水能加速或减速离开浸入式水口的 EMLS/EMLA（电磁液面减速器/电磁液面加速器）工艺，以及能使钢水旋转的 EMRS。1994 年，加拿大 IspatSidbec 公司首次采用双线圈电磁搅拌位于弯月面和结晶器下部的钢液，以提高高碳钢和合金钢的内部质量。1995 年，日本神户制钢开发在中间包到结晶器之间进行电磁搅拌技术，即对中间包到结晶器之间的铸流采取电磁搅拌，解决了长水口堵塞问题，并实现低过热度浇注。1996 年，NSC 通过提高电磁场强度，提出了 LMF（Level magnetic field）制动技术。随着技术的进步，电磁搅拌技术也在不断地发展，单一的电磁搅拌已不能够满足人们对铸坯质量的要求，人们开发了组合电磁搅拌，如（M+S）EMS 等。2002 年，多模式电磁搅拌技术（MM-EMS）应用于 POSCO 浦项厂 3 号板坯连铸机。2003 年，多模式电磁搅拌技术（MM-EMS）应用于 POSCO 光阳厂的 1~3 号连铸机。2008 年，ABB 发明复合磁场末端电磁搅拌技术，即采用一个恒定磁场与一个交变磁场叠加形成一个复合磁场。该复合磁场在钢液中感应产生一个脉动的电磁力，从而最终在搅拌区域的钢液中形成一个强度较大的紊流。日本新日铁开发了一种铸流电磁搅拌，这种铸流电磁搅拌安装在足辊以下二冷段以上的狭缝里，通过改进等轴晶区的比率来减少中心偏析，防止内裂的产生。

　　国内，电磁搅拌技术起步较早的单位是哈尔滨工业大学等一些高等院校和科研院所。目前生产中主要应用的是国外进口的全幅一段和全幅二段电磁制动技术。一种新型电磁制动技术即立式电磁制动技术（v-EMBr，vertical-Electrcmagnetic Brake）在 2009 年的 EPM 国际会议上首次提出，该技术区别于国外电磁制动的磁极电磁制动的磁极覆盖整个板坯宽度范围，采用条形磁极接近窄面竖直放置以控制容易产生表面缺陷和内部缺陷的关键区域（如图 1.1 所示）。板坯连铸过程大多采用浸入式水口（Submerged entry nozzle，SEN）浇注，从浸入式水口流出的钢液射流将流向窄面，然后形成上、下回流区。

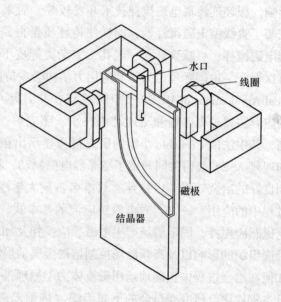

图 1.1　立式电磁制动技术

　　鞍钢股份鲅鱼圈钢铁分公司的板坯连铸机引进了国际先进的第三代电磁制动 FC-Mold 技术，从 2009 年调试开始，研究人员对电磁制动装置及工艺参数进行了不断优化，目前已稳定运行于生产。首钢京唐钢铁联合有限责任公司 2150 高效板坯连铸机采用了某公司的电磁制动技术，通过电磁制动装置在结晶器内腔中产生稳定的静磁场，有效地控制结晶器内钢水的流动，减少在浇注过程中产生波动。结晶器电磁装置于 2009 年在首钢京唐钢铁联合有限责任公司 1 号和 3 号连铸机上投入使用，成功浇注了 210mm 厚度连铸坯。实际应用结果表明，结晶器电磁制动装置有效提高了结晶器内钢水的洁净度，降低和改善了铸坯夹杂物，提高了铸坯表面质量和连铸机的拉速。

　　近年来，电磁加工技术在有色金属冶金领域取得了重要进展。镁价的持续走低提供了汽车用板的又一机遇。按目前的镁价，如果能把镁锭加工成镁板且成本又低，则镁板比铝板更具技术和经济上的优势。法塔亨特和 Dow 镁业公司于 20 世纪 80 年代就开发出镁板带双辊连续铸轧工艺技术，可以使汽车板材从使用钢板直接转为使用镁板。

　　传统的铝及铝合金连铸连轧技术，其板坯组织性能差，依赖添加铝-钛-硼晶粒细化以提高组织性能。在电磁搅拌和电磁铸造技术的思路上开发出来的电磁铸轧技术，将电磁场应用于连续铸轧中，可显著提高铸轧带坯的组织性能，消除或减少由于添加铝-钛-硼引起的合金污染。由中南大学钟掘院士领导的电磁铸轧课题组通过多年的努力，在西北铝加工厂的协助下开发的电磁铸轧系统研制成功，已用于生产，可实现工业推广与产业化，并促进我国的连铸技术处于世界领先水平。Kang 等自行设计了垂直式电磁搅拌器，研究 A356 铝合金的流变性，其实验装置如图 1.2 所示。近几年来，材料的电磁搅拌技术在有色金属及其他材料加工领域应用非常活跃。

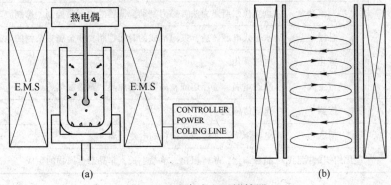

图 1.2 垂直式电磁搅拌器
（a）搅拌器；（b）搅拌方向

北京有色金属研究总院也在电磁搅拌技术制备半固态浆料或坯料方面开展了研究工作，提出了复合电磁搅拌法，并自行设计了复合电磁搅拌器。毛卫民等研究了电磁搅拌对过共晶 Al-Si 合金初生硅的偏析规律的影响。甄子胜等以 AZ91D 为研究对象，提出电磁搅拌作用机理是以枝晶臂熔断为主，集肤效应使得熔体表面和中心出现了宏观温度梯度，加强了固相颗粒随流场运动时的温度起伏，最终加速了枝晶的熔断。张志峰等在电磁搅拌作用下对 Al-4.5%Cu 合金采用 CA 模型进行凝固组织模拟，对工艺参数如浇注温度、冷却速率及搅拌强度等进行试验，并与模拟结果对比得到较好的结果。张家涛等利用低过热度浇注和弱电磁搅拌相结合的方法制备 Al-30Si 过共晶合金半固态浆料，并研究了搅拌时间、浇注温度、搅拌功率等工艺参数对合金组织的影响。陈兴润等采用环缝式电磁搅拌流变连续铸造技术制备 A357 铝合金铸坯，研究了搅拌频率、搅拌电流和搅拌缝隙宽度对坯料组织的影响。汤孟欧等利用环缝式电磁搅拌制备 Al-6Si-3Cu-Mg 半固态铸坯，并利用 ANSYS 商用软件模拟研究了环缝宽度对熔体流场、温度场及组织的影响。

鉴于电磁流体力学是研究电磁和流体流动间相互关系的科学，这一领域包括经典动力学、磁动力学和流体力学，由于它与电物理学、地球物理学、等离子研究及发电技术有关，从而得到引人注目的在各个领域内的广泛发展。

我国电磁冶金的理论研究工作已有数十年的历史，近年来在开展电磁铸造条件下的磁场、流动场研究工作的基础上，对电磁铸造的成形理论、钢的连铸电磁搅拌机理以及材料的电磁处理等，均进行了广泛的研究。本书对这些研究工作做了概要说明。

1.2 冶金工程电磁利用技术

根据电场、磁场对导电性流体所显示出的功能，材料的电磁处理按其功能分类，见表 1.1。

表 1.1　按电磁功能对材料的电磁处理分类

基本原理	材料处理的功能	工　艺
电磁 体积力	形状控制	冷态坩埚，悬浮熔炼，立式电磁铸造，金属薄膜的磁成形，塑性变形（由非均匀磁场形成的变形）
	驱动液体	电磁搅拌，电磁泵
	抑制流动	卓克拉尔斯磁力法，磁力制动，薄膜的边部磁控制，抑制波动
	悬浮	水平式电磁铸造，气泡形成的时间控制，非金属夹杂物的电磁分离
	雾化	电磁雾化
焦耳热量	热量生成	冷态坩埚，悬浮熔炼，高频磁场加热，直接加热
楞次定律	探测	速度传感器
综合功能	精炼	电磁精炼，非金属夹杂物的电磁分离
	凝固组织的控制	晶粒细化，晶粒粗化，单晶生长，非晶态金属物的生成

1.2.1　冷坩埚

　　冷坩埚电磁感应熔炼工艺由于其自身特性在高纯材料制造、金属氧化物材料制取、飞机引擎的钛合金叶片制备等领域迅速发展。电磁冷坩埚技术起源于感应渣熔炼技术，最初是用来熔炼金属钛。早在 1931 年，德国专利中叙述了采用冷坩埚工艺熔炼高熔点活性金属的实践工艺。1965 年，美国 BMI 研究所 G. H. Schippereit 提出专利，采用 4 块弧形结构金属铜组合冷坩埚，分瓣之间夹缝为绝缘陶瓷，整个设备用冷却水降温，成功熔炼出金属钛。1970 年，英国的 HuKin 提出用分瓣坩埚对金属进行悬浮熔炼的专利。美国矿山局 P. G. Clites 等人在 1970 年代采用绝缘层 CaF_2 的电磁感应渣熔炼技术，成功地熔炼出钛、锆等活性金属，拓展了冷坩埚电磁感应熔炼工艺的研发。冷坩埚熔炼金属工艺是在互相不绝缘的强制水冷分瓣铜坩埚内部进行的。此种冷坩埚最突出的特性是，在每个分瓣铜块之间，都会产生一个磁场增强效应，由于电磁力的存在，强烈搅拌坩埚内部的金属，可以很好地调节合金成分和温度，快速达到均匀，没有电弧炉用炭质电极的麻烦，同时避免了普通氧化物耐材坩埚对熔炼金属的污染。1980 年代中期，美国硅铁（Duriron）公司提出了无渣感应凝壳熔炼铸造工艺，把冷坩埚电磁熔炼工艺应用于工业生产实践，在冷坩埚生产钛锭、锆锭及多种钛合金铸件等精密铸造的实践基础上，熔制了一些新型的金属间化合物。近几十年，在美国、德国、俄罗斯等一些工业发达国家，冷坩埚电磁熔炼工艺在工业生产上已具有一定规模，冷坩埚的直径已达 500mm 以上，熔炼容量达到百千克级，发展前景令人欣喜。冷坩埚由于其特殊优点，应用领域非常广泛，如图 1.3 所示。

　　电磁冷坩埚技术是基于电磁连续熔铸发展的新型连续熔铸方法，是制备高纯度、高熔点、活泼性高的金属的有效手段。在冷坩埚条件下可以得到钛铝合金的定向凝固组织。电磁冷坩埚的主要结构有水冷坩埚、电源、冷却系统、真空系统等组成。冷坩埚是一种开缝多分瓣结构的坩埚，材料多选用导热、导电性良好的铜。在坩埚埚体中通以冷却用的水，

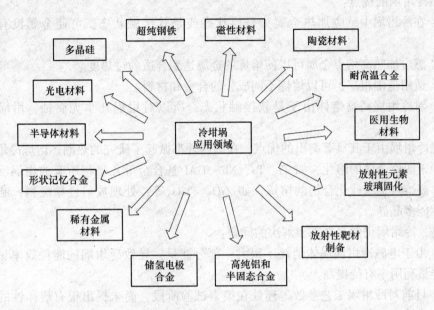

图 1.3　冷坩埚应用领域

以防止坩埚熔化。坩埚外围有通以高频交流电的线圈，在电磁感应作用下，坩埚中的导电物料产生涡流电场，由此产生使物料熔化的焦耳热，并使物料熔体与坩埚埚体保持非接触或是软接触状态，进行物料的熔化或是加工。冷坩埚磁悬浮熔炼的技术优点使其在国内外得到广泛研究。中国的哈尔滨工业大学、上海大学、北京钢铁研究总院、南京大学，日本的东北大学、名古屋大学，以及美、法、德、韩等国都有相关的研究成果。国内邓康、周月明等对冷坩埚磁悬浮熔炼的电磁场进行了较系统的研究，包括冷坩埚磁悬浮熔炼过程的电磁场计算及优化等，给出了准三维计算模型和修改的耦合电流算法，并对冷坩埚结构、电源频率和熔体电物性等对坩埚内电磁场强度与分布的影响进行了分析。冷坩埚示意图如图 1.4 所示。

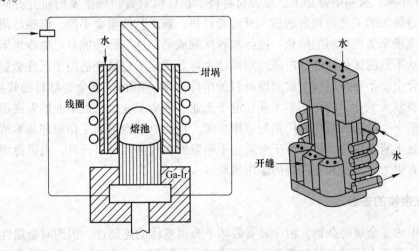

图 1.4　电磁冷坩埚定向凝固装置示意图

电磁冷坩埚的优点：

（1）在冷坩埚中感应加热金属为悬浮状态或是软接触状态，可使金属没有污染地熔化。

（2）感应加热高熔点金属可以使熔炼的金属达到合适的过热度。

（3）适用范围很广，可以熔炼不同成分的合金和材料。

（4）对冷坩埚高温熔体由于是软接触状态，所以对坩埚几乎无腐蚀，坩埚使用寿命长。

电磁冷坩埚由于其显著突出的优点，在国内外都掀起了研究的热潮。熔炼冷坩埚应用主要集中于活性金属的熔化，如 Ti、Ta、Nb、TiAl 基合金等几乎与所有的坩埚反应的活性金属；高熔点金属或化合物的熔炼，如 ZrO_2，TiO_2 等；处理放射性核废料；制备太阳能级高性能多晶硅。

但是，冷坩埚仍然存在需要解决的问题：

（1）由于电磁冷坩埚坩埚埚体消耗了很大一部分能量，导致冷坩埚的能耗效率很低，因此坩埚能量利用率有待提高。

（2）目前对冷坩埚工艺参数等还处在摸索试验阶段，尚未提出很有规律性的工艺参数，对实验的指导意义不是很大；同时，由于电磁场、温度场、流场三场耦合的复杂性，对三场的规律性研究仍存在问题。

（3）由于钛铝合金发展的关系，对钛铝合金组织生长方面仍没有比较好的描述性规律。

冷坩埚的独特特点使其在熔炼活性金属和放射性材料方面具有得天独厚的优势，同时它也为航天航空工业及汽车、军用工业提供了一个改善材料性能的绝好途径。因此，世界各国对冷坩埚技术都比较重视。冷坩埚的研究领域主要有特种玻璃熔炼、高温合金、形状记忆合金、制备超纯钢铁、多晶硅、磁性材料、半导体材料、医用生物材料、储氢电极合金、高纯铝和半固态铝合金、放射性靶材、光电材料放射性金属玻璃固化、冷坩埚定向凝固技术以及冷坩埚电磁连续铸造技术。

近 10 年来，材料电磁加工已成为材料科学和材料制备领域重要的研究方向，它已从开始的改进传统的工艺过程发展成为开发新材料、新工艺的重要手段。电磁冷坩埚技术正是利用电磁场来实现材料的熔化、搅拌和软接触成形，这三种功能是电磁冷坩埚技术具有传统技术达不到的优越性能。电磁冷坩埚技术特点决定了它特别适用于活性金属、高纯材料、难熔合金、半导体材料、放射性材料的熔炼，钢、铝和钛合金等材料的软接触成型，为我国航空航天工业、国防军事工业、电子工业、冶金工业、机械工业的发展提供了重要手段，在军事、民用领域均有广阔的应用空间。目前电磁冷坩埚工作原理基本清楚，但实用技术仍处于研发阶段，还有待于今后的不断发展和改进。可以预见，电磁冷坩埚技术在未来还会有更大的发展和更广阔的应用领域。

1.2.2　夹杂物的去除

金属中的非金属夹杂物，由于显著破坏了金属基体的连续性，因而对金属性能产生巨大的影响。随着人们对金属材料失效行为研究的不断深入，非金属夹杂物的破坏作用逐渐被研究，去除夹杂物成为提高钢材质量的关键因素之一。钢的冶金中，为提高钢的纯净度而蓬勃发展起来的二次精炼或称炉外精炼技术，目标之一就是要除去钢中大量的微细非金属夹杂物。然而，对于某些特定用途的金属如火车轮毂钢、镁合金等，目前的精炼技术难以满足日益增长的洁净度要求，因而发展新的高效净化技术，仍是冶金工作者努力的目标。电磁分离法作为一种除杂新方法，具有高效率、无污染、稳定性高等优点，引起了广大学者的关注。电磁净化除杂研究和应用主要集中在铝合金、钢铁和镁合金的熔炼和铸造过程中。钟云波、任忠鸣、徐匡迪等人研究行波磁场各因素对液态金属所受的电磁力大小的影响，并且计算了磁场作用下非金属颗粒的迁移速度。实验结果表明：金属液回路的几何尺寸、发生器气隙间距以及电流等对行波磁场电磁力参数产生很大影响；夹杂物颗粒的迁移速度与周围导电流体所受电磁力成正比关系，当金属液中电流密度达到 $10^6 A/m^2$ 数量级时，可将 $5\sim100nm$ 大小微细夹杂物的迁移速度提高数倍。

日本的三木祐司等人利用旋转磁场驱动中间包中钢液旋转运动，产生离心力，使钢液中密度较小的非金属夹杂物在离心力的作用下向钢液中心迁移，非金属夹杂物在迁移过程中不断碰撞长大，上浮而进入渣层，从而实现去除钢液中的非金属夹杂物。

铝在冶炼生产过程中，带入一些非金属夹杂物（如 Al_2O_3、SiO_2、Al_4C_3 和 C 等），铝及其合金在重熔过程中也产生 Al_2O_3 等非金属杂质。鉴于夹杂物的危害性和现在国内的净化技术的水平，国家重点基础研究发展规划项目（"973"）已将降低铝及铝合金中夹杂物的含量作为一项重要的研究内容，提出的技术指标为夹杂物总含量小于 0.02%，尺寸小于 $10\mu m$。目前工业中主要用过滤、静置、气体熔炼、熔剂精炼等方法去除铝合金中的非金属夹杂物，传统的熔体净化方法都存在着效率不高、稳定性不够和污染环境等缺点。因此，为了提高金属制品的综合力学性能和有限金属材料资源的利用率，使净化工艺满足环境协调性要求，很有必要寻找一种更有效的、可持续发展的去除金属液体中非金属夹杂物的工艺。

与传统方法相比较，电磁分离法去除夹杂具有以下优点：

（1）高效率：施加强电磁场可以比较彻底地去除大夹杂物，而且也可以有效地去除微细夹杂，能满足高洁净度要求。

（2）无污染：不适用熔剂，同时又是非接触处理过程，既不会对环境造成污染，也不会给熔体本身带来污染。

（3）稳定性高：电磁分离中的电磁力与夹杂的成分、状态（气态、液态或者固态）及密度无关，电磁力很容易控制，夹杂的分离速度也不受热动力学因素影响，在整个处理过程中基本上处于稳定状态。

（4）可连续性：特别对熔体连续流动的连铸场合，能连续地净化金属液。

1.2.3　连铸板坯生产的应用

随着钢铁工业的快速发展，要求铸坯的产量和质量不断提升以适应日益激烈的市场竞争。通过强化钢水的对流、传热和传质过程，均匀钢液过热度，可打碎树枝晶，加快非金属夹杂物和气泡的上浮，促进等轴晶的形成，减轻铸坯的中心偏析、中心疏松和缩孔，从而提高铸坯的表面质量和内在质量。搅拌器根据安装位置的不同，可分为三种类型：

（1）结晶器电磁搅拌器（M-EMS）：安装在连铸机的结晶器区，搅拌器跨于结晶器和足辊的也可以归入此类。一般安装在结晶器下部，用于减少表面缺陷、皮下夹杂物、针孔和气孔，改善凝固组织，降低表面粗糙度，增加热送率，扩大钢种。适合于冷轧钢、弹簧钢、半镇静钢等钢种的浇注。

（2）二冷区电磁搅拌器（S-EMS）：安装在连铸机的二冷段，包括足辊下搅拌器（IEMS）。可促进铸坯晶粒细化，一般与 M-EMS 组合使用能够增加等轴晶率、减少中心缩孔和疏松，减少中心偏析及内裂，放宽过热度，提高拉速，降低压缩比，适于生产厚板、普板、不锈钢、工具钢等钢种。

（3）凝固末端电磁搅拌器（F-EMS）：一般在浇注对碳偏析有严格要求的高碳钢时使用，安装在凝固末端附近，可减少中心缩孔和中心偏析，提高拉速，降低压缩比。

电磁搅拌器是由瑞典 ASEA 公司首先发明用于电弧炉炼钢，后来才被用于连铸。20世纪 60 年代，奥地利开始使用电磁搅拌浇注合金钢。70 年代，法国冶金研究院（IRSID）首次在方坯连铸机上进行了线性电磁搅拌技术的工业性试验，使硅铝镇静钢的皮下质量得到了改善。随后，圆坯连铸的旋转搅拌技术的研究取得了突破性进展。1973 年，世界首台板坯连铸机二冷段电磁搅拌器在新日铁君津厂投入使用。同年，法国冶金研究院（IRSID）在西德 Eillingen 厂的板坯连铸机上也使用了电磁搅拌技术。1977 年，ASEA 提出辊后箱式搅拌的设想，安装在铸流奥氏体钢支持辊后面，沿拉坯方向搅拌铸流。适用于辊子辊径小，搅拌器与板坯的距离小于 250mm 的连铸机。后来，日本神户钢铁公司在弧形板坯连铸机上安装了直线型电磁搅拌器，新日铁用结晶器电磁搅拌装置（M-EMS）控制钢液流动，大幅度提高了表面质量及合格率；铸坯初期凝壳厚度均匀，因纵裂而引发的拉漏事故明显减少。80 年代，日本川崎和瑞典 ASEA 开发了结晶器电磁制动装置。90 年代，间歇搅拌器和多频搅拌器相继开发，这标志电磁搅拌技术的发展和成熟。随着技术的进步，开发了组合式电磁搅拌器装置，与单一的搅拌工艺相比，在改善铸坯质量、减少中心偏析的效果更好。

1991 年，日本钢管（NKK）引进了钢水能加速或减速离开浸入式水口（SEN）的 EMLS/EMLA（电磁液面减速/电磁液面加速）工艺，还能使结晶器弯月面处或弯月面下钢水旋转的 EMRS。电磁减速-电磁加速是一种专为拉速超过 1.8m/min 的连铸机设计的搅拌系统，此系统由日本钢管（NKK）公布。这种多模式的电磁搅拌（MM-EMS）采用 4个线性搅拌器，位于浸入式水口（SEN）的两边，两两并排安装在结晶器宽面支撑板的后面。它们对通过 SEN 的钢液进行减速或增速（EMLS/EMLA），目的在于对弯月面处钢水流动进行优化控制。日本钢管（NKK）的数据显示，对弯月面处钢水流动经过优化控制后产生出来的铸坯，冷轧成卷后其表面缺陷降到了最低程度。在高浇注速度下，启动电磁减速（EMLS）系统，使钢液流动减速，这样与保护渣有关的夹杂物便会消失。

有人把这一新理念视为第三代电磁搅拌系统。这种系统已于 2002 年 1 月应用于POSCO 韩国浦项厂 3 号板坯连铸机上，2003 年 7 月在浦项 Kwangyang 厂 1~3 号连铸机上开始运行。高速浇注时，EMLS 可使弯月面处钢水流速降低 50%以上；低速浇注时，EMLA 可使弯月面处钢水流速提高 25%以上。EMRS 使弯月面处钢水产生旋转运动，流速达 0.35m/s，可消除弯月面 7~9mm 以内的波动，铸坯皮下缺陷减少 40%，头坯表面夹渣、针孔减少 40%~75%，汽车面板合格率提高到 77%。

日本神户钢铁公司研究了一种新型的电磁搅拌技术，即对中间包到结晶器之间的铸流采用搅拌技术，解决了浸入式水口（SEN）堵塞的问题；新日铁也开发了一种铸流电磁搅拌装置，安装在足辊以下、二冷段以上的狭缝里，通过改进等轴晶区比率来减少中心偏析，防止内裂的产生。

我国于 20 世纪 70 年代末才开始研究电磁搅拌技术，主要经历了 3 个阶段：

（1）20 世纪 70 年代末至 80 年代中期，我国开始对电磁搅拌进行摸索和探讨，虽然经过实验及工业运行，但性能不太稳定。20 世纪 80 年代中期，我国引进了一批特钢连铸机，都配有进口电磁搅拌装置。1979 年，上海重型机械厂使用具有电磁搅拌及全液压传动的 30t 和 40t 电炉；1982 年，首钢与中科院共同研制出一套行波磁场搅拌器，并于 1984 年安装于大方坯半连铸机上进行实验。这虽然对我国连铸电磁搅拌技术的发展起了积极的作用，但也说明我国当时还不具备高性能电磁搅拌装置的制造能力。

（2）20 世纪 80 年代后期，电磁搅拌得到国家的高度重视。1985 年，岳阳起重电磁铁厂研究出一套行波磁场搅拌器，并安装在首钢试验厂 8 号连铸机上进行了工业性试验；1986 年，武钢从德国和日本引进 ORC－1600/800L 型和 DKS EMS 型两台电磁搅拌装置，分别安装在二炼钢 3 号、1 号铸机的二冷区；1987 年 12 月，国家"七五"科技攻关项目－平板式电磁搅拌器，通过了中国有色金属工业总公司组织的专家鉴定。经过十多年的努力，我国电磁搅拌技术终于有了重大突破和发展。进入 20 世纪 90 年代，钢铁企业先后从德国、意大利、加拿大等国引进了大量电磁搅拌设备，耗资数千万美元，一些电修厂和电磁铁厂对国外产品进行了修复和仿制，但由于这些企业规模小，研发能力弱，没有形成生产电磁搅拌系统的能力，在电磁搅拌新技术开发和应用方面与国外也有较大差距。武钢和宝钢先后成功开发了二冷区电磁搅拌和结晶器电磁搅拌，其整体性能不亚于引进的电磁搅拌装置的水平，标志着我国已经具有研制高性能电磁搅拌装置的能力，具备了出口竞争的实力。尽管如此，由于资金和技术等方面原因，国内对电磁搅拌技术的基础理论研究和应用研究都还很不充分，不少厂家的运用效果不够理想。截至 2009 年，国内的电磁搅拌器制造厂家主要还是在过去仿制和修复国外产品的基础上，开发自己的产品。由于电磁搅拌器的应用领域不同，所要求的搅拌方式也不同，特别是在内置式搅拌器方面，大部分国内制造商还无法生产两相电源（相位差为 90°），所以无论是规模上还是技术上都未形成自己的优势，也没有形成大量有自主知识产权的系列产品。

1990 年 7 月，鞍钢第三炼钢厂从日本神户公司引进立弯式双流板坯连铸机，该铸机在其二冷区安装了辊内的电磁搅拌装置。1995 年以后，国家对连铸电磁搅拌等电磁冶金技术进行了较大规模的投入，并一直将电磁冶金技术作为鼓励研究开发的领域。1996 年 5 月，舞钢首次在大型厚板坯连铸机上成功地使用了国内自行设计研制的 SEMS 成套装置；1996 年 5 月，舞钢首次在大型厚板坯连铸机上成功使用国内自行设计研制的 SEMS 成套装置，标志我国结束了完全依靠引进进口电磁搅拌装置的历史。这些装置的制作水平和使用效果已达到引进装置的水平。

（3）1997 年，宝钢同其他单位合作，成功研制了宝钢大板坯连铸 SEMS，价格不足引进设备的 1/3。宝钢 SEMS 的研制成功标志着我国已经具有研制高性能电磁搅拌装置的能力，且具备了出口竞争的实力。2000 年 2 月 29 日，宝钢-东大材料电磁过程联合研究中心在东北大学成立；2004 年，武钢二炼钢 2 号连铸机从法国罗德瑞克公司（ROTELEC）引进辊式电磁搅拌器装置；2004 年，宝钢引进了结晶器电磁搅拌技术（MEMS），开创了我国板坯连铸 MEMS 的先例；2008 年，宝钢自主研发的高效辊式搅拌器投运。

我国 2011 年应用的电磁搅拌器有 100 多台，多为电炉连铸，绝大部分为引进的，仅有重庆特钢、宝钢等使用了少量的国产电磁搅拌装置。通过引进了一批不同位置和类型的 EMS，使我国 EMS 的在线应用有了较大的发展和进步。但是，由于 EMS 国内的应用研究还不充分，不少厂家的运用还不尽如人意，主要存在以下 4 个问题：

（1）工艺试验不充分，未对工艺参数进行充分优化。

（2）功率问题，国内引进的 EMS 多为早期产品，功率不足，无法发挥应有的效用。

（3）水质处理问题，由于 EMS 功率大，电磁线圈多采用水内冷，对水质要求很高，而国内厂家水质处理大多达不到标准，造成线圈及接线处绝缘损坏。

（4）钢种不合适，EMS 对高碳钢、不锈钢、厚板等特殊钢种的作用比较明显，对普通钢则效果有限。船板钢和某些低合金钢经电磁强搅拌后，易产生白亮带和负偏析。

从以上可以看出，我国对 EMS 的研究和应用还比较落后，因而，我们必须加大研究力度，使我国 EMS 技术进一步地发展。MHD 之所以能在冶金中得到广泛应用，主要是由于熔融金属是电的良导体。在磁场和电流作用下，金属熔体内产生电磁力，利用电磁力就可以对熔融金属进行非接触性搅拌、传输和形状控制。MHD 技术具有能量的高密性和清洁性，优越的响应性和可控性，易于自动化以及能量利用率高等特点，在冶金上有着广泛的应用前景，目前已经广泛应用于冶炼、精炼、铸造、连铸和钢水的检测等领域。我国目前应用于连铸设备的电磁搅拌装置绝大部分是引进的，而且引进后也需要不断试验才能进入正常生产。

实践证明，在连铸机上选择合理的位置安装电磁搅拌装置，可以有效地改善铸坯的内部组织结构，提高铸坯表面质量。三种结晶器的冶金效果如表 1.2 所示。

表 1.2　三种结晶器的冶金效果

搅拌位置	冶 金 效 果	适 用 钢 种
M-EMS	增加等轴晶率，减少表面和皮下的气孔、针孔、夹杂物，坯壳均匀化，改善中心疏松、中心偏析	低合金钢，弹簧钢，冷轧钢，中高碳钢等
S-EMS	扩大等轴晶率，减少内裂，改善中心偏析，减少中心疏松和缩孔	不锈钢、工具钢
F-EMS	细化等轴晶，有效改善中心偏析、中心疏松和缩孔	弹簧钢、轴承钢、特殊高碳钢

目前国内很多钢厂生产连铸板坯都配有电磁搅拌，其中以单一二冷区电磁搅拌居多。但国内关于单独的二冷段电磁搅拌对连铸板坯的内部质量的研究却不多，国际上相关文献报道很少，研究结果也不够系统和翔实，相关研究也因实验和生产条件的不同存在较大差异。

连铸生产过程中，通过在结晶器宽面施加恒稳磁场可以控制结晶器内金属液的流动。电磁制动技术作为一种成熟有效手段应用于板坯连铸过程可以明显改善铸坯质量，为实现高速连铸创造良好条件。

1.3　涉及强磁场的新现象

强磁场在材料科学中的应用，一直是热门话题。目前，强磁场在控制材料的物理化学过程、相变、结晶配向等方面均获得了大量的科研成果，并由此诞生了强磁场材料科学。目前超导技术最成功和广泛的应用在于获得大空间的超强磁场（5T以上），国际上10T磁场的超导磁体已经开始商业化。中科院等离子物理研究所成功建设了中国最大的20T稳态混合磁场，还拥有多台水冷、超导和脉冲磁体，使我国强磁场实验室跻身世界前列。我国合肥强磁场实验室也有40T以上稳态强磁场建设计划。在国外，目前美国佛罗里达NHMFL实验室的混合体仍然保持着稳态磁场的最高纪录，该磁体由超导磁体和水冷磁体两部分组成，在1990年8月开始实施以45T稳态混合磁体为核心的强磁场实验室计划；日本则在筑波实施40T混合磁体计划；荷兰的Nijmegen强磁场实验室也有40T混和磁体计划。

超导或者采用其他技术产生的强磁场是自然界没有的一种高能物理场，在这种能场中，将发生许多奇特的现象。例如，水的变形；非导磁的木材、水滴、塑料、虫子、草莓等物质在超强磁场（5T以上）中将悬浮起来；金属凝固过程中，晶粒将发生转动，进而融合，形成类似单晶的组织；此外，强磁场对凝固过程的成核过程也产生显著的影响，起到细化晶粒的作用。鉴于强磁场这些奇妙的效应，国外发达国家如日本、法国等对强磁场下材料制备给予了极大的关注。与普通磁场的力效应和热效应相比，强磁场（10T数量级）有其独特的优势，能够将强大的磁化能量输入到材料的原子尺度，改变原子和分子的排列、匹配、迁移等行为，进而影响到材料的组织和性能，并且不会产生污染。因此，强磁场可以作为一种改变材料性能的重要手段。

1.3.1 强磁场的分类

磁场可分为连续磁场和脉冲磁场两大类，其中连续磁场可分为稳恒磁场和时变磁场，稳恒磁场又可分为均恒磁场和梯度磁场。一般，常规磁场的磁感应强度多数在0.01~0.1T之间，1.0T以上的磁场可以称为强磁场。

1.3.1.1 稳恒强磁场（Static high magnetic field）

稳恒强磁场是指磁场强度和方向不随时间变化的磁场。稳恒强磁场是由稳恒电流产生且磁场强度达到1T以上的磁场，其作用主要表现为对运动电荷的洛伦兹力和对磁介质的磁化能力。稳恒强磁场能够将其高强度的磁场能量无接触地传递到物质的原子和亚原子，从而改变电子结构和原子、分子间的相互作用，使物质的微观结构和性能产生深刻变化，呈现出新的物理、化学、生物学现象和效应。稳态强磁场科学与技术的发展不但推动了大批原创性重大成果（如整数量子霍尔效应、分数量子霍尔效应、核磁共振技术等）的获得，而且促进了相关高技术产业的推广和应用。然而，稳态强磁场在物理、化学、材料和生物等领域的迅速应用离不开高性能稳态强磁场装置的有力支撑。能够产生数T场强的磁体发生设备有电磁铁磁体（Resistive magnets）、超导磁体（Superconductive magnets）以及混合磁体（Hybridmagnets）。目前多使用超导技术产生强磁场。20世纪以来，与稳态强磁场有关的概念和技术不断稳步向前发展。

而依据稳恒强磁场的磁力线分布均匀与否的情况，又可将稳恒磁场分为均恒强磁场（Uniform high magnetic field）和梯度强磁场（Gradient high magnetic field）。磁场梯度的表征为磁力线密度随位置的变化，即 dB/dz。不过，由于物质在磁场梯度下会受到磁化力的作用，通常表征磁场梯度时要附加上其处磁场的强度 B，即 $B = dS/dz$）。

1.3.1.2　脉冲强磁场（Pulsed high magnetic field）

脉冲磁场的产生实质是法拉第电磁感应现象。向磁体绕组中通入数百千安甚至数千千安的电流，即可在螺线管中心得到数十甚至上百 T 的强磁场。只不过通入的电流持续时间非常短，形成一个只有数毫秒甚至数微秒的、非常短的脉冲波。利用间歇振荡器发生的间歇脉冲电流可产生不同波形的脉冲磁场，其特点是可根据需要对磁场的变化频率、波形和峰值进行调节。

连续强磁场的发生设备主要有电磁铁磁体、超导磁体以及兼有电磁铁磁体和超导磁体的混合磁体三种。电磁铁强磁场由大电流通入水冷铜线圈获得，超导强磁场由超导线圈冷却至超导态时通入直流大电流获得，混合强磁场是在液氦冷却的超导磁体中插入水冷电磁铁线圈组成，将两者产生的磁场叠加以获得更强的磁场。目前世界上主要脉冲磁场实验室最高磁场对比如图 1.5 所示。

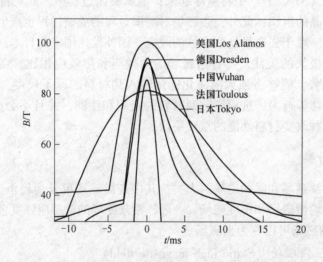

图 1.5　目前世界上主要脉冲强磁场实验室最高磁场对比

超导技术是人类 20 世纪的一项伟大的成就，它带给人类无限的美好遐想，如风驰电掣的超导列车、高效的超导电机、无损耗的超导输电等等，将成为改善人类生活和生存环境的有力工具。而目前超导技术最成功和广泛的应用在于获得大空间的超强磁场（5T 以上），国际上 10T 磁场的超导磁体已经开始商业化。2012 年，美国国家强磁场实验室利用四线圈磁体创造了 100.7T 的世界纪录，德国德累斯顿强磁场实验室和中国武汉国家脉冲强磁场科学中心利用双线圈磁体分别实现了 94.2T 和 90.6T 的磁场。在脉冲强磁场产生装置中，脉冲电源提供能量，脉冲磁体流过电流产生磁场，两者对脉冲强磁场技术的发展起到了至关重要的作用。任何一次电源和磁体技术的升级都给脉冲强磁场带来新的发展机遇。

超强磁场的作用可以直接达到原子尺度，因此，它对众多领域的影响是极为深远的。在纳米材料制备领域中，纳米材料形状和性能的控制是非常关键的问题。而利用超强磁场极强的磁力作用，有可能控制液相法制备纳米材料的成核过程，它可以控制纳米颗粒朝某一优先方向生长，从而获得高度各向异性的纳米材料。此外，在这种各向异性纳米材料成型时，超强磁场可以使纳米粉体在烧结过程中仍能保持很高的各向异性，而这是采用其他方法难以达到的。此外，超强磁场极强的能量还可以引起纳米材料晶格的畸变，从而为制备高性能的纳米材料提供了一个非常好的途径。磁化学的研究一直是化学工作者致力研究的领域，然而自 20 世纪 60 年代以前的近四十年中，人们只能获得 0.1~1T 的磁场，在这种强度的磁场下，磁场对化学反应的影响几乎可以忽略。由于磁场对物质体系能量的影响随着磁场强度的平方呈正比增加，因此，在 10~20T 甚至 100T 的超强磁场下，磁场对化学反应体系的影响已经到了非常显著的地步，甚至可以影响到化学反应的反应热、pH 值、化学反应进行的方向、反应速率、活化能、熵等诸多方面。目前，超导强磁体的口径达到直径 100 mm，这已经相当于化学工业常见管道的直径，因此，开展这一领域的研究的应用前景是非常明显的。

在光、磁、电等物理领域，研究过程离不开特殊材料，如磁光材料、光学晶体、光纤、多功能膜、磁性材料、导电材料等。而超强磁场可对这些材料的制备过程产生重要的影响。有关这一领域的研究远未深入。另外，超强磁场对高分子材料、电子材料的影响也是非常重要的领域。生物工程领域中，生物组织、基因的突变是一个重要的研究方向。已有研究表明，超强磁场对生物体的组织、生化反应、生长过程、基因、细菌的新陈代谢等均能产生显著的影响，开展超强磁场下生物工程的研究，对提升生物领域的研究水平和影响力，具有重要的意义。

1.3.2 强磁场技术应用

近几年来，材料的电磁工艺广泛应用于有色金属和黑色金属的冶金过程及其他材料加工领域，极大地推动了材料科学的飞速发展。图 1.6 所示的电磁工艺树更形象地描述了材料的电磁处理工艺体系。材料学、电磁学、流体力学等是树的"根"的关系。这三个学科的重叠处就是材料的电磁处理。由于材料电磁处理的最终目的是实现优质材料的制造，因此，冶金工艺学被置于中心位置。也就是说，材料的电磁处理是将电磁流体力学和等离子工程引入冶金工艺学中，这就构成了更坚固的树根。形状控制，金属流体驱动控制，热、质传输，凝固组织控制，高能束输出等，则是这棵树的"干"。近年来，这棵大树生长得"枝繁叶茂"，并且"硕果累累"，包括感应加热、电磁搅拌、冷坩埚悬浮熔炼、电磁泵、电磁阀、电磁雾化、电磁流变铸造以及电磁复合铸造等。

（1）左侧的树枝部分表示可利用板形控制的功能而形成立式电磁铸造，非均匀磁场变形，冷坩埚悬浮熔炼以及铸薄片的磁成型、塑性变形等各种工艺和技术；还可利用控制流动功能而形成卓克拉尔斯磁力法、磁力制动、金属薄片的边部磁控制抑制波动等各种工艺和技术，在其支流部分还涉及直流电流与磁流的搅拌、电磁泵、电磁搅拌等项技术。

（2）中间的树枝部分表示可利用悬浮控制功能克服重力实现水平电磁铸造、气泡形成的时间控制、非金属夹杂物电liquor分离等各种工艺和技术；利用雾化功能可形成电磁喷雾工艺和技术；利用热生成的功能实现悬浮冶炼、高频磁场加热等工艺及技术；利用检测功能而形成传感器检测流体速度场的技术。

（3）右侧的树枝部分表示可利用精炼功能实现电磁精炼及非金属夹杂上浮等工艺技术；利用凝固组织控制功能可实现晶粒细化、晶粒粗化、单晶生长、非晶态等各种工艺技术；利用高能密集发生的功能还可实现电子束熔炼、等离子表面处理、等离子涂层、电离镀层等工艺技术。

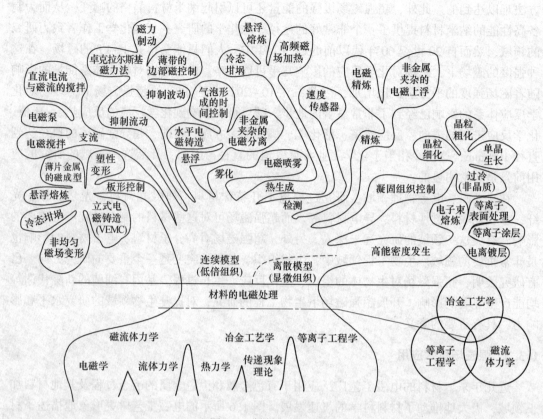

图 1.6　材料电磁工艺树

电磁冶金是借助于电流和磁场所形成的电磁力，对材料加工处理过程中的表面形态、流动和传质等施加影响，以便有效控制其变化和反应过程，改善材料的表面质量和组织结构。由于电磁力可以通过不直接接触的方式传递到材料内部，有利于在冶金过程中避免大气和容器耐火材料对材料的二次氧化。电磁能量是一种清洁的能源，较少污染环境。所以电磁冶金被认为是 21 世纪冶金工艺发展的重要内容之一。

1.3.2.1　强磁场结晶组织形态控制

材料微观组织结构决定性能，因此，探寻新方法和新手段改善钢铁材料微观组织与宏观性能已成为当前材料科学工作者努力探索的重要领域之一。20 世纪 90 年代以来，超导体的迅速发展促进了对强磁场条件下各种现象的研究工作。在目前的材料科学研究中，强磁场广泛地应用于电解析出、粉末冶金、固态相变、结晶凝固、表面处理、活化烧结、塑性加工、液体悬浮和分离等多方面，发现了大量有重大理论价值和工程价值的实验现象。

随着低温和超导技术的不断进步，强磁场的获得日益方便，应用研究的范围不断扩大，已经渗透到物理学、化学和生物学等领域，深刻地改变着这些学科的面貌。20 世纪 90 年代又迅速进入材料科学中，正在成为材料电磁加工（EMP）领域的一个引人注目的新发展动向和研究热点。材料电磁加工是磁流体动力学（MHD）与材料加工技术相结合形成的技术，利用电磁场的热效应形成电磁感应加热、感应熔炼、冷坩埚熔炼、悬浮熔炼等技术，利用电磁场的力效应则形成电磁搅拌、电磁约束成型、电磁净化和电磁制动、电磁驱动等技术，有一些技术已经在实际生产中得到广泛应用。与普通电磁场的力效应和热效应不同，强磁场（10T 数量级）能够将强大的磁化能量输入到材料中，明显改变材料的热力学状态，影响材料中原子和分子的排列、匹配、迁移等行为。因此，强磁场对材料组织和性能的影响是巨大而深刻的。

一般情况下，洛伦兹力能够抑制熔体的宏观对流，消除金属熔体流动的热不稳定性，使晶粒生长均匀。当施加轴向磁场时，熔体的运动速度与磁场强度的平方成反比，在磁场强度足够高时，甚至能得到单向流动的金属熔体。金属熔体的对流被抑制，将会对金属的凝固产生显著的影响。Ambardar 等研究了稳恒磁场对 Al-Cu 合金非平衡凝固组织的影响，发现合金的凝固组织由等轴晶转变为柱状晶，他们认为是磁场能抑制金属熔体的对流，减少枝晶臂熔化，降低已形成的晶核重新溶于金属熔体的几率，故而抑制了等轴晶的生成，促使合金组织转变为柱状晶。赵九洲等研究了恒定磁场对 Al-Pb 合金快速定向凝固组织的影响，认为磁场能显著减弱熔体对流，提高凝固界面前沿液-液相变过程的空间均匀性，减缓液滴的碰撞凝聚速度，使凝固试样中弥散相的尺寸减小，有助于获得弥散型偏晶合金凝固组织。稳恒强磁场能够影响晶体的长大过程、约束晶体的排列方向，并且可以有效地抑制导电熔体中的热对流，改变凝固过程中材料的传热、传质行为。利用稳恒强磁场改变金属凝固过程中析出相晶体的生长速率、形态和排列等，有望获得组织独特、性能优良的自生复合材料和各向异性材料等新型金属材料，有效提高材料的各项性能。

除了抑制对流外，强磁场还能促进金属熔体的对流。当在凝固过程中施加旋转磁场（Rotating magnetic field）时，会产生一个与磁场旋转方向相同的电磁力分量。这个电磁力分量驱动熔体随着电磁场流动，从而加速熔体的对流。因此，RMF 能够改变凝固过程中传热和传质，进而改变金属的微观组织；促进熔体流动能增加形核率，使晶粒细化和晶粒尺寸均匀化；同时还使温度场及液相的成分均匀化，从而使二次枝晶的数量减少，枝晶臂间距增大。此外，RMF 还能提高溶质原子的传输能力，增加其有效扩散距离，使共晶组织粗化，引起片层共晶向棒状共晶的转化。关于 RMF 的影响机理，目前并没有统一的结论。但是，在研究 RMF 影响凝固的过程中，经常可以观察到晶粒细化、柱状晶向等轴晶转化等现象。除了 RMF 外，热电磁流体效应（Thermoelectric magnetic convection）也能促进对流。TEMC 是外加直流磁场与热电流相互作用的结果。热电现象起因于温度梯度和电场的交互作用，因为材料中的电流和热量的传输具有相同的物理机制，或者说，载流子本身既带有电荷，同时又能传递热能。金属凝固时，在枝晶生长的前沿存在着非等温的固-液界面，具有较大的温度梯度，此时必然产生塞贝克效应（Seeback effect），在界面处形成热电流。热电流与外加磁场交互作用，产生一个 Lorentz 力，可由式（1.1）表示：

$$F = J \times B \tag{1.1}$$

式中，J 为电流密度，A；B 为磁通量密度，T；F 为洛伦兹力，N。

这个力将驱动凝固界面附近的熔体在一定区域内流动，并给晶体生长带来较大的影响，如图 1.7 所示。

TEMC 能增强糊状区的对流，使溶质的扩散变得更为容易，造成枝晶的粗化。然而在实际的生产中，TEMC 会使固液界面变得不稳定，应当尽力避免。研究表明，TEMC 的形成需要满足两个条件：

（1）凝固体系中存在着不同热电性的组元。

（2）固液界面前沿存在着较大的温度梯度。

因此，可以通过控制凝固条件来抑制TMEC。

金属的凝固是晶粒的形核和长大的过程，组成金属的晶粒具有各向异性。在强磁场中，这些已形核的晶粒受到磁场产生的磁化力和磁矩的作用，使其在易磁化轴上受到的力大于其他方向的力而处于力学失稳的状态。此时，晶粒将发生偏转以达到新的力学平衡。其结果是晶粒重新排列，并在凝固组织中产生织构。这种现象已在多种合金中被发现，如表 1.3 所示。

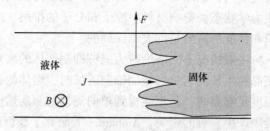

图 1.7 固-液界面前沿的洛伦兹力

表 1.3 强磁场下合金中存在的取向

合金	晶体结构	磁场强度/T	取向方向
Al–Cu	Al_2Cu（顺磁性）正方	1~12	c 轴//B
Cd–Zn	Zn（抗磁性）六方	1	c 轴//B
Al–Ni	Al_3Ni（顺磁性）斜方	10	c 轴//B
Al–Mn	Al_6Mn（顺磁性）斜方	10	c 轴//B
Mn–Bi	$Mn_{1.08}Bi$（顺磁性）六方	10	c 轴//B（居里温度以上）
	MnBi（铁磁性）六方	0.5	c 轴//B（居里温度以下）
Bi–Sn	Bi（抗磁性）六方	5, 12	c 轴//B（居里温度以上）
Mn–Sb	MnSb（顺磁性）六方	12	c 轴//B
Al–Fe	Al_3Fe（顺磁性）单斜	12	<543>//B

目前，关于强磁场对金属析出相凝固行为的影响还缺少系统的研究。电磁搅拌不仅可以提高铸坯质量、力学性能，改善凝固组织，也会改善中心缩孔疏松及铸坯中心的偏析等。目前，电磁搅拌技术已经广泛应用于实际生产中，但关于电磁搅拌对晶粒细化的机理仍然没有统一的见解。所以，电磁搅拌如何影响晶粒的形核与长大，仍是材料科学研究中非常重要的任务。

1.3.2.2 强磁场的其他应用

环境污染一直是困扰着人类社会发展的一个重要问题，这当中水的污染尤其突出。通过强磁场来净化污水，与常规方法相比的优势主要表现在：占地面积小，效率高，能够去除常规方法难以去除的有害物质等。其原理是，在强磁场空间内放入具有弱磁性的除杂化学物质，由于受到强磁场下洛伦兹力的作用，这些物质会滞留在强磁场腔体内而不被水流冲走。这些化学物质不断吸收污水中的有害物质。当吸收达到饱和的时候，可以通过加热等手段回收再利用这些化学物质。目前的研究表明，其效果良好。通过改变这些化学物质的性能，增加其磁化率，可以预计在不久的将来，在普通磁场下也可以进行类似的水处理。另外，针对不同的污染情况，还可以使用不同的化学物质来去除常规方法难以去除的有害物质。

强磁场作为一种极端条件下的特殊电磁场形态，是一种高能物理场。近年来，随高温超导技术和冷却技术的发展，强磁场开始被尝试作为材料制备的控制手段，施加到材料的制备过程和后处理过程中，如研究磁场对材料结构扩散和形貌的影响。吕逍等提出利用强磁场提高 Ni-P 镀层在晶化温度以下的热稳定性的方法。实验结果发现 0T 和 4T 两种磁场条件下化学镀 Ni-P 镀层获得的 Ni-P 镀层均为磷在镍晶格的过饱和固溶体结构；0T 磁场条件下化学镀 Ni-P 合金镀层经 200℃热处理后析出亚稳相 Ni_5P_2 和 NiP；经 300℃热处理后亚稳相消失，出现稳定相 Ni_3P，4T 磁场条件下化学镀的 Ni-P 合金镀层。在 200℃热处理时，由于沉积过程中磁能的钉扎作用，增加了镍原子运动的阻力，镍原子不能进行长程运动形成亚稳相；当加热温度提高到 300℃时，直接析出稳定相 Ni_3P。因此，在强磁场下化学镀获得的 Ni-P 合金镀层具有更好的热稳定性。

近年来，电沉积由于具有廉价便利以及对镀层材料和基体形状适用性强的特点而成为一种重要的膜材料制备技术。但是如何提高电沉积膜层材料的结构和择优取向，则一直是人们关注的问题。考虑到磁场对晶体生长中的取向效应的影响，人们自然想到在电沉积过程中施加磁场这一手段，由此而形成了一个全新的研究领域——磁电化学，并在这一领域展开了深入研究。然而由于实验条件以及镀层体系不同，磁场效应也不尽一致。单金属研究方面，大致有如下几种观点：一是磁致对流效应，Aaboubi 等认为磁场引起溶液对流，从而增大了其极限扩散电流，通过对镍金属电沉积膜的研究证明了磁场使 H^+ 传质加快，而延缓了镍的沉积，从而导致表面形貌和择优取向改变；Hinds 等指出磁场引起溶液对流，并且与旋转电极或搅拌溶液是等效的；Devos 等认为表面形貌的改变是由于磁场增加了抑制物向阴极的扩散量；Fahidy 认为沉积层表面粗糙度的降低是由于磁流体效应影响三维沉积薄片的结构。二是 Matsushima 等用蒙特卡罗模拟的研究方法发现晶体取向应归于结晶学各向异性的影响；而 Ito 等则发现磁场使样品晶粒细化，表面平整化，而晶体的择优取向随电流密度变化，与磁场的强弱及施加方向无关。

另外，目前正在研究开发的一个崭新课题是强磁场在热镀锌工艺上的应用。现在工业上普遍采用的热镀锌工艺中都使用了沉没辊来改变带钢的方向。沉没辊的存在降低了带钢的表面质量，并且腐蚀情况比较严重，要求每隔一段时间就要更换，从而降低了生产率。国内外正在研究的电磁封流技术因为取消了浸入机构，从而可以完全避免带钢与辊子的直接接触问题。其基本原理是在带钢从锌锅底部通过时，靠电磁力的作用防止了锌液从底部的漏出。

金属的固态相变有很多方法可以测量。传统的方法有通过观察显微组织或者测量力学性能。前一种方法不能连续测量相变过程，而后一种方法不能确认相变的开始点和结束点。利用强磁场进行相变实时测定相比于传统方法的优点在于：不仅可以连续测量相变过程，而且相变开始和结束的时间都可以精确的测得。其基本原理是，通过测定磁化力得到磁化率，从而确定各相的比率。根据类似的原理，还可以对某些已知成分的物质进行百分含量分析。

大部分生物材料是非磁性的，构成人体 70%~90%的水以及几乎所有的脂肪物质都是抗磁性的，而脱氧血红蛋白等物质是顺磁性的。这些物质在强磁场下将表现出通常情况下所根本没有的现象。例如，把水置于场强为 8T 的强磁场中，就会出现一种称为摩西效应的现象，即在强磁场作用下，容器中的水分成两部分。超导电磁场还可以应用于医疗诊断和治疗。利用霍尔效应可以将强磁场应用于超声波诊断医疗。Silbert 等发现，人体暴露于稳态强磁场后，大脑运动皮层中的运动诱发电位呈现出暂时性的显著降低，这可能是磁场通过对静息运动阈值的调节从而改变了膜的兴奋性。Roberts 等发现，核磁共振成像仪产生的稳态强磁场能通过洛伦兹力，作用于大脑迷路内淋巴液中的离子电流，而使受试者产生眼球震颤，而迷路功能障碍的病人则无此种症状。流行病学调查显示，核磁共振仪器房间内的人群（病人、志愿者、工作人员）在运动过程中常常会出现眩晕、恶心、幻视以及嗅到金属味等不适症状，但离开这种磁场环境后，这些不适症状就很快消失。日本科学家已经开展利用磁场来解释生物体的机能并将人脑神经细胞置于强脉冲磁场中治疗某些疾病的研究工作。磁场应用于生物体上有可能解决许多医学难题。例如，脉冲磁场可以非损伤地深入局部组织，从而破坏神经反射弧，达到止痛的效果；磁刺激可用于心脏除颤，可望成为脑功能研究和康复的新方法；核磁共振技术（MRI）已成为医学诊断的有力手段。磁场对血细胞和血液流变都有影响。磁场生物效应的作用因素主要有磁场强度、磁场类型、作用范围、作用时间等。目前认为磁场生物效应的作用机理有：

（1）反射作用。

（2）力和力矩作用。

（3）过经络穴位。

（4）对生物膜离子通道作用。

以上作用机理是单独作用还是联合作用，是因果关系还是相互关系，目前还不清楚。弄清上述问题，对揭示磁场生物效应及在医学上的应用意义重大。

思 考 题

1-1 什么是磁流体力学，其主要研究哪些内容？

1-2 什么是材料电磁工程学？举例说明其应用的主要方面。

1-3 磁场可分为哪几类，各有何特点？

1-4 什么是冷坩埚，其作用原理是什么？

1-5 电磁分离法去除夹杂有什么优点？

1-6 材料的电磁处理按其功能可分为几类，包括哪些工艺过程？

1-7 强磁场的产生原理是什么？举例说明强磁场在冶金行业的应用。

电磁场理论基础

2.1 电磁场的基本性质

电磁场运动中，存在着电荷与电场、电流与磁场、电荷与电流、电场与磁场四对基本关系。通过对电荷与电场、电荷与电流和电流与磁场的关系的研究，人们已经认清了电场、磁场的基本规律。随着对电场和磁场的深入研究，可以发现：不但电荷能够激发电场，电流也能够激发磁场，而且变化的电场和变化的磁场可以相互激发。

1831 年，法拉第（Michael Faraday）发现：当磁场发生变化时，附近闭合线圈中有感应电流通过。这一现象称为电磁感应效应。在大量实验的基础上，法拉第总结出电磁感应定律，即：

$$\varepsilon = - \frac{\mathrm{d}}{\mathrm{d}t} \iint_S B \cdot \mathrm{d}S \tag{2.1}$$

上式表明：闭合线圈中感应电动势与通过该线圈的磁通量变化率成正比，其感应电流产生的磁场总是阻碍磁通量的变化。

在电磁感应现象中，线圈中的感应电流表明存在着电场。因此，电磁感应现象的实质是变化磁场在其周围空间激发了电场。这种由变化磁场在其周围空间所激发的电场，称为感生电场，或称为涡旋电场。

由于感应电动势是感应电场沿闭合回路的线积分，所以式（2.1）可以写成：

$$\oint_L E \cdot \mathrm{d}L = - \frac{\mathrm{d}}{\mathrm{d}t} \iint_S B \cdot \mathrm{d}S \tag{2.2}$$

对于固定回路 L，又可以写成：

$$\oint_L E \cdot \mathrm{d}L = - \iint_S \frac{\partial B}{\partial t} \cdot \mathrm{d}S \tag{2.3}$$

写成微分形式，即得感生电场的旋度：

$$\nabla \times E = - \frac{\partial B}{\partial t} \tag{2.4}$$

感生电场和静电场具有以下差异：
（1）静电场由电荷激发，而感生电场由变化磁场所激发。
（2）静电场的电力线起始于正电荷、终止于负电荷，而感生电场的电力线是呈旋涡状结构的自行闭合曲线。
（3）静电场是保守场，而感生电场是非保守场。
（4）静电场和感生电场均对场中的电荷施加作用力。
在电磁场作用下，介质界面上将出现束缚电荷和电流分布，它们的存在又使得界面两侧的场量发生跃变。电磁场的边界条件，就是描述两侧场量与界面上电荷电流的关系。

电磁场的边界条件可写成矢量形式，即：

$$n \cdot (\boldsymbol{D}_2 - \boldsymbol{D}_1) = \sigma \qquad (2.5a)$$

$$n \cdot (\boldsymbol{B}_2 - \boldsymbol{B}_1) = 0 \qquad (2.5b)$$

$$n \times (\boldsymbol{E}_2 - \boldsymbol{E}_1) = 0 \qquad (2.5c)$$

$$n \times (\boldsymbol{H}_2 - \boldsymbol{H}_1) = \alpha \qquad (2.5d)$$

式中，σ 和 α 分别为自由电荷面密度和传导电流线密度。

2.1.1 电磁场守恒定律

电磁场是一种物质，具有内部运动。电磁场的运动和其他物质运动形式之间可以相互转化，并遵从能量转换与守恒定律。电磁场能量是按照一定方式分布于电场和磁场之间，并且随着电磁场的运动而在空间中传播。为了描述电磁场的能量，引入两个物理量——能量密度和能流密度：

（1）在电磁场内，单位体积的能量称为能量密度。电磁场的能量密度是空间位置和时间的函数，通常用 $w = w\ (r,\ t)$ 表示。

（2）能流密度是描述能量在电磁场内传播的物理量，是一个矢量，通常用 S 表示。能流密度在数值上等于单位时间垂直流过单位横截面积的能量，其方向代表能量传输方向。根据能量守恒定律，单位时间通过 S 流入空间某区域 V 内的能量，等于场对 V 内电荷所作的功率与 V 内电磁场能量增加率之和。

电磁场的能量守恒定律可以表示为：

$$- \oint_S \boldsymbol{S} \cdot \mathrm{d}\sigma = \iiint_V f \cdot v \mathrm{d}V + \frac{\partial}{\partial t} \iiint_V w \mathrm{d}V \qquad (2.6)$$

相对应的微分形式可以写出：

$$\nabla \cdot \boldsymbol{S} + \frac{\partial w}{\partial t} = -f \cdot v \qquad (2.7)$$

式中，f 为场对电荷作用力密度；v 为电荷运动速度。则场对电荷系统所做的功为：

$$\iiint_V f \cdot v \mathrm{d}V \qquad (2.8)$$

V 内电磁场能量增加率为：

$$\frac{\mathrm{d}}{\mathrm{d}t} \iiint_V w \mathrm{d}V \qquad (2.9)$$

而通过界面 S 流入 V 内的能量为：

$$- \oint_S \boldsymbol{S} \cdot \mathrm{d}\sigma \qquad (2.10)$$

对于无限大空间，电磁场的能量守恒定律可以写成：

$$\int_0^\infty f \cdot v \mathrm{d}V = - \frac{\mathrm{d}}{\mathrm{d}t} \int_0^\infty w \mathrm{d}V \qquad (2.11)$$

即，电磁场对电荷所做的总功率等于场的总能量减小率。

2.1.2 电磁能量的传输

在电磁场与带电物质之间，麦克斯韦方程组给出了电荷激发场以及内部运动的规律。

而洛伦兹力公式，则反映了电磁场对电荷体系的作用规律。对于带电粒子系统，若粒子所带电量为 q，速度为 v，则作用于在该粒子的电磁场力（洛伦兹力公式）为：

$$F = qE + q\,v \times B \tag{2.12}$$

对于电荷连续分布的带电系统，设其电荷密度为 ρ，电流密度为 j，则单位体积的带电系统所受的电磁场力密度为：

$$f = \rho E + j \times B \tag{2.13}$$

式（2.13）称为洛伦兹力密度公式。

由洛伦兹力公式得：

$$f \cdot v = (\rho E + \rho v \times B) \cdot v = \rho v \cdot E = j \cdot E \tag{2.14}$$

根据麦克斯韦方程组，得：

$$j \cdot E = E \cdot (\nabla \times H) - E \cdot \frac{\partial D}{\partial t} = - \nabla \cdot (E \times H) + H \cdot (\nabla \times H) - E \cdot \frac{\partial D}{\partial t}$$

$$= - \nabla \cdot (E \times H) - H \cdot \frac{\partial B}{\partial t} - E \cdot \frac{\partial D}{\partial t} \tag{2.15}$$

同电磁场的能量守恒定律相比较，可以得到电磁场的能量密度公式：

$$\frac{\partial w}{\partial t} = E \cdot \frac{\partial D}{\partial t} + H \cdot \frac{\partial B}{\partial t} \tag{2.16}$$

及能流密度（称为坡印廷矢量）公式：

$$S = E \times H \tag{2.17}$$

2.1.3 电磁能量与能流

在真空中，电磁场与自由电荷相互作用，能量在两者之间转移。由于在真空中，有：

$$\left. \begin{array}{l} H = \dfrac{1}{\mu_0} B \\ D = \varepsilon_0 E \end{array} \right\} \tag{2.18}$$

从而得到电磁能量和能流密度：

$$\left. \begin{array}{l} S = \dfrac{1}{\mu_0} E \times B \\ w = \dfrac{1}{2}\left(\varepsilon_0 E^2 + \dfrac{1}{\mu_0} B^2 \right) \end{array} \right\} \tag{2.19}$$

在介质中，相互作用的系统包括：电磁场、自由电荷和介质。其中，电磁场对自由电荷所做的功率密度为 $j \cdot E$，它或者变为电荷的动能，或者变为焦耳热；电磁场对束缚电荷所做的功转化为极化能和磁化能并储存在介质中，也可能有一部分转化为分子热运动。通常，我们将极化能和磁化能归入电磁场，构成介质的总电磁能量。

对于线性介质中，有：

$$\left. \begin{array}{l} H = \dfrac{1}{\mu} B \\ D = \varepsilon E \end{array} \right\} \tag{2.20}$$

从而得电磁能量和能流密度：

$$S = \frac{1}{\mu} E \times B \\ w = \frac{1}{2}(E \cdot D + H \cdot B) \Bigg\} \tag{2.21}$$

对一般情况，电磁能量和能流密度可以写成：

$$S = E \times H \\ \delta w = (E \cdot \delta D + H \cdot \delta B) \Bigg\} \tag{2.22}$$

在稳恒电流或低频交流电情况下，电流通过电路传输。此时，物理系统的能量包括导线内部电子运动动能和导线周围空间中的电磁场能量。导线内的电流密度为：

$$j = ne\bar{v} \tag{2.23}$$

对于一般金属导体，自由电子的平均漂移速度很小，相应的动能也很小。显然，电子运动的能量并不是供给负载消耗的能量。因此，在负载以及导线上消耗的功率完全来自于电磁场中传输的能量。导线内的电流与周围空间或介质内的电磁场相互制约，使电磁能量在导线附近的电磁场中以一定方向传播。在传播过程中，一部分能量进入导线内部变为焦耳热损耗；在负载电阻上，电磁能量从场中流入电阻，供给负载所消耗的能量，如图 2.1 所示。

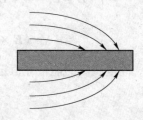

图 2.1　负载消耗能量示意图

电磁场具有能量，并可以在空间中传播。事实上，电磁场也具有动量，并满足动量守恒定律。在电磁场中，作用于某电荷系统的力为：

$$F = \int_V (\rho E + \rho v \times B) \, dV \tag{2.24}$$

根据麦克斯韦方程式，在真空下有：

$$\begin{cases} \rho = \varepsilon_0 \nabla \cdot E \\ \rho v = \frac{1}{\mu_0} \nabla \times B - \varepsilon_0 \frac{\partial E}{\partial t} \end{cases} \tag{2.25}$$

则得：

$$F = \int_V \left[\varepsilon_0 (\nabla \cdot E) E + \frac{1}{\mu_0} (\nabla \times B) \times B - \varepsilon_0 \frac{\partial E}{\partial t} \times B \right] dV \tag{2.26}$$

利用另外两个场方程，上式可以改写成对称形式：

$$F = \int_V \left\{ \varepsilon_0 (\nabla \cdot E) E + \varepsilon_0 (\nabla \times E) \times E \right\} dV + \int_V \left\{ \frac{1}{\mu_0} (\nabla \times B) B + \frac{1}{\mu_0} (\nabla \times B) \times B \right\} dV +$$

$$\int_V \left\{ \varepsilon_0 \frac{\partial B}{\partial t} \times E - \varepsilon_0 \frac{\partial E}{\partial t} \times B \right\} dV \tag{2.27}$$

利用矢量关系式：

$$\frac{\partial}{\partial t}(E \times B) = \frac{\partial E}{\partial t} \times B - \frac{\partial B}{\partial t} \times E \tag{2.28}$$

$$\nabla(ab) = a \times (\nabla \times b) + b \times (\nabla \times a) + (a \cdot \nabla)b + (b \cdot \nabla)a \tag{2.29}$$

$$(\nabla \times E) \times E = (E \cdot \nabla)E - \frac{1}{2} \nabla E^2 \left.\right\} \tag{2.30}$$
$$\nabla \cdot (EE) = (\nabla \cdot E)E + (E \cdot \nabla)E$$

可得：

$$(\nabla \cdot E)E + (\nabla \times E) \times E = (\nabla \cdot E)E + (E \cdot \nabla)E - \frac{1}{2} \nabla E^2 = \nabla \cdot (EE) - \frac{1}{2} \nabla E^2 \tag{2.31}$$

$$(\nabla \cdot B)B + (\nabla \times B) \times B = \nabla \cdot (BB) - \frac{1}{2} \nabla B^2 \tag{2.32}$$

利用并矢公式

$$\nabla \cdot (E^2 I) = \nabla E^2 \left.\right\} \tag{2.33}$$
$$\nabla \cdot (B^2 I) = \nabla B^2$$

则得：

$$F = \int_V \left[\nabla \cdot \left(\varepsilon_0 EE + \frac{1}{\mu_0} BB \right) - \frac{1}{2} \nabla \cdot \left(\varepsilon_0 E^2 I + \frac{1}{\mu_0} B^2 I \right) - \varepsilon_0 \frac{\partial}{\partial t}(E \times B) \right] dV \tag{2.34}$$

2.2　电磁场基本方程式

2.2.1　位移电流

19 世纪以前，人们曾认为电和磁是互不相关联的两种东西。自从发现了电流的磁效应，人们开始注意到电流（运动电荷）与磁场之间的相互关系，可是很长时间只能看到电流产生磁场，而不能捉到磁场产生电流，更谈不上揭示电场与磁场之间的关系。法拉第发现的电磁感应定律，不仅实现了磁生电，还进一步揭示了变化磁通量与感应电动势的关系。麦克斯韦在前人理论和实践的基础上，对整个电磁现象做了系统的研究，提出了感生电动势来源于变化磁场所产生的涡旋电场，指出了"变化磁场产生电场"的磁场与电场之间的联系。在研究安培环路定律用于时变电流电路的矛盾之后，他又提出了位移电流的假说，不仅将安培环路定律推广到时变电路中，还进一步指出了"时变电场也产生磁场"的电场与磁场之间的联系。在此基础上，麦克斯韦总结出将电磁场统为一体的一组方程式，即麦克斯韦方程组。该方程组不仅可以描述时变的电磁场，而且覆盖了静态的电磁场。麦克斯韦方程组表明，不仅电荷会产生电场，而且变化的磁场也会产生电场；不仅电流会产生磁场，而且变化电场也同样会产生磁场。由此麦克斯韦推断，一个电荷或电流的扰动就会形成在空间传播并相互激发的电场、磁场的波动即电磁波。麦克斯韦不仅预言了电磁波的存在（1865 年）而且还计算出电磁波的传播速度等于光速。由此，麦克斯韦将光和电磁波统一在一个理论框架下。1888 年，赫兹首次用实验证实了电磁波的发生与存在。以后的大量实验充分证明了麦克斯韦理论的正确性。

麦克斯韦关于电磁场的理论可以概述为"四个方程、三个关系（电介质、磁介质及导体中的场量关系）、两个假说、一个预言"，它们是宏观电动力学的理论基础。

麦克斯韦将安培环路定理运用于含电容的交变电路中时，发现了一个突出的矛盾，为了解决这个矛盾，麦克斯韦提出了位移电流的假说。

稳恒电流磁场的安培环路定理具有如下形式：

$$\oint_L \boldsymbol{H} \cdot \mathrm{d}\boldsymbol{l} = I = \int_S \boldsymbol{j} \cdot \mathrm{d}\boldsymbol{S} \tag{2.35}$$

式中，$\boldsymbol{j}$ 为传导电流密度；L 为穿过以闭合曲线；I 为边线的任意曲面的传导电流强度（电流密度通量）。例如，在图 2.2（a）的稳恒电路中，穿过 L 为边线的曲面 S_1、S_2 的电流 I 是相同的。

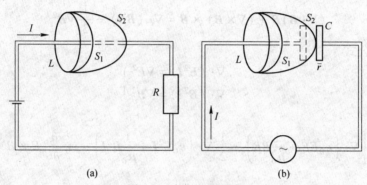

图 2.2　交变电流电路
（a）稳恒电路；（b）含电容 C 的交变电流电路

在图 2.2（b）所示的含电容 C 的交变电流电路中，如果将安培环路定理应用于闭合曲线 L，于是对 S_1 面，有

$$\oint_L \boldsymbol{H} \cdot \mathrm{d}\boldsymbol{l} = I = \int_{S_1} \boldsymbol{j} \cdot \mathrm{d}\boldsymbol{S} = i \tag{2.36}$$

而对 S_2 有 $\oint_L \boldsymbol{H} \cdot \mathrm{d}\boldsymbol{l} = I = \int_{S_2} \boldsymbol{j} \cdot \mathrm{d}\boldsymbol{S} = 0$ $\tag{2.37}$

当有电流通过电容时，电容器每一极板的电量 q 随时间发生变化，同时电场 E 和 D 也随时间发生变化。考虑到在静电场中，q 与 E（或 D）之间的关系由高斯定理描述，于是麦克斯韦就假设在一般（例如非稳恒）情形下高斯定理仍然成立，即有

$$\oint_S \boldsymbol{D} \cdot \mathrm{d}\boldsymbol{S} = q \tag{2.38}$$

q 为闭合曲面 S 所包围的自由电荷。将上式对时间 t 求导数，即得

$$\oint_S \frac{\partial \boldsymbol{D}}{\partial t} \cdot \mathrm{d}\boldsymbol{S} = \frac{\mathrm{d}q}{\mathrm{d}t} \tag{2.39}$$

式中，$\dfrac{\mathrm{d}q}{\mathrm{d}t}$ 为闭合面内自由电荷的增加率。由电荷守恒定律，应有

$\dfrac{\mathrm{d}q}{\mathrm{d}t} = -\oint_S \boldsymbol{j} \cdot \mathrm{d}\boldsymbol{S}$，所以 $\oint_S \dfrac{\partial \boldsymbol{D}}{\partial t} \cdot \mathrm{d}\boldsymbol{S} = -\oint_S \boldsymbol{j} \cdot \mathrm{d}\boldsymbol{S}$，移项得：

$$\oint_S \left(\frac{\partial \boldsymbol{D}}{\partial t} + \boldsymbol{j} \right) \cdot \mathrm{d}\boldsymbol{S} = 0 \tag{2.40}$$

若将 $\boldsymbol{j}_{\text{全}} = \dfrac{\partial \boldsymbol{D}}{\partial t} + \boldsymbol{j}$ 称为全电流密度，并称 $\dfrac{\partial \boldsymbol{D}}{\partial t}$ 为位移电流密度，用 $\boldsymbol{j}_{\mathrm{d}}$ 表示，即 $\boldsymbol{j}_{\mathrm{d}} = \dfrac{\partial \boldsymbol{D}}{\partial t}$；

$I_d = S \dfrac{\partial \boldsymbol{D}}{\partial t}$ 称为位移电流。

那么我们将得到：

$$\oint_S \boldsymbol{j}_{全} \cdot \mathrm{d}\boldsymbol{S} = 0 \tag{2.41}$$

这就证明了全电流是恒连续的。

2.2.2　安培环路定理

由全电流的连续性可知，通过闭合曲线 L 为边线的任意曲面的全电流强度相等，即

$$i = \int_{S_1} \left[\frac{\partial \boldsymbol{D}}{\partial t} + \boldsymbol{j} \right] \cdot \mathrm{d}\boldsymbol{S} = \int_{S_2} \left[\frac{\partial \boldsymbol{D}}{\partial t} + \boldsymbol{j} \right] \cdot \mathrm{d}\boldsymbol{S} \tag{2.42}$$

式中，S_1，S_2 为以 L 为边线的两个曲面。正是利用这种全电流的通量，使安培环路定理在含电容交变电路中得以推广。

麦克斯韦提出：在非稳恒情况下，磁场强度 H 沿任意闭合曲线 L 的线积分（环量）满足下式：

$$\oint_L \boldsymbol{H} \cdot \mathrm{d}\boldsymbol{l} = \sum (I + I_d) = \iint \boldsymbol{j} \cdot \mathrm{d}\boldsymbol{S} + \iint \frac{\partial \boldsymbol{D}}{\partial t} \cdot \mathrm{d}\boldsymbol{S} \tag{2.43}$$

上式称为全电流定律，是著名的麦克斯韦方程组的方程之一。它揭示了一个新的物理规律，即位移电流 $\boldsymbol{j}_d = \dfrac{\partial \boldsymbol{D}}{\partial t}$ 与传导电流 $\boldsymbol{j}$ 都可以激发磁场，或者说位移电流与传导电流在激发磁场方面具有等效性。

因为 $\boldsymbol{D} = \varepsilon_0 \boldsymbol{E} + \boldsymbol{P}$，则 $\boldsymbol{j}_d = \dfrac{\partial \boldsymbol{D}}{\partial t} = \varepsilon_0 \dfrac{\partial \boldsymbol{E}}{\partial t} + \dfrac{\partial \boldsymbol{P}}{\partial t}$，式中第二项来自交变电路中电介质的反复极化，在真空中这部分等于零，因而就有 $\boldsymbol{j}_d = \varepsilon_0 \dfrac{\partial \boldsymbol{E}}{\partial t}$。这是位移电流最基本的组成部分，即真空中的位移电流——"纯粹"的位移电流。它与电荷的运动无关，本质上是变化着的电场。所以，麦克斯韦用位移电流假说将安培环路定理推广到非稳恒情况后，方程所表达的中心思想是变化着的电场激发涡旋磁场，磁场方向满足右手螺旋法则。

位移电流和传导电流是两个不同的物理概念，其共同性质是它们都能够激发磁场，而其他方面则截然不同。真空中的位移电流只相当于电场强度矢量的变化，而不伴有电荷或任何别的物体的任何运动；其次，位移电流不产生焦耳热，这对于真空情况是很明显的。在电介质中，特别是对于由极分子组成的电介质，由于 $\dfrac{\partial \boldsymbol{P}}{\partial t}$ 项的存在，位移电流会产生热效应，在高频时更是如此，电介质将由于极化振动而放出很大的热量（例如微波炉），然而这和传导电流通过导体放出焦耳热根本不同，它遵从完全不同的规律。

2.2.3　麦克斯韦方程式

库仑定律：

$$\boldsymbol{F} = \frac{q_1 q_0}{4\pi \varepsilon_0 r^2} \boldsymbol{e}_r \tag{2.44}$$

因为 $E = \dfrac{F}{q}$，所以

$$E = \frac{q_0}{4\pi\varepsilon_0 r^2}\boldsymbol{e}_r \text{。} \tag{2.45}$$

2.2.3.1　电场高斯定律推导

（1）对于真空中静止的单个点电荷，作任意的高斯面，电荷位于面内，则有：

$$\mathrm{d}\Phi = \boldsymbol{E}\cdot\mathrm{d}\boldsymbol{S} = \frac{q_0}{4\pi\varepsilon_0 r^2}\boldsymbol{e}_r\cdot\mathrm{d}\boldsymbol{S} = \frac{q_0}{4\pi\varepsilon_0}\mathrm{d}\Omega \tag{2.46}$$

故　　　　　　　　　　　$$\Phi = \frac{q}{4\pi\varepsilon_0}\oint\mathrm{d}\Omega = \frac{q}{\varepsilon_0}$$

即　　　　　　　　$$\Phi = \oint_S \boldsymbol{E}\cdot\mathrm{d}\boldsymbol{S} = \frac{1}{\varepsilon_0}\sum_{i=1}^{n}q_i \tag{2.47}$$

（2）对于真空中静止的单个点电荷，作任意的高斯面，电荷位于面外，则有：

$$\mathrm{d}\Phi_1 = \boldsymbol{E}_1\cdot\mathrm{d}\boldsymbol{S}_1 = \frac{q_0}{4\pi\varepsilon_0 r_1^2}\boldsymbol{e}_{r1}\cdot\mathrm{d}\boldsymbol{S}_1 = -\frac{q_0}{4\pi\varepsilon_0}\mathrm{d}\Omega \tag{2.48}$$

$$\mathrm{d}\Phi_2 = \boldsymbol{E}_2\cdot\mathrm{d}\boldsymbol{S}_2 = \frac{q_0}{4\pi\varepsilon_0 r_2^2}\boldsymbol{e}_{r2}\cdot\mathrm{d}\boldsymbol{S}_2 = \frac{q_0}{4\pi\varepsilon_0}\mathrm{d}\Omega \tag{2.49}$$

则　　　　　　　　　　　$$\mathrm{d}\Phi_1 + \mathrm{d}\Phi_2 = 0$$

$$\Phi = \oint_S \boldsymbol{E}\cdot\mathrm{d}\boldsymbol{S} = 0 \tag{2.50}$$

式（2.50）表明：高斯面外电荷的电场穿过该高斯面的电通量为零。

（3）对于真空中静止的多个点电荷，作高斯面，由场强叠加原理可知：

$$\boldsymbol{E} = \sum_i \boldsymbol{E}_i \tag{2.51}$$

$$\Phi = \oint_S \boldsymbol{E}\cdot\mathrm{d}\boldsymbol{S} = \oint_S \sum_i \boldsymbol{E}_i\cdot\mathrm{d}\boldsymbol{S} = \sum_{i(\text{内})}\oint_S \boldsymbol{E}_i\cdot\mathrm{d}\boldsymbol{S} + \sum_{i(\text{外})}\oint_S \boldsymbol{E}_i\cdot\mathrm{d}\boldsymbol{S} \tag{2.52}$$

又由（2）可知　　　　　　　$$\sum_{i(\text{外})}\oint_S \boldsymbol{E}_i\cdot\mathrm{d}\boldsymbol{S} = 0 \tag{2.53}$$

则　　　　$$\Phi = \sum_{i(\text{内})}\oint_S \boldsymbol{E}_i\cdot\mathrm{d}\boldsymbol{S} = \sum_{i(\text{内})}\frac{q_i}{\varepsilon_0} = \frac{1}{\varepsilon_0}\sum_{i(\text{内})}q_i \tag{2.54}$$

（4）对于真空中静止的电荷连续分布的带电体，作高斯面，则有：

$$\boldsymbol{E} = \frac{\rho\,\mathrm{d}V}{4\pi\varepsilon_0 r^2}\boldsymbol{e}_r \tag{2.55}$$

$$\mathrm{d}\Phi = \boldsymbol{E}\cdot\mathrm{d}\boldsymbol{S} = \frac{\rho\,\mathrm{d}V}{4\pi\varepsilon_0 r^2}\boldsymbol{e}_r\cdot\mathrm{d}\boldsymbol{S} = \frac{\rho\,\mathrm{d}V}{4\pi\varepsilon_0}\mathrm{d}\Omega \tag{2.56}$$

所以　$$\Phi = \oint_S \boldsymbol{E}\cdot\mathrm{d}\boldsymbol{S} = \frac{1}{4\pi\varepsilon_0}\int_V \rho\,\mathrm{d}V\oint\mathrm{d}\Omega = \frac{1}{\varepsilon_0}\int_V \rho\,\mathrm{d}V = \frac{q}{\varepsilon_0} \tag{2.57}$$

综上可得　　　　　$$\Phi = \oint_S \boldsymbol{E}\cdot\mathrm{d}\boldsymbol{S} = \frac{1}{\varepsilon_0}\sum_{i=1}^{n}q_i$$

这就是静电场高斯定理。

对于非真空状态，引入电位移矢量 $D = \varepsilon E$，方程修改为：

$$\oint_S D \cdot dS = q_f = \int_V \rho_f \, dV \tag{2.58}$$

2.2.3.2 法拉第感应定律推导

（1）对于点电荷电场，因为

$$dW = q_0 E \cdot dl = \frac{qq_0}{4\pi\varepsilon_0 r^3} r \cdot dl$$

又 $r \cdot dl = rdl\cos\theta = rdr$

故

$$dW = \frac{qq_0}{4\pi\varepsilon_0 r^2} dr$$

$$W = \int dW = \int_{r_A}^{r_B} \frac{qq_0}{4\pi\varepsilon_0} \frac{dr}{r^2} = \frac{qq_0}{4\pi\varepsilon_0}\left(\frac{1}{r_A} - \frac{1}{r_B}\right) \tag{2.59}$$

由上式可知：点电荷静电场力做功与路径无关。

（2）对于任意带电体电场，可用微元法分析，易得静电场力做功与路径无关。

综上可知，静电场力做功与路径无关。则有：

$$W_{L_{ab}} = W_{L'_{ab}} \tag{2.60}$$

点电荷 q_0 沿路径 L_{ab} 和 L'_{ab} 运动，始点与终点分别为 a、b。即

$$q_0 \int_{L_{ab}} E \cdot dl = q_0 \int_{L'_{ab}} E \cdot dl \tag{2.61}$$

$$\oint_l E \cdot dl = 0$$

这就是静电场环路定理。

此前，我们讨论的是静止带电体激发的电场，现在再来看一下法拉第电磁感应定律：

$$\varepsilon = -\frac{d\Phi}{dt}$$

该定律表明：变化的磁场 B 也能在空间中激发电场 E，因为闭合回路中 $\varepsilon = \oint_l E \cdot dl$，因此 $\oint_l E \cdot dl = -\frac{d\Phi}{dt}$。

当空间中同时存在静电场和变化的磁场激发的电场时，综合静电场环路定理和上式可得：

$$\oint_l E \cdot dl = \oint_l E_E \cdot dl + \oint_l E_B \cdot dl = 0 + \left(-\frac{d\Phi}{dt}\right) \tag{2.62}$$

即

$$\oint_l E \cdot dl = -\frac{d\Phi}{dt} \tag{2.63}$$

2.2.3.3 磁场高斯定律推导

磁场中基本实验定律是毕奥-萨伐尔定律：$B(x) = \frac{\mu_0}{4\pi}\oint_L \frac{Idl \times e_r}{r^2}$

此外，$B = \sum_i B_i$。

$$dB = \frac{\mu_0}{4\pi}\frac{Idl \times e_r}{r^2} = \frac{\mu_0}{4\pi}\frac{Idl}{r^2}\sin\theta\, e_\varphi = \frac{\mu_0}{4\pi}\frac{Idl}{r^3}Re_\varphi \qquad (2.64)$$

上式表明：在以电流元延长线为轴，任意半径 R 的圆周各点上，dB 有相同的值并沿圆周的切向，于是对于圆周上包围 P 点的一个闭合小管，取小管的截面积 ΔS 处处相等，则从小管一个端面穿入的磁通量与从另一个端面穿出的磁通量之和必定为零。即：

$$dB_1\Delta S_1 + dB_2\Delta S_2 = 0 \qquad (2.65)$$

故 $$\oint_S B \cdot dS = 0 \qquad (2.66)$$

式（2.66）即为磁场高斯定理，又叫磁通连续性原理。事实上，根据实验事实，迄今为止仍未找到磁单极子存在的可靠证据，磁性物质中两极总是成双存在，我们可以直观地得知，磁力线总是连续且闭合的，从而得到上式（图 2.3）。

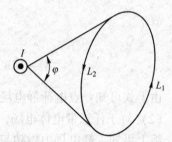

图 2.3　磁场高斯定理示意图

2.2.3.4　麦克斯韦-安培定律推导

（1）单个闭合电流穿过任意闭合环路（图 2.4）。对微元 dl 进行矢量分割，将其分成平行于 B 和垂直于 B 的两部分：

$$dl = dl_{/\!/} + dl_\perp \qquad (2.67)$$

则 $$B \cdot dl = B \cdot (dl_{/\!/} + dl_\perp) = B \cdot dl_{/\!/} + B \cdot dl_\perp \qquad (2.68)$$

因为 $$B \cdot dl_\perp = B \cdot dl_\perp \cos \pi/2 = 0 \qquad (2.69)$$

$$\oint_L B \cdot dl = \oint_L B \cdot dl_{/\!/} = \oint_L B\cos\theta dl = \oint_L \frac{\mu_0 I}{2\pi r}rd\varphi = \frac{\mu_0 I}{2\pi}\int_0^{2\pi}d\varphi = \mu_0 I \qquad (2.70)$$

（2）单个闭合电流不穿过任意闭合环路。将闭合回路划分成 L_1 和 L_2 为两部分，使得 L_1、L_2 对电流所张角相等。则

$$\oint_L B \cdot dl = \int_{L_1} B\cos\theta dl + \int_{L_2} B\cos\theta dl = \int_0^\varphi \frac{\mu_0 I}{2\pi r}rd\varphi + \int_\varphi^0 \frac{\mu_0 I}{2\pi r}rd\varphi = 0 \qquad (2.71)$$

（3）当空间中存在多个电流时，可以通过磁场叠加原理，得到下式：

$$\oint_L B \cdot dl = \mu_0 \sum_{(穿过L)} I_i \qquad (2.72)$$

综上可得，稳恒磁场的安培环路定理：

$$\oint_L B \cdot dl = \mu_0 \sum_{(穿过L)} I_i \qquad (2.73)$$

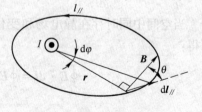

图 2.4　闭合回路示意图

以上是传导电流激发磁场的情况，前面我们可以通过对法拉第电磁感应定律的讨论，变化的磁场 B 能在空间中激发电场 E。那么反过来，变化的电场 E 是否也能在空间中激发磁场 B 呢？答案是肯定的。事实上，麦克斯韦发现：在连接着交变电源的电容器中，电介质内并不存

在传导电流，却存在着磁场。经过深入研究后，麦克斯韦认为：只要有电动力作用于导体上，就会产生出传导电流；而当电动力作用于电介质上时，则会使电介质内的分子产生极化，一端显正电，另一端显负电。随着电场的变化，这种极化状态也会发生变化。这种变化对于整个电介质的影响，是引起电荷在一定方向上总位移的不断变化。这就是所谓的位移电流，它和传导电流一样能激发磁场，位移电流的大小与电场随时间的变化率成正比。引入位移电流概念后，对上述电路就可以这样说明：当传导电流在一极板上终止时，就有同样强度和方向的位移电流接上。在整个电路内，传导电流+位移电流＝总电流，就形成一个连续的闭合回路。这时再应用安培环路定律解此电路问题，无论以 L 为周界的曲面取在何处，都有确定值，从而圆满地解决了上述的矛盾。

位移电流：
$$I_D = \iint_S J_D \cdot \mathrm{d}S = \iint_S \frac{\partial \boldsymbol{D}}{\partial t} \cdot \mathrm{d}S \tag{2.74}$$

因为真空中的位移电流与真实电流同等地激发磁场，则对于位移电流 I_D 由安培环路定律，得：
$$\oint_L \boldsymbol{B} \cdot \mathrm{d}l = \mu_0 \sum I_D \tag{2.75}$$

因此
$$\oint_L \boldsymbol{B} \cdot \mathrm{d}l = \mu_0 \iint_S J_D \cdot \mathrm{d}S = \mu_0 \iint_S \frac{\partial \boldsymbol{D}}{\partial t} \cdot \mathrm{d}S \tag{2.76}$$

当传导电流与位移电流同时存在时，
$$\oint_L \boldsymbol{B} \cdot \mathrm{d}l = \oint_L \boldsymbol{B}_{传} \cdot \mathrm{d}l + \oint_L \boldsymbol{B}_{位} \cdot \mathrm{d}l = \mu_0 \sum_{(穿过L)} I_i + \mu_0 \iint_S \frac{\partial \boldsymbol{D}}{\partial t} \cdot \mathrm{d}S \tag{2.77}$$

式（2.77）就是麦克斯韦-安培定律。

综上，可得麦克斯韦方程组：
$$\Phi = \oint_S \boldsymbol{E} \cdot \mathrm{d}S = \frac{1}{\varepsilon_0} \sum_{i=1}^{n} q_i \tag{2.78}$$

$$\oint_l \boldsymbol{E} \cdot \mathrm{d}l = -\frac{\mathrm{d}\boldsymbol{\Phi}_B}{\mathrm{d}t} \tag{2.79}$$

$$\oint_S \boldsymbol{B} \cdot \mathrm{d}S = 0 \tag{2.80}$$

$$\oint_L \boldsymbol{B} \cdot \mathrm{d}l = \mu_0 \sum_i I_i + \mu_0 \iint_S \frac{\partial \boldsymbol{D}}{\partial t} \cdot \mathrm{d}S \tag{2.81}$$

其推导流程见图 2.5。

至此麦克斯韦方程组的推导已经完成。实际上，麦克斯韦方程组的推导方法有多种，如根据库仑定律和洛伦兹变换或最小作用量原理来建立麦克斯韦方程组。

2.2.4 麦克斯韦方程组的表达形式及其意义

2.2.4.1 电场高斯定律

积分形式：
$$\Phi = \oint_S \boldsymbol{E} \cdot \mathrm{d}S = \frac{1}{\varepsilon_0} \sum_{i=1}^{n} q_i \tag{2.82}$$

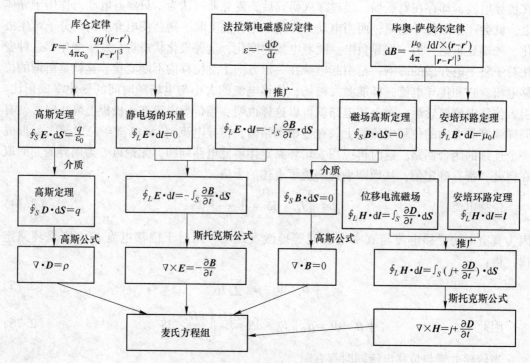

图 2.5　麦克斯韦方程组的推导流程

$$\oint_S \boldsymbol{D} \cdot \mathrm{d}\boldsymbol{S} = \sum q_\mathrm{f}\ (\text{介质中，}q_\mathrm{f}\text{为介质电荷}) \tag{2.83}$$

微分形式：
$$\nabla \cdot \boldsymbol{E} = \frac{\rho}{\varepsilon_0} \tag{2.84}$$

$$\nabla \cdot \boldsymbol{D} = \rho_\mathrm{f}\ (\text{介质中}) \tag{2.85}$$

电场高斯定律单独描述了电场的一种性质，反映了空间中电场分布与电荷分布间的关系。它既适用于静止带电体激发的静电场，又适用于变化的磁场激发感生涡旋电场。对于静电场 $\varPhi = \oint_S \boldsymbol{E} \cdot \mathrm{d}\boldsymbol{S} = \frac{1}{\varepsilon_0}\sum_{i=1}^{n} q_i\left(\nabla \cdot \boldsymbol{E} = \frac{\rho}{\varepsilon_0}\right)$，一点的静电场散度，表明该点在空间其他点产生静电场的能力，散度函数表明有源场场源的分布。而静电场的散度在有电荷的地方不为零，这反映了电荷是静电场的源。而由积分形式可知，静电场的电场线是不闭合的曲线，在有电荷的地方电场线不连续，说明静电场是有源矢量场。对于感生涡旋电场，$\varPhi = \oint_S \boldsymbol{E} \cdot \mathrm{d}\boldsymbol{S} = 0\ (\nabla \cdot \boldsymbol{E} = 0)$。这表明感生涡旋电场与静电场不同，涡旋电场的散度是零，它的电场线是自闭合的，是无源矢量场。

2.2.4.2　法拉第感应定律

积分形式：
$$\oint_l \boldsymbol{E} \cdot \mathrm{d}\boldsymbol{l} = -\frac{\mathrm{d}\varPhi_\mathrm{B}}{\mathrm{d}t} \tag{2.86}$$

微分形式：
$$\nabla \times \boldsymbol{E} = -\frac{\partial \boldsymbol{B}}{\partial t_v} \tag{2.87}$$

观察以上两式，发现等式两边分别为电场的量和磁场的量，这表明电场与磁场之间存在某种关联或者说是转化关系。考察积分形式可以看到，随时间变化的磁场在空间中有电场环量，说明它在空间中激发了电场。再来看微分形式，可以知道该电场的旋度不为零，即它是有旋矢量场。这与静电场不同，我们把这种电场叫做感生涡旋电场。静电场环量（旋度）等于零，因此静电场是无旋矢量场，或者说是保守场；静电力是保守力，它做的功与路径无关，仅与初末位置有关。而因为感生涡旋电场是有旋矢量场，所以感生涡旋电场是非保守电场，涡旋电场力是非保守力，它所做的功不仅与初末位置有关，也与路径有关。

2.2.4.3 磁场高斯定律

磁场高斯定律的积分形式：

$$\oint_S \boldsymbol{B} \cdot \mathrm{d}\boldsymbol{S} = 0 \tag{2.88}$$

磁场高斯定律的微分形式： $\nabla \cdot \boldsymbol{B} = 0$ (2.89)

产生磁场的方式有两种，分别是传导电流和位移电流。然而该定律表明这两种磁场在空间中的通量（散度）均为零，因此两种磁场都是无源矢量场，磁感应线是自闭合线。同时其也表明了磁单极子是不存在的。

2.2.4.4 麦克斯韦-安培定律

麦克斯韦-安培定律的积分形式： $\oint_L \boldsymbol{B} \cdot \mathrm{d}\boldsymbol{l} = \mu_0 \sum_i I_i + \mu_0 \iint_S \dfrac{\partial \boldsymbol{D}}{\partial t} \cdot \mathrm{d}\boldsymbol{S}$ (2.90)

$$\oint_L \boldsymbol{H} \cdot \mathrm{d}\boldsymbol{l} = \sum_i I_i + \iint_S \frac{\partial \boldsymbol{D}}{\partial t} \cdot \mathrm{d}\boldsymbol{S} \text{（介质中）} \tag{2.91}$$

麦克斯韦-安培定律的微分形式： $\nabla \times \boldsymbol{B} = \mu_0 \boldsymbol{J} + \mu_0 \dfrac{\partial \boldsymbol{D}}{\partial t}$ (2.92)

$$\nabla \times \boldsymbol{H} = \boldsymbol{J} + \frac{\partial \boldsymbol{D}}{\partial t} \text{（介质中）} \tag{2.93}$$

考察该定律，发现等式右边有一个与电场有关的量，这说明变化的电场对空间磁场环量有贡献，亦即变化的电场在空间中激发了磁场。这两种磁场性质相同，都是非保守场。

综上可知，麦克斯韦方程组描述了电场和磁场的性质以及两者间的相互转化关系。

2.3 磁场的传播

2.3.1 电磁波的传播

电磁波是能量的一种，凡是能够释出能量的物体，都会释出电磁波。电与磁可以说是一体两面，变动的电会产生磁，变动的磁亦会产生电。电磁的变动就如同微风轻拂水面产生水波一般，因此称为电磁波，而其每秒钟内变动的次数便是频率。当电磁波频率低时，主要藉由有形的导电体才能传递；当频率渐次提高时，电磁波就会外溢到导体之外，不需要介质也能向外传递能量，这就是一种辐射。

2.3.2　无线电波的传播

电磁波的波长在 10~3000m 之间，分长波、中波、中短波、短波等几种。传真（电视）用的波长是 3~6m；雷达用的波长更短，3m 到数厘米。电磁波有红外线、可见光、紫外线、X 射线、γ 射线等。各种光线和射线，也都是波长不同的电磁波。其中以无线电的波长最长，宇宙射线的波长最短，见表 2.1。

表 2.1　射线类型与波长

射线类型	波　长
无线电波	3000m~0.3mm
红外线	0.3mm~0.75μm
可见光	0.7~0.4μm
紫外线	0.4μm~10nm
X 射线	10~0.1nm
γ 射线	0.1~0.001nm
宇宙射线	小于 0.001nm

对整个无线电频谱进行划分，共分 9 段：甚低频（VLF）、低频（LF）、中频（MF）、高频（HF）、甚高频（VHF）、特高频（UHF）、超高频（SHF）、极高频（EHF）和至高频，对应的波段从甚（超）长波、长波、中波、短波、米波、分米波、厘米波、毫米波和丝米波（后 4 种统称为微波）。电波传输不依靠电线，也不像声波那样，必须依靠空气媒介帮它传播，有些电波能够在地球表面传播，有些波能够在空间直线传播，也能够从大气层上空反射传播，有些波甚至能穿透大气层，飞向遥远的宇宙空间。任何一种无线电信号传输系统均由发信部分、收信部分和传输媒质三部分组成。传输无线电信号的媒质主要有地表、对流层和电离层等，这些媒质的电特性对不同波段的无线电波的传播有着不同的影响。

就其主要的传播途径来说，无线电波有三种传播方式：地波、天波和沿直线传播的波。

2.3.2.1　地波

沿地球表面附近的空间传播的无线电波叫地波。地面上有高低不平的山坡和房屋等障碍物，根据波的衍射特性，当波长大于或相当于障碍物的尺寸时，波才能明显地绕到障碍物的后面。地面上的障碍物一般不太大，长波可以很好地绕过它们，中波和中短波也能较好地绕过，短波和微波由于波长过短，绕过障碍物的本领就很差了。地球是个良导体，地球表面会因地波的传播引起感应电流，因而地波在传播过程中有能量损失。频率越高，损失的能量越多。所以无论从衍射的角度看还是从能量损失的角度看，长波、中波和中短波沿地球表面可以传播较远的距离，而短波和微波则不能。地波的传播比较稳定，不受昼夜变化的影响，而且能够沿着弯曲的地球表面达到地平线以外的地方，所以长波、中波和中短波用来进行无线电广播。

由于地波在传播过程中要不断损失能量，而且频率越高（波长越短）损失越大，因此中波和中短波的传播距离不大，一般在数百千米范围内，收音机在这两个波段一般只能收听到本地或邻近省市的电台。长波沿地面传播的距离要远得多，但发射长波的设备庞大，造价高，所以长波很少用于无线电广播，多用于超远程无线电通信和导航等。

2.3.2.2 天波

依靠电离层的反射来传播的无线电波叫做天波。什么是电离层呢？地球被厚厚的大气层包围着，在地面上空 50km 到数百千米的范围内，大气中一部分气体分子由于受到太阳光的照射而丢失电子，即发生电离，产生带正电的离子和自由电子，这层大气就叫做电离层。

电离层对于不同波长的电磁波表现出不同的特性。实验证明，波长短于 10m 的微波能穿过电离层；波长超过 3000km 的长波，几乎会被电离层全部吸收。对于中波、中短波、短波，波长越短，电离层对它吸收得越少而反射得越多。因此，短波最适宜以天波的形式传播，它可以被电离层反射到数千米以外。但是，电离层是不稳定的，白天受阳光照射时电离程度高，夜晚电离程度低。因此夜间它对中波和中短波的吸收减弱，这时中波和中短波也能以天波的形式传播。收音机在夜晚能够收听到许多远地的中波或中短波电台，就是这个道理。

2.3.2.3 视距传播、散射传播及波导模传播

（1）视距传播。指若收、发天线离地面的高度远大于波长，电波直接从发信天线传到收信地点（有时有地面反射波）。这种传播方式仅限于视线距离以内。目前广泛使用的超短波通信和卫星通信的电波传播均属这种传播方式。

（2）散射传播。利用对流层或电离层中介质的不均匀性或流星通过大气时的电离余迹对电磁波的散射作用来实现超视距传播。这种传播方式主要用于超短波和微波远距离通信。

超短波的传播特性比较特殊，它既不能绕射，也不能被电离层反射，而只能以直线传播。以直线传播的波就叫做空间波或直接波。由于空间波不会拐弯，因此它的传播距离就受到限制。发射天线架得越高，空间波传得越远。所以电视发射天线和电视接收天线应尽量架得高一些。尽管如此，传播距离仍受到地球拱形表面的阻挡，实际只有 50km 左右。

超短波不能被电离层反射，但它能穿透电离层，所以在地球的上空就无阻隔可言，这样，我们就可以利用空间波与发射到遥远太空去的宇宙飞船、人造卫星等取得联系。此外，卫星中继通讯，卫星电视转播等也主要是利用天波传输途径。

（3）波导模传播。指在电离层下缘和地面所组成的同心球壳形波导内的传播。长波、超长波或极长波利用这种传播方式能以较小的衰减进行远距离通信。在实际通信中往往是取以上 5 种传播方式中的一种作为主要的传播途径，但也有几种传播方式并存来传播无线电波的。一般情况下都是根据使用波段的特点，利用天线的方向性来限定一种主要的传播方式。

电磁波是一种横波，是电场和磁场在空间的振动。电磁波可以在真空或在介质中传播。真空中电磁波速为一常数，是宇宙中最快的速度，可见光、红外光、紫外光、微波和伽马射线等都是电磁波。

简单来说，电磁波就是电磁场（Electro magnetic radiation，EMR）的波动，电场的变化产生磁场，磁场的变化形成电场，电场与磁场交互作用而产生的波动，称为电磁波。电

磁波与光和热相同，属于一种能量。可透过空中辐射或导电体等方式传送，电磁波每秒钟变动的次数是频率。在电磁处于高频率时，电磁波不需要介质也能向外传递能量，这就是一种辐射。而辐射种类可分为三种：游离辐射、有热效应非游离辐射和无热效应非游离辐射。

思 考 题

2-1 电磁场守恒定律基本内容是什么？

2-2 电磁场力如何计算？

2-3 麦克斯韦关于电磁场的"四个方程、三个关系"指的是什么？

2-4 全电流定律如何表述，有何物理意义？

2-5 感生电场和静电场具有哪些差异？

3 ◆ 电磁流体力学

从本质上来说，磁流体动力学是研究流体速度场和电磁场之间相互作用的一门学科。对于它们之间的研究，要考虑两者之间的单方向作用：一是已知速度场，考察速度场对于磁场的影响；二是已知磁力场，考察磁力场对速度场的影响。

磁流体力学和流体力学一样，都是建立在连续介质假设之上进行理性阐述的。液态金属磁流体动力学是研究电磁力对导电流体定常或非定常流动的影响。首先建立磁流体力学的基本方程组，然后用这个方程组来解决和分析各种问题。方程的非线性使磁流体动力学的数学分析复杂化，通常要用近似方法或数值法求解。

3.1 MHD 流程的基础方程式和边界条件

3.1.1 基础方程式

磁流体力学（Mageneto hydro dynamics，MHD）是描述导电流体与磁场间相互作用的控制模型。因此，该模型是由流体流动的控制方程和电磁场的相关定律组成，一般的控制方程是由流体力学的质量守恒方程、动量守恒方程、能量守恒方程和电磁场中的麦克斯韦方程组构成。

理想 MHD 方程组为

$$\nabla \cdot (\rho v) = - \frac{\partial \rho}{\partial t} \tag{3.1}$$

$$\rho \frac{\mathrm{d}v}{\mathrm{d}t} = - \nabla p + J \times B \tag{3.2}$$

$$J = \frac{1}{\mu} \nabla \times B \tag{3.3}$$

$$\frac{\partial}{\partial t} B = - \nabla \times E \tag{3.4}$$

$$E = - v \times B \tag{3.5}$$

$$\frac{\partial}{\partial t} p = - v \cdot \nabla p - \Gamma p \nabla \cdot v \tag{3.6}$$

$$\frac{\partial}{\partial t} \rho = - v \cdot \nabla \rho - \rho \nabla \cdot v \tag{3.7}$$

系统在空间、时间任一点的状态由变量 v，B，p 和 ρ 给出，其中 v 为宏观流体速度，B 为磁感应强度，p 为热压力，ρ 为质量密度。MHD 方程组描述了系统状态随时间的变化。

方程（3.1）为流体流动的连续性方程，描述了流体流动中质量守恒的性质，与式

（3.2）共同构成了描述流场运动的控制方程。

方程（3.2）为流体流动的运动方程，反映了流动过程遵守动量守恒的物理本质。等式左边表示流体在外力作用下微元体的动量变化率，或其惯性力。等式右边的第一项是流体微元体所受的压力，是一种表面力；右边的第二项是流体微元体在磁场作用下所受的电磁力，即洛伦兹力，这是一种体积力。该方程中没有黏性力项。

方程（3.3）为忽略了位移电流的安培定律，该定律说明电流是磁场的涡旋源，可以产生涡旋磁场。μ 为钢水磁导率或真空磁导率。

方程（3.4）为反映磁场变化的法拉第电磁感应定律，说明了电场强度的涡旋源密度与磁通密度的关系。

方程（3.5）为欧姆定律的特殊形式。

方程（3.6）和方程（3.7）为当需要考虑带电流体状态变化时，反映带电流体的压力和质量密度随状态变化的热力学方程。这些方程右边的 $v \cdot \nabla p$ 和 $v \cdot \nabla \rho$ 项代表对流效应。如方程只有这两项，则每一微元体的压力和密度永不改变，只是被流体简单的带走。方程中的 $\Gamma p \nabla \cdot v$ 和 $\rho \nabla \cdot v$ 表示压缩和膨胀效应，当微元体由于所受压力的改变而改变体积时，其压力和密度也改变。

带电流体的运动通过方程（3.4）和方程（3.5）改变着磁场，而磁场则通过方程（3.2）中的体积力项（在此为电磁力）影响带电流体的运动，其中电磁力是将电磁场方程与流场控制方程联系起来的纽带。根据分析对象的不同，电磁力将有不同的作用形式：

（1）在电磁制动技术中，由于带电流体是在恒定磁场下工作，带电流体切割磁力线产生的感应电流为

$$J = \sigma v \times B \tag{3.8}$$

式中，v 为带电流股速度；B 为外加的恒定磁场磁感应强度。

该电流与外加恒定磁场相互作用，产生电磁体力

$$f = J \times B = \sigma v \times B \times B \tag{3.9}$$

（2）在电磁搅拌技术中，带电流体是在旋转磁场或行波磁场下工作，磁场以速度 v 向一个方向运动，此时带电流体的感应电流为

$$J = \sigma (v_{\mathrm{S}} - v) \times B \tag{3.10}$$

感应电流与当地磁场相互作用产生的电磁体力为

$$f = \sigma \left[(v_{\mathrm{s}} - v) \times B \right] \times B \tag{3.11}$$

比较式（3.10）和式（3.11）可见，在电磁制动中，当带电流股速度为零时，电磁力为零；而在电磁搅拌中，电磁力主要取决于外加磁场的速度，当带电流股静止时，仍有电磁力产生。

（3）在电磁铸造技术中，感应器产生的交变磁场使液态钢水产生感应电流 J，该感应电流与当地磁场相互作用产生电磁力，将式（3.3）代入电磁力表达式（$f = J \times B$）中，得

$$f = J \times B = \left(\frac{1}{\mu} \nabla \times B \right) \times B = \left(\frac{1}{\mu} B \cdot \nabla \right) B - \nabla \left(\frac{B^2}{\mu} \right) \tag{3.12}$$

式（3.12）右边第一项为有旋分量，它驱动钢水做旋转运动，起到搅拌作用；右边第二项为无旋分量，产生磁压作用，称为箍缩效应。

在电磁连铸中，主要应用磁压作用，向中心箍缩钢水，控制弯月面的形成，起到成形功能。为此，在电磁铸造的磁场设计中，为获得较大的无旋分量，采用较高的磁场频率（数千或上万赫兹）。

而在电磁搅拌中，主要是利用其搅拌功能，为获得较大的第一项有旋分量，在磁场设计中则采用较低的频率（50Hz 以下，一般为数赫兹）。

3.1.2 边界条件

在实际问题中，经常遇到两种不同媒质的分界面，由于在分界面两侧的媒质的特性参数发生突变，导致矢量场也发生突变。在不同媒质的分界面上，场矢量满足的关系称为电磁场的边界条件。由于在媒质分界面上场矢量不连续，麦克斯韦方程组的微分形式失去意义，但其积分形式仍然适用，可用其导出分界面上的边界条件。在实际计算时，要考虑对于速度场、温度场和电磁场的边界条件，对非定常问题还需给出初始条件。

由麦克斯韦方程的解所得到的电磁场，还必须满足不同媒质交界面处的边界条件。结果证明，对于时变电场的边界条件与对于静态场的完全相同。边界条件说明见表 3.1。

表 3.1 电磁场边界条件

矢 量 形 式	标 量 形 式
$n \times (E_1 - E_2) = 0$	$E_{1t} = E_{2t}$
$n \times (H_1 - H_2) = J_s$	$H_{1t} - H_{2t} = J_s$
$n \times \left(\dfrac{J_1}{\sigma_1} - \dfrac{J_2}{\sigma_2} \right) = 0$	$\dfrac{J_{1t}}{\sigma_1} = \dfrac{J_{2t}}{\sigma_2}$
$n \cdot (D_1 - D_2) = \rho s$	$D_{1n} - D_{2n} = \rho s$
$n \cdot (B_1 - B_2) = 0$	$B_{1n} = B_{2n}$
$n \cdot (J_1 - J_2) = -\dfrac{\partial \rho s}{\partial t}$	$J_{1n} - J_{2n} = -\dfrac{\partial \rho s}{\partial t}$

3.1.2.1　s 边界条件

固体表面采用无滑动的边界条件，即表面流体的速度 v 等于壁面的运动速度 u；当壁面静止时，两者均为 0；在流场的进出口，需要给出速度分布或压力分布。

3.1.2.2　温度场边界条件

温度场边界条件分为三类：温度边界条件（规定了边界上的温度值）、热流边界条件（规定了边界上的热流密度值）、传热边界条件（规定了边界上物体与周围流体间的表面传热系数与周围流体温度），可以概括如下：

$$\alpha \lambda \frac{\partial T}{\partial n} + \beta T = \gamma \tag{3.13}$$

该边界条件根据选择方法的不同，分别为：

（1）$\alpha = 0$，$\beta = 1$，$\gamma = T'$ 温度边界条件。

（2）$\alpha = 1$，$\beta = 0$，$\gamma = -\hat{q}$ 热流边界条件。

（3）$\alpha=1$，$\beta=h$，$\gamma=h_{out}$传热边界条件。

边界条件（2）中，若$\hat{q}=0$，成为绝热条件。

各符号意义：λ为比例系数；n为法线方向距离；T为温度边界值；q为热流密度值；h为对流换热系数；h_{out}为出口的对流换热系数。

3.1.2.3　电磁场边界条件

对于双介质的边界条件，可依据斯涅耳法则可通过图3.1所示的体积元用麦克斯韦方程积分后而导出斯涅耳法则，见图3.2。当无表面电流及表面电荷时，连续和不连续的条件下，法线分量和切线分量分析如下：

由斯涅耳法则可得

$$\frac{\tan\theta_1}{\tan\theta_2}=\frac{\varepsilon_1}{\varepsilon_2}=\frac{\mu_1}{\mu_2}=\frac{\sigma_1}{\sigma_2} \tag{3.14}$$

当$\mu_2\gg\mu_1$，则$\tan\theta_1\approx0$；当$\sigma_1\gg\sigma_2$，则$\tan\theta_2\approx0$。

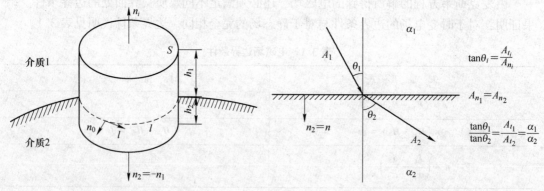

图3.1　双介质边界条件　　　　　　图3.2　斯涅耳法则

一般来说，对于无散度的矢量，在不连续面上矢量的法向分量是连续的；对于无旋度的矢量，在不连续面上矢量的切线分量是连续的。因此，满足$\nabla\cdot D=0$，$\nabla\cdot B=0$，$\nabla\cdot j=0$的D、B、j，它们的法线分量在不连续面上是连续的。另一方面，满足$\nabla\times E=0$，$\nabla\times H=0$的E和H，它们的切线分量在不连续面上是连续的。结果对于矢量D、B、j，在不连续面的折射率服从斯涅耳法则。

3.1.2.4　自由表面的边界条件

在研究结晶器弯月面的问题时要用到自由表面的边界条件。在自由表面上有表面张力的存在。表面张力对法向应力和切向应力构成不连续性。在实际应用中，一般取自由面条件为切向力平衡

$$\|\mu_e\cdot S\cdot n\cdot t\|=(t\cdot\nabla)\infty \tag{3.15}$$

法向力平衡

$$-\|P\|+\|\mu_e\cdot S\cdot n\cdot t\|=\sigma_0(1+h_x^2)^{-3/2}h_{xx} \tag{3.16}$$

上两式中，在弯月面，$y=h(x,t)$上，$\mu_e\cdot S$为黏性应力张量；n为弯月面法向方向；r为弯月面切向方向；$\|$ $\|$为弯月面两侧物理量的跳跃量；σ_0为钢水表面张力。式（3.15）表示弯月面两侧黏性应力切向分量与表面张力沿切向的变化率平衡；式（3.16）表示弯月面两侧压力、黏性应力法向分量和表面张力三者平衡。

3.2 磁场对流体运动的影响

通过洛伦兹力，磁场对流动的作用已建立；同时，由导电流体在磁场中的运动的欧姆定律建立了流场对磁场的影响。在磁流体动力学研究中，表征磁场与导电流体流动相互作用关系的，除了一般流体力学中所有的无量纲数参数外，还有几个重要的独立的无量纲数，如磁雷诺数 Re_m、哈特曼数 Ha 和相互作用参数 N。流体动力学与电磁学基本方程的相互影响可以通过图 3.3 来表示。

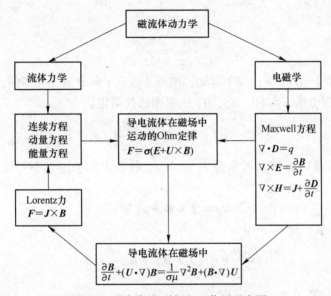

图 3.3　流场与电磁场相互作用示意图

磁雷诺数 $Re_m = uL\sigma\mu_m$，它是度量磁对流与磁扩散之比，如果 $Re_m \ll 1$，表明感应磁场小于外加磁场。哈特曼数 $Ha = BL\left(\dfrac{\sigma}{u}\right)^{\frac{1}{2}}$，是度量电磁力与黏滞力之比，当时，表明流体的流动主要由电磁力控制。相互作用参数 $N = \sigma B^2 L/(\rho U)$，表示洛伦兹力与惯性力之比，当流体的电导率非常大，而速度非常小时，流体主要受电磁力来控制。衡量磁流体流动的湍流状态是用临界哈特曼数与流动雷诺数的比值 Ha/Re 来判断的。当流体的哈特曼数与流动雷诺数的比值大于 1/225 时，表明流体中电磁力的作用完全抑制了湍流，流体处于层流流动状态；反之，则表明流体中电磁力的作用还能完全抑制湍流，流动计算中还必须包含湍流流动的影响。

3.2.1　哈特曼流动

3.2.1.1　一维定常哈特曼流动

A　$v_x = 0$ 的哈特曼流动

这一类型流动的控制方程由方程（3.17）给出。

$$\begin{cases} B_x \dfrac{\partial v_z}{\partial x} = -\eta \dfrac{\partial B_z}{\partial x^2} \\[3mm] \dfrac{\partial p^*}{\partial z} = \dfrac{1}{\mu} B_x \dfrac{\partial B_z}{\partial x} + \mu_f \dfrac{\partial^2 v_z}{\partial x^2} \end{cases} \tag{3.17}$$

为了求解方程 (3.17)，首先证明总压力梯度 $\dfrac{\partial p^*}{\partial z} = \text{const}$。由已假定磁感应强度 z 方向分量为零，且由给出的条件 $B_x = \text{const}$，$B_z = B_z(x)$，则有

$$p^* = p + \frac{1}{2\mu}(B_x^2 + B_y^2 + B_z^2) = p + \frac{1}{2\mu}(B_x^2 + B_z^2) \tag{3.18}$$

对上式取 z 向导数，得到

$$\frac{\partial p^*}{\partial z} = \frac{\partial p}{\partial z} \tag{3.19}$$

又由欧姆定律 $J = \sigma(E + v \times B)$ 得知，电流 J 仅有 y 向分量为非零的，即 $J = (0, J_y, 0)$，于是也有感应电场 $E = (0, E_y, 0)$。根据法拉第定律

$$\mu J = \nabla \times B = -\frac{\partial B_z}{\partial x} j \tag{3.20}$$

以及定常的安培定律 $\nabla \times E = 0$，可求得 $E_y = \text{const}$。将以上结果带入不可压缩导电流体定常流的运动方程

$$\nabla p = J \times B + \mu_f \nabla^2 v \tag{3.21}$$

并对方程取 z 向导数，得

$$\nabla \frac{\partial p}{\partial z} = \frac{\partial}{\partial z}(J \times B) + \mu_f \frac{\partial v}{\partial z} = 0$$

这就证明了 $\dfrac{\partial p^*}{\partial z} = \dfrac{\partial p}{\partial z} = \text{const}$。在 $\dfrac{\partial p^*}{\partial z} = \text{const}$ 条件下，应用数学方法求解方程组 (3.17) 仍要进行繁琐的演算。这里从物理角度考虑，以期简便地求得哈特曼流动的一般解。由方程 (3.21) 有

$$\nabla p = J \times B + \mu_f \nabla^2 v = J_y B_z i - J_y B_x k + \mu_f \frac{d^2 v_z}{dx^2} k$$
$$= \sigma B_z (E_y + B_x v_z) i - \sigma B_x (E_y + B_x v_z) k + \mu_f \frac{d^2 v_z}{dx^2} k \tag{3.22}$$

写出 z 分量形式，得到求解未知函数 v_z 的方程为

$$\mu_f \frac{d^2 v_z}{dx^2} - \sigma B_x^2 v_z = \left(\frac{\partial p}{\partial z} + \sigma E_y B_x \right) = -\sigma B_x^2 v \tag{3.23}$$

已证明方程 (3.23) 的右方项为常数，并记为 $-\sigma B_x^2 v$。这里 σ 为导电流体的导电率；B_x 为外加均匀磁场；v 为入口处的速度。这些量都是已知的量。于是立即得到这一方程的通解为

$$v_z = v + c_1 e^{\frac{H_x}{\alpha}} + c_2 e^{-\frac{H_x}{\alpha}} \tag{3.24}$$

式 (3.24) 中，c_1、c_2 为由边界条件确定的待定积分常数；H 为

$$H = \alpha B_x \sqrt{\frac{\sigma}{\mu_f}} = \sqrt{\frac{\sigma B_x^2 \alpha^2}{\mu_f}} \tag{3.25}$$

是以外加磁场 B_x 为特征磁感应强度，以渠道半宽度 α 为特征长度的哈特曼数。求得速度 v_z 之后，由欧姆定律

$$J_y = \sigma(E_y + B_x v_z) \tag{3.26}$$

求出 J_y，然后由积分关系式得到感应磁场强度 B_z。

    a 泊肖依流动

    上文已给出泊肖依流动边界条件提法为 $v_x = 0$（当 $x = \pm a$），由此条件确定的待定积分常数 c_1、c_2 为

$$c_1 = c_2 = \frac{v}{e^H + e^{-H}} \tag{3.27}$$

将 c_1、c_2 代入解式（3.24），得到泊肖依流动的速度 v_z 解为

$$v_z = v\left(1 - \frac{\mathrm{ch}\dfrac{H_x}{\alpha}}{\mathrm{ch}H}\right) \tag{3.28}$$

根据表达式（3.23），已知量 v 为

$$v = -\left(\frac{\alpha^2}{H^2}\frac{1}{\mu_f}\frac{\partial p}{\partial z} + \frac{H}{\alpha}\sqrt{\frac{\sigma}{\mu_f}}E_y\right) \tag{3.29}$$

代入解式（3.28），得

$$v_z = \left(\frac{\alpha^2}{H^2}\frac{1}{\mu_f}\frac{\partial p}{\partial z} + \frac{H}{\alpha}\sqrt{\frac{\sigma}{\mu_f}}E_y\right)\left(\frac{\mathrm{ch}\dfrac{H_x}{\alpha}}{\mathrm{ch}H} - 1\right) \tag{3.30}$$

联合式（3.30）和式（3.26），得由流体介质输出的电流 J_y 为

$$J_y = \sigma E_y\frac{\mathrm{ch}\dfrac{H_x}{\alpha}}{\mathrm{ch}H} + \frac{\alpha}{H}\sqrt{\frac{\sigma}{\mu_f}}\frac{\partial p}{\partial z}\left(\frac{\mathrm{ch}\dfrac{H_x}{\alpha}}{\mathrm{ch}H} - 1\right) \tag{3.31}$$

将式（3.25）代入式（3.20），得

$$\frac{\partial B_z}{\partial x} = \frac{\mu\alpha}{H}\sqrt{\frac{\sigma}{\mu_f}}\frac{\partial p}{\partial z}\left(1 - \frac{\mathrm{ch}\dfrac{H_x}{\alpha}}{\mathrm{ch}H}\right) - \sigma\mu E_y\frac{\mathrm{ch}\dfrac{H_x}{\alpha}}{\mathrm{ch}H} \tag{3.32}$$

积分之得到

$$B_z = \frac{\mu\alpha}{H}\sqrt{\frac{\sigma}{\mu_f}}\frac{\partial p}{\partial z}\left(x - \frac{\alpha}{H}\cdot\frac{\mathrm{sh}\dfrac{H_x}{\alpha}}{\mathrm{ch}H}\right) - \frac{\sigma\mu\alpha}{H}E_y\frac{\mathrm{sh}\dfrac{H_x}{\alpha}}{\mathrm{ch}H} + B_0 \tag{3.33}$$

式（3.33）中，积分常数 B_0 不对流体状态发生任何影响，可取任意值。

    二维渠道内流体力学泊肖依流动的速度 v_{zf} 解为

$$v_{zf} = \frac{1}{2\mu_f}\frac{\partial p}{\partial z}(x^2 - \alpha^2) = v\left(1 - \frac{x^2}{\alpha^2}\right) \tag{3.34}$$

其速度剖面为抛物线分布，与磁流体力学泊肖依流动解（3.28）的剖面分布相比较，显得清瘦许多。解式（3.28）给出的速度剖面是以指数形式分布，表明在壁面附近存在厚度为

$$l = \frac{\alpha}{H} \tag{3.35}$$

的哈特曼层内流动。

b　夸特流动

上文已给出夸特流动边界条件提法为

$$v_x = \pm \omega \quad 当 \ x = \pm \alpha \tag{3.36}$$

由此条件确定式（3.24）中的待定积分常数 c_1、c_2，且在这一流动中 $\frac{\partial p}{\partial z} = 0$，$E_y = 0$，于是，立即得到速度 v_z 的解为

$$v_z = \omega \frac{\mathrm{sh}\dfrac{H_x}{\alpha}}{\mathrm{sh}H} \tag{3.37}$$

c　夸特-泊肖依流动

这一流动是夸特流动和泊肖依流动的合成，因为两流动的数学问题都是线性问题，根据线性问题的叠加原理，即得到夸特-泊肖依流动的速度 v_z 的解为

$$v_z = \omega \frac{\mathrm{sh}\dfrac{H_x}{\alpha}}{\mathrm{sh}H} + \left(\frac{\alpha^2}{H^2} \cdot \frac{1}{\mu_{\mathrm{f}}} \frac{\partial p}{\partial z} + \frac{H}{\alpha} \sqrt{\frac{\sigma}{\mu_{\mathrm{f}}}} E_y \right) \left(\frac{\mathrm{ch}\dfrac{H_x}{\alpha}}{\mathrm{ch}H} - 1 \right) \tag{3.38}$$

B　$v_x \neq 0$ 的哈特曼流动

理论上说，若 $v_x = \mathrm{const}$，那么总可以通过坐标变换消去 v_x，而使问题变为上述情形，但在实际上却不尽然。例如，当考察具有吸气或吹气的一维渠道哈特曼流动时，利用坐标变换消除 v_x，不仅不能简化问题，反而使求解趋于复杂化。因此有必要分析 $v_x \neq 0$ 时哈特曼流动的求解。在此情形下，控制方程变为

$$\begin{cases} v_x \dfrac{\mathrm{d}B_z}{\mathrm{d}x} = B_x \dfrac{\mathrm{d}v_z}{\mathrm{d}x} + \eta \dfrac{\mathrm{d}^2 B_z}{\mathrm{d}x^2} \\[3mm] \rho v_x \dfrac{\mathrm{d}v_z}{\mathrm{d}x} + \dfrac{\partial p^*}{\partial z} = \dfrac{B_x}{\mu} \dfrac{\mathrm{d}B_z}{\mathrm{d}x} + \mu_{\mathrm{f}} \dfrac{\mathrm{d}^2 v_z}{\mathrm{d}x^2} \end{cases} \tag{3.39}$$

方程（3.39）中，已知 v_x 和 B_x 均为常量；上小节已证明 $\frac{\partial p^*}{\partial z} = \frac{\partial p}{\partial z} = \mathrm{const}$，本节仅考虑 $\frac{\partial p}{\partial z} = 0$ 的情形。在这一假定下引进变换

$$\begin{cases} b_z = \dfrac{B_z}{\sqrt{\mu\rho}} \\[3mm] b_x = \dfrac{B_x}{\sqrt{\mu\rho}} \end{cases} \tag{3.40}$$

两者都是速度量纲，为阿尔芬波速。于是方程（3.39）简化为

$$\begin{cases} v_x \dfrac{\mathrm{d}b_z}{\mathrm{d}x} = b_x \dfrac{\mathrm{d}v_z}{\mathrm{d}x} + \eta \dfrac{\mathrm{d}^2 b_z}{\mathrm{d}x^2} \\ v_x \dfrac{\mathrm{d}v_z}{\mathrm{d}x} = b_x \dfrac{\mathrm{d}b_z}{\mathrm{d}x} + \nu_{\mathrm{f}} \dfrac{\mathrm{d}^2 v_z}{\mathrm{d}x^2} \end{cases} \tag{3.41}$$

方程组（3.41）中，两方程在形式上是相同的。方程的左方项表示对流，称对流项；右方第一项为源项，第二项表示黏性或磁场的扩散，称扩散项。由于存在源项，使得两个方程必须联系求解。在第一方程中，源项表示流体的加速度 $\dfrac{\mathrm{d}v_z}{\mathrm{d}x}$ 使得磁力线弯曲，而后一方程的源项表示磁力使得流体质点运动的动量或旋度发生改变。

方程（3.41）对 x 积分得到

$$\begin{cases} \eta \dfrac{\mathrm{d}b_z}{\mathrm{d}x} = v_x b_z - b_x v_z - E \\ \nu_{\mathrm{f}} \dfrac{\mathrm{d}v_z}{\mathrm{d}x} = v_x v_z - b_x b_z - F \end{cases} \tag{3.42}$$

方程组（3.42）中，E 和 F 为积分常数，由入口边界条件确定。将积分常数分别记为 E 和 F 是根据其物理意义确定的，E 表示电场值，F 表示应力值。第一个方程事实上是欧姆定律在 y 方向上的投影，因此 E 是电场在 y 向的值 $E = E_y = \mathrm{const}$；第一个方程表示黏性应力、惯性应力和麦克斯韦应力的平衡，因此 F 是麦克斯韦应力。

方程（3.33）是一阶非介质线性常微分方程组，易于应用常规方法求解。当 $b_z = \mathrm{const}$，$v_z = \mathrm{const}$ 时，左方项为零，方程组退化成线性代数方程，解得方程组（3.42）的特解为

$$\begin{cases} v_{z0} = \dfrac{E b_x + F v_x}{v_x^2 - b_x^2} \\ b_{z0} = \dfrac{E v_x + F b_x}{v_x^2 - b_x^2} \end{cases} \tag{3.43}$$

方程（3.42）对应的齐次方程组就是令 $E = 0$，$F = 0$ 得到的。它有形如 e^{kx} 的解形，其中 k 为常数，是以下特征方程的特征值

$$\eta \nu_{\mathrm{f}} k^2 - (\eta + \nu_{\mathrm{f}}) v_x k + (v_x^2 - b_x^2) = 0 \tag{3.44}$$

解得

$$k_{1,\,2} = \frac{v_x}{2\eta\nu_{\mathrm{f}}} \left[(\eta + \nu_{\mathrm{f}}) \pm \sqrt{(\eta + \nu_{\mathrm{f}})^2 + 4\eta\nu_{\mathrm{f}} \frac{b_x^2}{v_x^2}} \right] \tag{3.45}$$

综合以上结果，得到 v_x 不为零时哈特曼流动问题的一般解为

$$\begin{cases} v_z = A_1 \mathrm{e}^{k_1 x} + A_2 \mathrm{e}^{k_2 x} + v_{z0} \\ b_z = \dfrac{v_x - \nu_{\mathrm{f}} k_1}{b_x} A_1 \mathrm{e}^{k_1 x} + \dfrac{v_x - \nu_{\mathrm{f}} k_2}{b_x} A_2 \mathrm{e}^{k_2 x} + b_{z0} \end{cases} \tag{3.46}$$

式（3.46）中，A_1、A_2 为待定积分常数，由壁面速度边界条件确定。例如，在二维

渠道内仅吸气或吹气而无黏性引射作用时，壁面边界条件为

$$v_z(\pm\alpha)=0 \tag{3.47}$$

确定得到

$$\begin{cases} A_1 = \dfrac{\mathrm{ch}k_1\alpha}{\mathrm{ch}(k_1-k_2)\alpha}v_{z0} \\ \\ A_2 = \dfrac{\mathrm{ch}k_2\alpha}{\mathrm{ch}(k_2-k_1)\alpha}v_{z0} \end{cases} \tag{3.48}$$

现不妨假定 $v_x>0$，$b_x>0$，对式（3.46）作如下简要分析。首先考虑两极限情形。若 $\dfrac{v_x}{b_x}\to0$，因 b_x 为有限值，必须取 $b_x=0$。若 $\dfrac{v_x}{b_x}\to\infty$，因为 v_z 为有限值，必须取 $b_z=0$。此时控制方程（3.42）中两个方程不再耦合，速度场由流体力学方法求得，而电磁学量由电动力学规律确定。

考虑 $v_x>b_x$ 情形，由 $k_1k_2=(v_x^2-b_x^2)<0$，得特征值 k_1，k_2 具有相反符号。比较式（3.46）和式（3.28）得知，在壁面附近仍存在哈特曼层内流动。若 $v_x<b_x$，则特征值 k_1，k_2 具有相同符号，吹气会破坏壁面上的哈特曼层，但在另一侧壁面附近仍存在哈特曼层内流动。最后，若 $v_x=b_x$，此时方程（3.42）变为

$$\begin{cases} \eta\dfrac{\mathrm{d}b_z}{\mathrm{d}x}=v_x(b_z-v_z)-E \\ \\ \nu_{\mathrm{f}}\dfrac{\mathrm{d}v_z}{\mathrm{d}x}=-v_x(b_z-v_z)-F \end{cases} \tag{3.49}$$

其解为

$$\begin{cases} b_z-v_z=ce^{AX}+\dfrac{B}{A} \\ \\ A=\dfrac{\nu_{\mathrm{f}}+\eta}{\eta\nu_{\mathrm{f}}}v_x \\ \\ B=-\dfrac{\nu_{\mathrm{f}}E+\eta F}{\eta\nu_{\mathrm{f}}} \end{cases} \tag{3.50}$$

如果在流场中不存在壁面，则由于 $A>0$ 以及 b_z、v_z 的有界性，确定得 $c=0$，于是有 $b_z-v_z=\dfrac{B}{A}$。且在这一情形时 $E=0$，$F=0$，故得 $B=0$，因而 $b_z=v_z$。亦即存在阿尔芬波在导电流体介质中传播。倘若在流场中存在壁面，则在壁面附近 b_z 和 v_z 在 $\dfrac{1}{A}$ 的距离内呈指数形式变化，亦即形成了哈特曼层内流动。

3.2.1.2　二维定常哈特曼流动

A　矩形截面渠道内泊肖依流动

边界条件对解的影响是按照直渠道内流动结构写出的。流体介质在 y 向均匀的外加磁场 $B_y=\mathrm{const}$ 作用下沿 x 向流动，因此有 $v_x=v(y,z,t)$，$B_x=B(y,z,t)$。现考虑流动是定常的，直渠道是矩形情形。

在定常流动下，边界条件确定了特解。动力学的速度边界条件则依赖于壁面的电磁学特性。考虑两个极限状态，即绝缘壁面和完全导电壁面。在绝缘壁时，电流不能穿过壁面流动，故有 $J_n = 0$。由安培定律，得磁场边界条件为

$$\left.\frac{\partial B_x}{\partial \tau}\right|_w = 0 \quad \text{或} \quad B_x = 0 \tag{3.51}$$

在完全导电壁时，切向电场为零，即有 $E_\tau = 0$，因而 $J_\tau = \infty$。此时磁场边界条件为

$$\left.\frac{\partial B_x}{\partial n}\right|_w = 0 \tag{3.52}$$

当壁面是有限导体时，磁场将是混合型边界条件。

图 3.4 给出了绝缘壁和完全导电壁不同组合下截面内电流回路图。均匀外加磁场 B_y 沿 y 轴垂直于 z 向壁面。绝缘壁面用斜短线表示，完全导电壁面则以直线段表示。由于电流回路不同，导致磁力线回路也各异。因而磁场 $B_x = B_x(y, z)$ 的解也因不同的壁面性质组合有显著的差异，从而通过方程中耦合项影响速度剖面 $v_x = v_x(y, z)$ 的解。当壁面为绝缘壁时，可能出现哈特曼层内流动；但在完全导电壁不可能有哈特曼层流动的出现，可以通过式 (3.51) 和式 (3.52) 给出的边界条件，绘出具有 y 和 z 两向外加磁场时的电流线路图。

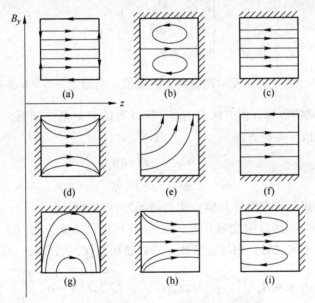

图 3.4　不同壁面组合时，截面内电流回路示意图

具有自由面的渠道流动，还必须给出如下自由面边界条件

$$\begin{cases} \left.\dfrac{\partial v_x}{\partial n}\right|_\Gamma = 0 \\[2mm] \left.B_x\right|_\Gamma = 0 \end{cases} \tag{3.53}$$

式 (3.53) 中，Γ 表示在自由面上取值。

a　薛瑞福 (Shercliff) 解法

在定常流动时，控制方程成为

$$\begin{cases} \dfrac{\partial^2 v_x}{\partial y^2} + \dfrac{\partial^2 v_x}{\partial z^2} + \dfrac{B_y}{\mu_f \mu} \dfrac{\partial B_x}{\partial y} = \dfrac{1}{\mu_f} \dfrac{\partial p}{\partial x} \\ \dfrac{\partial^2 B_x}{\partial y^2} + \dfrac{\partial^2 B_x}{\partial z^2} + \dfrac{B_y}{\eta} \dfrac{\partial v_x}{\partial y} = 0 \end{cases} \tag{3.54}$$

已有多种方法求解方程（3.54）。其中由薛瑞福给出的解法最富有创意，能够激励思维。如果将方程（3.54）的第一式称为速度方程，将第二式称为磁场方程的话，两者形式的不同在于速度方程中存在源项 $\dfrac{1}{\mu_f} \dfrac{\partial p}{\partial x}$，使得方程为非齐次的。两方程又通过交叉未知函数的导数项耦合在一起。薛瑞福分析两个方程这种既联系又相似的特性之后，巧妙地通过因变量代换，使得两方程解耦，且保持形式上的相似性，从而实现对方程（3.54）的求解。

薛瑞福首先引进速度因变量代换

$$v_x = v'_x + v_p \tag{3.55}$$

且要求 $v_p = v_p(y, z)$ 是以下泊松方程的边值问题

$$\begin{cases} \dfrac{\partial^2 v_p}{\partial y^2} + \dfrac{\partial^2 v_p}{\partial z^2} = \dfrac{1}{\mu_f} \dfrac{\partial p}{\partial x} \\ v_p \big|_W = 0 \end{cases} \tag{3.56}$$

式（3.56）中，用"W"表示在壁面上的取值。当给定 $\dfrac{1}{\mu_f} \dfrac{\partial p}{\partial x} = \text{const}$ 之后，定解问题（3.56）可应用经典的数理方程方法求出解，因此可认为 v_p 是已知的。于是新的未知函数 $v'_x = v'_x(y, z)$ 满足以下齐次方程

$$\dfrac{\partial^2 v'_x}{\partial y^2} + \dfrac{\partial^2 v'_x}{\partial z^2} + \dfrac{B_y}{\mu_f \mu} \dfrac{\partial B_x}{\partial y} = 0 \tag{3.57}$$

这一方程在形式上与方程（3.54）中的磁场方程完全相同。

其次，薛瑞福再次通过因变量代换消去磁场方程和速度方程（3.57）中的耦合项。考虑到耦合项系数不同之后，用待定参数 α 乘以磁场方程，然后加、减两方程得到

$$\begin{cases} \nabla^2(v'_x + \alpha B_x) + B_y \sqrt{\dfrac{\sigma}{\mu_f}} \dfrac{\partial}{\partial y} \left(\sqrt{\dfrac{\eta}{\mu\mu_f}} B_x + \alpha \sqrt{\dfrac{\mu\mu_f}{\eta}} v' \right) = - \sigma \sqrt{\dfrac{\mu\mu_f}{\eta}} \sqrt{\dfrac{\sigma}{\mu_f}} B_y \dfrac{\partial v_p}{\partial y} \\ \nabla^2(v'_x - \alpha B_x) + B_y \sqrt{\dfrac{\sigma}{\mu_f}} \dfrac{\partial}{\partial y} \left(\sqrt{\dfrac{\eta}{\mu\mu_f}} B_x - \alpha \sqrt{\dfrac{\mu\mu_f}{\eta}} v' \right) = \sigma \sqrt{\dfrac{\mu\mu_f}{\eta}} \sqrt{\dfrac{\sigma}{\mu_f}} B_y \dfrac{\partial v_p}{\partial y} \end{cases} \tag{3.58}$$

在得到方程（3.58）时，已应用 $\sigma^{-1} = \mu\eta$，由此可见，若能使得同时有

$$v'_x + \alpha B_x = \sqrt{\dfrac{\eta}{\mu\mu_f}} B_x + \alpha \sqrt{\dfrac{\mu\mu_f}{\eta}} v'_x = 2f(y, z) \tag{3.59}$$

$$v'_x - \alpha B_x = \alpha \sqrt{\dfrac{\mu\mu_f}{\eta}} v'_x - \sqrt{\dfrac{\eta}{\mu\mu_f}} B_x = 2g(y, z) \tag{3.60}$$

那么方程（3.58）就变成关于未知函数和的各自独立的方程组。显然，取

$$\alpha = \sqrt{\frac{\eta}{\eta\mu_f}} \tag{3.61}$$

可实现这一想法。由此，得到关于速度 v_x 和此次 B_x 的因变量代换式为

$$\begin{cases} v_x = v_x' + v_p = f(y, z) + g(y, z) + v_p \\ B_x = \sqrt{\frac{\mu\mu_f}{\eta}}[f(y, z) - g(y, z)] \end{cases} \tag{3.62}$$

并得到求解 $f = f(x, y)$ 和 $g = g(y, z)$ 的方程，分别为

$$\frac{\partial^2 f}{\partial y^2} + \frac{\partial^2 f}{\partial z^2} + \sqrt{\frac{\sigma}{\mu_f}} B_y \frac{\partial f}{\partial y} = -\frac{1}{2}\sqrt{\frac{\sigma}{\mu_f}} B_y \frac{\partial v_p}{\partial y} \tag{3.63}$$

$$\frac{\partial^2 g}{\partial y^2} + \frac{\partial^2 g}{\partial z^2} - \sqrt{\frac{\sigma}{\mu_f}} B_y \frac{\partial g}{\partial y} = \frac{1}{2}\sqrt{\frac{\sigma}{\mu_f}} B_y \frac{\partial v_p}{\partial y} \tag{3.64}$$

求解 f 和 g 的边界条件由 v_x 和 B_x 满足的边界条件，通过变换式 (3.62) 得到。

薛瑞福方法较为适用于应用初等函数或特殊函数表示解的一种解析方法，其技巧性和理论性都是较高的。但这种方法只能在一些特殊的边界外形下得到解析解。

b 双级数展开法

由经典的微分方程的傅里叶解法引申到以二元未知函数为因变量的微分方程求解，则采用双级展开，即令 $v_x = v_x(y, z)$ 和 $B_x = B_x(y, z)$ 的解为如下的展开式

$$\begin{cases} v_x(y, z) = v_p + \sum_{n=2k+1}^{\infty} \sum_{m=2k+1}^{\infty} A_{nm} \cos\frac{m\pi y}{2y_0} \cos\frac{n\pi z}{2z_0} \\ B_x(y, z) = B_p + \sum_{n=2k+1}^{\infty} \sum_{m=2k+1}^{\infty} B_{nm} \sin\frac{m\pi y}{2y_0} \sin\frac{n\pi z}{2z_0} \end{cases} \tag{3.65}$$

展开式 (3.65) 中，y_0 和 z_0 分别是 y 向半宽长和 z 向半宽长，而 $v_p = v_p(y, z)$ 和 $B_p = B_p(y, z)$ 是用做调节解形的已知函数。

B 矩形截面渠道内夸特-泊肖依流动

考察四个壁面都是绝缘壁的渠道内夸特-泊肖依流动的解，即考察位于 $y = \pm y_0$ 的上、下壁面分别以速度 $v = \pm \omega$ 沿自身平面内运动，并在 y 向均匀磁场 B_y 和 x 向压力梯度 $\frac{\partial p}{\partial x}$ 联合作用下，渠道内导电流体流动的解。应用特征长度 y_0，特征速度 ω，特征磁感应强度 $\mu\omega\sqrt{\sigma\mu_f}$ 无量纲物理量及控制方程，得到本问题的无量纲方程和边界条件为

$$\begin{cases} \dfrac{\partial^2 v_x}{\partial y^2} + \dfrac{\partial^2 v_x}{\partial z^2} + H\dfrac{\partial B_x}{\partial y} = G \\ \dfrac{\partial^2 B_x}{\partial y^2} + \dfrac{\partial^2 B_x}{\partial z^2} + H\dfrac{\partial v_x}{\partial y} = 0 \end{cases} \tag{3.66}$$

方程 (3.66) 中，$H = y_0 B_y\sqrt{\dfrac{\sigma}{\mu_f}}$ 为哈特曼数，$G = \dfrac{y_0^2}{\mu_f\omega}\dfrac{\partial p}{\partial x}$。记 $K = \dfrac{z_0}{y_0}$，则边界条件为

$$\begin{cases} v_x(y, \pm K) = 0, \quad v_z(\pm 1, z) = \pm\omega \\ \left.\dfrac{\partial B_x}{\partial y}\right|_{(y, \pm K)} = 0 \end{cases} \tag{3.67}$$

类似前面的分析，取解形式为

$$
\begin{cases}
v_x(y,\ z) = \dfrac{1}{2}(z^2 - K^2)G + \displaystyle\sum_{n=0}^{\infty} v_n(z)\cos\lambda_n z \\[4mm]
B_x(y,\ z) = \displaystyle\sum_{n=0}^{\infty} B_n(z)\cos\lambda_n z
\end{cases}
\qquad \lambda_n = \dfrac{1}{2K}(2n+1) \qquad (3.68)
$$

可得本问题的解为

$$
\begin{cases}
v_n(y) = C_n\mathrm{sh}k_1 y + D_n\mathrm{sh}k_2 y + E_n\mathrm{ch}k_1 y + F_n\mathrm{ch}k_2 y \\[3mm]
B_n(y) = \dfrac{k_1^2 - \lambda_n^2}{k_1}(C_n\mathrm{ch}k_1 y + E_n\mathrm{sh}k_1 y) + \dfrac{k_2^2 - \lambda_n^2}{k_2}(D_n\mathrm{ch}k_2 y + F_n\mathrm{sh}k_2 y) \\[3mm]
k_{1,2}^2 = \lambda_n^2 + \dfrac{1}{2}H \pm \dfrac{1}{2}H\sqrt{4\lambda_n^2 + H^2}
\end{cases}
\qquad (3.69)
$$

式 (3.69) 中，由边界条件确定的常数 C_n、D_n、E_n、F_n 为

$$
\begin{cases}
C_n = \dfrac{k_2^2 - \lambda_n^2}{k_2\Delta_n}\big[v_n(1)(\alpha_1\mathrm{sh}k_1 - \alpha_2\mathrm{sh}k_2) - v_n(0)(\alpha_1\mathrm{sh}k_1\mathrm{ch}k_2 - \alpha_2\mathrm{ch}k_1\mathrm{sh}k_2)\big] \\[3mm]
D_n = \dfrac{k_1^2 - \lambda_n^2}{k_1\Delta_n}\big[v_n(1)(\alpha_1\mathrm{sh}k_1 - \alpha_2\mathrm{sh}k_2) - v_n(0)(\alpha_1\mathrm{sh}k_1\mathrm{ch}k_2 - \alpha_2\mathrm{ch}k_1\mathrm{sh}k_2)\big] \\[3mm]
E_n = \dfrac{k_2^2 - \lambda_n^2}{k_2\Delta_n}\big[-v_n(0)(\alpha_1 + \alpha_2\mathrm{sh}k_1\mathrm{sh}k_2 - \alpha_1\mathrm{ch}k_1\mathrm{ch}k_2) - \alpha_2 v_n(1)(\mathrm{ch}k_1 - \mathrm{ch}k_2)\big] \\[3mm]
F_n = \dfrac{k_1^2 - \lambda_n^2}{k_1\Delta_n}\big[-v_n(0)(\alpha_1 + \alpha_2\mathrm{sh}k_1\mathrm{sh}k_2 - \alpha_1\mathrm{ch}k_1\mathrm{ch}k_2) + \alpha_2 v_n(1)(\mathrm{ch}k_1 - \mathrm{ch}k_2)\big] \\[3mm]
\Delta_n = -2\alpha_1\alpha_2 - (\alpha_1^2 + \alpha_2^2)\mathrm{sh}k_1\mathrm{ch}k_2 + 2\alpha_1\alpha_2\mathrm{ch}k_1\mathrm{ch}k_2 \\[3mm]
v_n(1) = (-1)^n\dfrac{2}{K\lambda_n}\left(1 + \dfrac{G}{\lambda_n^2}\right) \\[3mm]
v_n(0) = (-1)^n\dfrac{2G}{K\lambda_n} \\[3mm]
\alpha_1 = \dfrac{k_1^2 - \lambda_n^2}{k_1\Delta_n} \\[3mm]
\alpha_2 = \dfrac{k_2^2 - \lambda_n^2}{k_2\Delta_n}
\end{cases}
$$

$$(3.70)$$

在以上各小节中，仅着重求解出 v_z 和 B_z。事实上，一旦求解 v_z 和 B_z 之后，通过安培定律 $\nabla \times B = \mu J$ 求出电流 J，再通过欧姆定律 $J = \sigma(E + v \times B)$ 求得电场 E，便可求出所有感兴趣的电磁量。如果需要的话，还可以绘出等值线图或剖面图，得到直观的印记。

另外，像流体力学中所做的那样，可以根据求解得到的 v_z，求出截面上的平均速度 $\bar{v}_z$，进而求得流量 Q 等流体力学量。

3.2.2 小扰动流动

3.2.2.1 小扰动线性方程

考察在磁场 B 作用下具有电导率为 σ 的理想完全气体的小扰动流动。控制流动的方程为动量守恒方程、连续性方程、能量方程、磁扩散方程以及状态方程的表达式为

$$\begin{cases} \dfrac{\partial v}{\partial t} + (v \cdot \nabla)v + \dfrac{1}{\rho} \nabla \cdot p = \dfrac{1}{\rho\mu}(\nabla \times B) \times B = \dfrac{1}{\rho} J \times B \\[2mm] \dfrac{\partial \rho}{\partial t} + \nabla \cdot (\rho v) = 0 \\[2mm] C_v \left[\dfrac{\partial T}{\partial t} + (v \cdot \nabla) T \right] + \dfrac{p}{\rho} \nabla \cdot v = \dfrac{1}{\rho\sigma} J^2 \\[2mm] \dfrac{\partial B}{\partial t} = \eta \, \nabla^2 B + \nabla \times (v \times B) \\[2mm] p = \rho R T \end{cases} \quad (3.71)$$

小扰动线性方程已在上文给出，这里假定未受扰动的流场是均匀的，且无外加电场，并记速度场为 v_0，磁场为 B_0，压力和密度分别记为 p_∞、ρ_∞；取坐标系的横轴沿 v_0 方向，并以 v_0 记速度 v 在这一坐标轴的坐标。现设在均匀场上有一扰动，扰动后的速度场和磁场分别为

$$\begin{cases} v = v_0 + w \\ B = B_0 + b \end{cases} \quad (3.72)$$

将式（3.72）代入方程（3.71），保留扰动量的一阶量而略去高阶小量，得到由扰动量 w 和 b 表示的线性方程

$$\begin{cases} \dfrac{\partial w}{\partial t} + v_0 \dfrac{\partial w}{\partial x} + \dfrac{1}{\rho_\infty} \nabla p = \dfrac{1}{\rho_\infty}(j \times B_0) \\[2mm] \dfrac{\partial \rho}{\partial t} + v_0 \dfrac{\partial \rho}{\partial x} + \rho_\infty \nabla \cdot w = 0 \\[2mm] C_v \left(\dfrac{\partial T}{\partial t} + v_0 \dfrac{\partial T}{\partial x} \right) + \dfrac{p_\infty}{\rho_\infty} \nabla \cdot w = 0 \\[2mm] \dfrac{\partial b}{\partial t} + v_0 \dfrac{\partial b}{\partial x} = B_0 \cdot \nabla w - B_0 \nabla \cdot w + \eta \, \nabla^2 b \end{cases} \quad (3.73)$$

方程（3.73）中，$j = \dfrac{1}{\mu} \nabla \times b$ 为扰动引起的电流密度。

3.2.2.2 电流方程

通常应用消去法求解线性方程组。下面应用动量方程、连续方程和磁扩散方程消去扰动速度 w 和压力 p，得到电流 j 满足的方程。演算过程是，对方程（3.73）第一式取散度，应用矢量恒等式 $\nabla \cdot (\alpha \times b) = b \cdot (\nabla \times \alpha) - \alpha \cdot (\nabla \times b)$，得到

$$\frac{\partial}{\partial t}(\nabla \cdot \boldsymbol{w}) + v_0 \frac{\partial}{\partial x}(\nabla \cdot \boldsymbol{w}) + \frac{1}{\rho_\infty} \nabla^2 p = \frac{1}{\rho_\infty} B_0 \cdot (\nabla \cdot \boldsymbol{j}) \quad (3.74)$$

将方程第二式改写成

$$\nabla \cdot \boldsymbol{w} = - \frac{1}{\rho_\infty} \left(\frac{\partial \rho}{\partial t} + v_0 \frac{\partial \rho}{\partial x} \right) \tag{3.75}$$

将式 (3.75) 代入式 (3.74), 得

$$\nabla^2 p - \frac{D^2 \rho}{Dt^2} = B_0 \cdot (\nabla \times \boldsymbol{j}) \tag{3.76}$$

式中, $\dfrac{D}{Dt} = \dfrac{\partial}{\partial t} + v_0 \dfrac{\partial}{\partial x}$。

因有 $\dfrac{D\rho}{Dt} = \dfrac{\partial \rho}{\partial p} \dfrac{Dp}{Dt}$, 并记 $Q_\infty^2 = \dfrac{\partial p}{\partial \rho}$, 则上式可改写为

$$\nabla^2 p - \frac{1}{Q_\infty^2} \frac{D^2 p}{Dt^2} = B_0 \cdot (\nabla \times \boldsymbol{j}) \tag{3.77}$$

对式 (3.73) 中第一式取旋度, 并应用矢量恒等式, $\nabla \times \nabla \varphi = 0$, $\nabla \times (a \times b) = (b \cdot \nabla)a - (a \cdot \nabla)b + a \nabla \cdot b - b \nabla \cdot a$, 注意到磁场 B 和电流场 J 都是无源场之后, 得到

$$\begin{cases} \dfrac{D\Omega}{Dt} = \dfrac{1}{\rho_\infty}(B_0 \cdot \nabla \boldsymbol{j}) \\ \Omega = \nabla \times \boldsymbol{w} \end{cases} \tag{3.78}$$

将此等式 $\nabla \cdot \boldsymbol{w} = -\dfrac{1}{\rho_\infty Q_\infty^2} \dfrac{Dp}{Dt}$ 代入方程 (3.73) 第四式, 然后取旋度, 注意到电流密度 j 的定义后, 得到

$$\frac{D\boldsymbol{j}}{Dt} = B_0 \cdot \nabla \Omega - \frac{B_0}{\rho Q_\infty^2} \times \nabla \left(\frac{Dp}{Dt} \right) + \eta \nabla^2 \boldsymbol{j} \tag{3.79}$$

将方程 (3.79) 两边取导数, 然后消去旋度 Ω, 得到

$$\frac{D^2 \boldsymbol{j}}{Dt^2} = B_0 \cdot \nabla \left[\frac{1}{\rho_\infty}(B_0 \cdot \nabla \boldsymbol{j}) \right] - \frac{B_0}{\rho_\infty Q_\infty^2} \times \nabla \left(\frac{D^2 p}{Dt^2} \right) + \eta \nabla^2 \left(\frac{D\boldsymbol{j}}{Dt} \right) \tag{3.80}$$

方程 (3.80) 中还包含有未知量 p 的导数。注意到方程 (3.74) 可表示成 $\left(\nabla^2 - \dfrac{1}{Q_\infty^2} \dfrac{D^2}{Dt^2} \right) p = B_0 \cdot (\nabla \times \boldsymbol{j})$ 之后, 对方程两边作用算子 $\left(\nabla^2 - \dfrac{1}{Q_\infty^2} \dfrac{D^2}{Dt^2} \right)$ 之后, 应用方程 (3.74) 消去压力 p, 得到电流密度 j 满足的方程为

$$\left(\nabla^2 - \frac{1}{Q_\infty^2} \frac{D^2}{Dt^2} \right) \left[\eta \nabla^2 \left(\frac{D\boldsymbol{j}}{Dt} \right) + \frac{1}{\rho_\infty}(B_0 \cdot \nabla)^2 \boldsymbol{j} - \frac{D^2 \boldsymbol{j}}{Dt^2} \right] = \frac{1}{\rho_\infty Q_\infty^2} \frac{D^2}{Dt^2} [B_0 \times \nabla (B_0 \cdot \nabla \times \boldsymbol{j})]$$

$$\tag{3.81}$$

电流方程 (3.81) 是四阶齐次线性偏微分方程。

解析求解方程 (3.81) 是困难的, 仅在一些特殊情形下可得到简化。这里考察平面定常流动。考虑磁场 B_0 和速度场 v_0 共面, 而且扰动也发生在流动平面上的情形。取直角坐标系 $O\text{-}xyz$, $O\text{-}x$ 轴沿速度 v_0 方向, 流动平面为 xy 平面, 则扰动电流垂直于 xy 平面, 并记 $\boldsymbol{j} = (0, 0, j)$, 于是方程简化为标量 j 的偏微分方程

$$\left[\beta^2 (1 - A_x^2) + (1 - \beta^2) A_y^2 \right] \frac{\partial^4 j}{\partial x^4} + \left[1 - \beta^2 (A_x^2 + A_y^2) \right] \frac{\partial^4 j}{\partial x^2 \partial y^2} -$$

$$A_y^2 \frac{\partial^4 j}{\partial y^4} - 2 A_x A_y \frac{\partial^2}{\partial x \partial y}(\nabla^2 j) = \frac{\eta}{v_0} \left(\beta^2 \frac{\partial^2}{\partial x^2} + \frac{\partial^2}{\partial y^2} \right) \left(\nabla^2 \frac{\partial j}{\partial x} \right) \tag{3.82}$$

方程（3.82）中

$$
\begin{cases}
\beta^2 = 1 - \dfrac{v_0^2}{\alpha_\infty^2} \\[3mm]
A_x = \dfrac{B_{0x}}{\sqrt{\mu\rho_\infty}\,v_0} \\[3mm]
A_y = \dfrac{B_{0y}}{\sqrt{\mu\rho_\infty}\,v_0}
\end{cases}
\tag{3.83}
$$

式（3.83）中，A_x、A_y 分别是 O_x、O_y 方向以阿尔芬速度为特征速度的马赫数的倒数，A_x^{-1}，A_y^{-1} 还称之为阿尔芬数。

当由方程（3.82）求得 j 之后，则应用方程（3.73）给出的动量方程和连续方程为

$$
\begin{cases}
\rho_\infty v_0 \dfrac{\partial y}{\partial x} + Q_\infty^2 \dfrac{\partial \rho}{\partial x} = -B_{0y}\,j \\[3mm]
\rho_\infty v_0 \dfrac{\partial w}{\partial x} + Q_\infty^2 \dfrac{\partial \rho}{\partial y} = B_{0x}\,j \\[3mm]
v_0 \dfrac{\partial \rho}{\partial x} + \rho\left(\dfrac{\partial u}{\partial x} + \dfrac{\partial w}{\partial y}\right) = 0
\end{cases}
\tag{3.84}
$$

可确定得到扰动速度 $\boldsymbol{w}$ $(u,\ w)$ 和密度 ρ，且根据扰动电流的定义，有

$$
\frac{\partial b_y}{\partial x} - \frac{\partial b_x}{\partial y} = j
\tag{3.85}
$$

记电场为 $E+e$，因为没有外加电场，这里 e 为扰动电场，于是欧姆定律的线性化方程为

$$
E = -v_0 \times B_0
$$

$$
\sigma(e + uB_{0y} - vB_{0x} + w_0 b_y) = j
\tag{3.86}
$$

方程（3.86）中，e 为扰动电场的模值。应用方程（3.85）和方程（3.86）可求得扰动磁场 $(b_x,\ b_y)$。于是小扰动问题得以求解。

3.2.2.3 冻结流动

考察磁场 B_0 和速度场 v_0 冻结流动，这时必定有 $\eta = 0$，且有 $B_{0y} = 0$，$A_y = 0$。在这一情形下，电流方程（3.82）简化为

$$
\frac{\partial^2}{\partial y^2}\left\{\left[\frac{\beta^2(1-A_x^2)}{1-\beta^2 A_x^2}\right]\frac{\partial^2 j}{\partial x^2} + \frac{\partial^2 j}{\partial y^2}\right\} = 0
\tag{3.87}
$$

因为在无穷远处所有的扰动量为零，则以上方程可写成

$$
\left[\frac{\beta^2(1-A_x^2)}{1-\beta^2 A_x^2}\right]\frac{\partial^2 j}{\partial x^2} + \frac{\partial^2 j}{\partial y^2} = 0
\tag{3.88}
$$

事实上，这一情形应用方程（3.84）~方程（3.86）进行求解更为直观迅速。因为 $B_{0y}=0$，则由方程（3.84）的第一式积分后得到

$$
\rho_\infty v_0 u + Q_\infty^2 \rho = 0
\tag{3.89}
$$

因为 $\dfrac{\partial p}{\partial \rho} = Q_\infty^2$，则 $p - p_\infty = Q_\infty^2(\rho - \rho_\infty)$，应用方程（3.89），在小扰动近似下可得 $p - p_\infty$

$= -\rho u v_0$。将这一结果代入方程（3.84）第二式，得

$$\frac{\partial w}{\partial x} - \frac{\partial u}{\partial y} = \frac{B_{0x}}{\rho_\infty v_0} j \qquad (3.90)$$

又由冻结流动，必须有 $\sigma^{-1} = 0$，且有 $e = 0$，于是由方程（3.86）得到

$$b_y = \frac{B_{0x}}{v_0} w \qquad (3.91)$$

由方程（3.82）的第一、三式消去密度 ρ，注意到 β^2 的表达式后得到

$$\beta^2 \frac{\partial u}{\partial x} + \frac{\partial w}{\partial y} = \frac{v_0 B_{0y}}{\rho_\infty Q_\infty^2} j \qquad (3.92)$$

在这里讨论的情形下，$B_{0y} = 0$，并由扰动磁场的无源性质 $\nabla \cdot b = \frac{\partial b_x}{\partial x} + \frac{\partial b_y}{\partial y} = 0$ 及方程（3.91），得

$$b_x = \beta^2 \frac{B_{0x}}{v_0} u \qquad (3.93)$$

将式（3.91）和式（3.93）结果代入式（3.90），得 $j = \frac{B_{0x}}{v_0}\left(\frac{\partial w}{\partial x} - \beta^2 \frac{\partial u}{\partial y}\right)$。将这一结果代入方程（3.90），得

$$\frac{\partial w}{\partial x} - \frac{\partial u}{\partial y} = \frac{B_{0x}^2}{\rho_\infty v_0^2}\left(\frac{\partial w}{\partial x} - \beta^2 \frac{\partial u}{\partial y}\right) \qquad (3.94)$$

另一方面，在这里讨论的情形下，方程（3.92）变成 $\beta^2 \frac{\partial u}{\partial x} + \frac{\partial w}{\partial y} = 0$。据此可引进气体流动函数 $\varphi = \varphi(x, y)$，定义为

$$\begin{cases} u = \dfrac{1}{\beta^2} \dfrac{\partial \varphi}{\partial y} \\[2mm] w = -\dfrac{\partial \varphi}{\partial x} \end{cases} \qquad (3.95)$$

于是方程（3.92）自动满足。

方程（3.94）可改写为求解标量函数的方程

$$\alpha^2 \frac{\partial^2 \varphi}{\partial x^2} + \frac{\partial^2 \varphi}{\partial y^2} = 0 \qquad (3.96)$$

方程（3.96）中

$$\alpha^2 = \frac{(1 - M_\infty^2)(1 - A_x^2)}{1 + A_x^2 + M_\infty^2 A_x^2} \qquad (3.97)$$

如果能从方程（3.96）得到气流扰动函数 $\varphi = \varphi(x, y)$ 的解，则由定义式（3.95）得到扰动速度 u、w，然后分别由式（3.93）和式（3.91）得到扰动磁场 (b_x, b_y)。方程（3.96）的性质取决于 α^2。若 $\alpha^2 > 0$，方程为椭圆形的；若 $\alpha^2 < 0$，方程为双曲形的。

3.2.3　几种结晶器中磁场对流体的影响

3.2.3.1　软接触结晶器中磁场对流体运动的影响

在电磁场施加方式方面在软接触结晶器电磁连铸技术发展的早期，通常施加幅值恒定的交变磁场。随着对电磁连铸的深入研究，一些学者对其他形式的电磁场——矩形波磁场、准正弦波磁场以及复合磁场作用下的连铸过程进行探索，结果表明不同波形的电磁场也会改善连铸坯表面质量。任忠鸣、雷作胜提出了磁感应强度随时间变化的"调幅磁场"概念，将调幅磁场引入电磁连铸中，研究不同波形的调幅磁场对铸坯质量的影响。

3.2.3.2　连铸结晶器中磁场对流体运动的影响

结晶器冶金是去除夹杂物、改善钢材质量的最后机会，它的运行状况直接影响着连铸机的生产率和铸坯质量，同时流场又直接影响到温度的分布，进而决定了铸坯的内部质量和组织结构。有统计结果表明铸坯的表面缺陷起源于结晶器，而结晶器内的流动状况与结晶器的尺寸、浸入式水口参数、拉速等因素密切相关。随着拉速的提高，通过浸入式水口注入结晶器的钢液流速和流量都显著增加，结晶器内的流场变得更加复杂。要实现高效连铸，就需要改善并控制结晶器内的流场。因此，研究结晶器内流场状态对提高连铸生产率和钢产品质量至关重要。另外，只有充分研究和认识结晶器内钢液的流动规律才能采取有效的措施控制和优化结晶器内钢液的流动条件，从而提高铸坯的内部和表面质量。连铸冶金过程是高温条件下作业，要在现场直接测量和观察结晶器内钢液的流场，不仅在测量技术方面有难度，而且研究费用很高，要直接获得现场结晶器内钢液的流动状况的信息是相当困难的。因此，人们普遍采用模拟的方法对结晶器中的流动行为进行研究。模拟手段可分为数值模拟和物理模拟。数值模拟是指运用数学方法正确描述反应器内流体的流动与传质等现象，建立数学模型，通过模型使得现象或过程再现，是计算机技术的广泛应用使之得到迅速发展。物理模拟是建立在相似原理基础上的一种研究方法，通过建立物理模型，在不同规模上再现某个现象，进而对所研究的过程进行直接测量。

板坯连铸实践表明，结晶器内钢液流动对铸坯质量有极大的影响：结晶器内钢液流动支配着夹杂物和气泡的上浮分离；弯月面附近的钢液流动又支配着保护渣熔融、铺展及可能发生保护渣卷吸。而结晶器内钢液流动又受到浇注参数如板宽、拉速、氩气流量、浸入式水口（SEN）设计等因素组合的影响，因此板坯连铸结晶器内钢液流动控制的主要目的是：控制弯月面下的水平流速和增加凝固前沿的钢液流速，减少表面和皮下的夹杂物和气泡。实践表明：弯月面下的最佳流速为 0.12~0.20m/s；凝固前沿的最佳流速为 0.2~0.4m/s；控制初始凝固和弯月面处凝固起始点的位置，缩短凝固钩长度，使坯壳生长均匀和减轻振痕的影响，减少表面裂纹和稳定操纵；借助搅拌流动使结晶器内钢液温度均匀，从而使坯壳厚度均匀。

板坯连铸实践还表明，优化 SEN 的形状（内侧、侧孔大小、倾角）、插入深度、钢液液面控制和结晶器振动等常规控制技术虽有利于改进结晶器内的钢液流动，但效果不够显著。因此，从 20 世纪 80 年代初起，各大研究机构对利用电磁力的非接触控制技术进行了广泛深入的研究开发并实用化。其中，在 21 世纪初由 NNK 和 Rotelec 在上述基础上开发的多模式电磁搅拌技术 MM-EMS（Multi Mode EMS），即 EMLS、EMLA 和 EMRS 等，主要特点见表 3.2。

表 3.2   各种流动控制技术的主要特点

项目		M-EMS	EMBR	MM-EMS
搅拌器	配置方式	沿板宽配置 2 台搅拌器	沿板宽配置 2 台制动器	沿板宽配置 4 台搅拌器
	安装位置	介于弯月面和水口侧孔之间	水口侧孔吐出的主流股	结晶器半高处
	磁场形态	行波磁场	恒定直流磁场	行波磁场
电源		低频,三相	直流	低频,两相或三相
流动形态		加速钢液,使其水平旋转	制动从侧孔吐出的流股,使其减速	可使钢液加速或减速或水平旋转
控制特征		能动控制	被动控制	能动控制
对结晶器要求		低电导率的薄铜板	常规铜板	低电导率的薄铜板
主要应用范围		中厚板坯,低拉速	薄板坯,高拉速	中厚板坯,高拉速

多模式电磁搅拌 (MM-EMS) 是一种可以有效控制板坯连铸结晶器内钢液流动的技术手段,其目的是根据不同的浇注条件,通过选择和调节施加于从浸入式水口 (SEN) 吐出的钢液流股上的水平电磁力的方向和大小,将结晶器内的钢液流动特别是弯月面附近的流动控制在一个最佳范围内,从而使铸坯表面和皮下夹杂物含量大大减少,改善操作工艺和提高铸坯质量。

王宏丹以板坯连铸结晶器为研究对象,对 MM-EMS 下结晶器内的电磁场和钢液流场特征进行了数值模拟研究。主要的研究内容和结果如下:

首先,根据具体的连铸工艺,建立了描述板坯结晶器 MM-EMS 条件下的三维电磁场数学模型,并利用有限元分析软件 ANSYS11.0 进行了数值模拟,研究了结晶器内的电磁场分布特征,考察了励磁电流强度和频率对电磁场的影响规律。结果表明:电磁水平稳定器 (EMLS) 和电磁水平加速器 (EMLA) 下板坯结晶器横纵截面内的电磁场分布规律相似,磁感应强度和电磁力沿板坯宽度方向呈中心对称的抛物线分布,在拉坯方向上呈"中间大,两头小"的分布规律,在板坯厚度方向上由边缘向中心对称衰减。电流强度由 800A 增至 1000A 时,EMLS 条件下,磁感应强度由 0.0956T 增至 0.1195T,电流强度每增加 50A,磁感应强度相应增加约 0.006T,电磁力由 1520N/m^3 增至 2370N/m^3;EMLA 条件下,磁感应强度由 0.0975T 增至 0.1219T,电流强度每增加 50A,磁感应强度相应增加约 0.0061T,电磁力由 1560N/m^3 增至 2440N/m^3。频率由 2Hz 增至 14Hz 时,EMLS 和 EMLA 条件下磁感应强度均随频率的增加而减小,且呈近似线性递减关系;电磁力则随频率的增加先增大后减小,在 9.0Hz 时达到最大值,EMLS 条件下电磁力由频率 2Hz 时的 1350N/m^3 增至 9Hz 时的 3340N/m^3,EMLA 条件下电磁力则由 1980N/m^3 增至 5010N/m^3。

在电磁场求解的基础上,结合电磁场与流场耦合理论,建立了描述板坯结晶器多模式电磁搅拌过程钢液流动的三维有限体积数学模型,利用 CFX 软件结合自编程序进行了数值模拟,研究了板坯结晶器多模式电磁搅拌条件下的钢液流场分布特征,分析了励磁电流强度和频率及拉速对钢液流场的影响。模拟结果表明:EMLS 能有效减少从 SEN 吐出的钢液主流股动量,降低弯月面附近的钢液流速,从而减少保护渣的卷吸,同时使钢液流股的冲击深度变浅,有利于夹杂物的上浮去除;EMLA 能使从 SEN 吐出的钢液主流股被加速,沿窄面向上回流的钢液流速增大,过热钢液向弯月面补充热量增多,保护渣熔融充分,提高了保护渣吸收夹杂物的能力。电流强度由 800A 增至 1000A 时，EMLS 条件下，自由液面最大流速由没加磁场时的 0.515m/s 分别降至 0.155m/s 和 0.12m/s；EMLA 条件下，最大速度由没加磁场时的 0.274m/s 分别增至 0.376m/s 和 0.46m/s。频率由 2Hz 增至 6Hz 时，EMLS 条件下，自由液面最大流速由 0.177m/s 降为 0.101m/s；EMLA 条件下，自由液面最大流速由 0.376m/s 增至 0.483m/s。EMLS 可以有效抑制高拉速下结晶器内钢液的剧烈运动，改善钢液流动状态；在 0.7m/min 的极低拉速下，EMLA 对于提高自由液面速度也是非常有效的。

3.2.3.3　磁场对金属射流流体运动的影响

赵秀艳研究中的金属射流，是作为一种基于自由表面的流体。由于自由表面流动将产生表面的更新、波动等现象，引起界面的不稳定，电流与应用磁场相互作用在流体中产生一个与流动方向相反的洛伦兹体积力，就是磁流体动力学效应。这种 MHD 效应可改变流体的流动特性，对流体本身造成箍缩和扭曲等改变。这些变化有时会对整个系统产生很大的影响。

赵秀艳首先对磁流体流动的数值模拟方法进行总结和概述，阐述了磁流体数值研究的主要方法和面临的主要问题。在此基础上，以被动电磁装甲的金属射流磁流体力学模型为基础，利用基于大型计算流体力学软件 FLUENT 携带的 MHD 模块中的用户定义子程序，使用标量输运方程的求解器，求解磁流体方程。使用 MHD 的 $k-\varepsilon$ 湍流模型，对液态紫铜金属射流在大脉冲电流作用下的电流密度、受到的电磁力、速度矢量图和体积分数四个方面进行仿真研究。

研究结果表明，在 300kA 大脉冲电流的作用下，产生的磁场能够抑制自由表面金属射流的运动方向，表现为在流动方向上流速变小，形状上下拉长变形，然后向上、向下发生溅射。随着脉冲电流工作时间的增加，电流密度及电磁力密度相应降低。考虑了流体运动的不稳定性，在给定的环境系数下模拟分析了金属射流在磁场作用下的速度矢量分布和体积分数。这些研究结果，对自由表面金属射流磁流体的流动提供了很好的参考价值。

3.3　定性考虑基本方程

对于电磁冶金技术来说，流体在电磁场中运动，将会对电磁场产生影响，同时电磁场下导电流体也会受到电磁力的作用，使流动发生改变。本节以交变磁场为例介绍流体中的磁场、电流和电磁力的分布。

3.3.1　磁场分布

对半无限（$x>0$）延伸的导体（电导率 σ、磁导率 μ）的表面施加角频率为 ω、振幅为 B_A 的交流磁场，如图 3.5 所示。导体内的电流、磁场为时间 t 和位置 x 的函数。磁场分布在 z 方向，电流分布于 y 方向，电磁力分布于 x 方向，其表达式为

$$B=B_0\cos(\omega t)\boldsymbol{i}_z$$

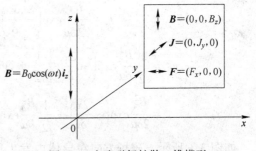

图 3.5　交流磁场扩散一维模型

$$B = (0, \ 0, \ B_z) \tag{3.98}$$

$$J = (0, \ J_y, \ 0) \tag{3.99}$$

$$F = (F_x, \ 0, \ 0) \tag{3.100}$$

结合前面所述，得到导体中关于磁通量密度的控制方程为

$$\frac{\partial B}{\partial t} = \frac{1}{\sigma \mu} \nabla^2 B + \nabla \times (\nu \times B) \tag{3.101}$$

式中，$\dfrac{1}{\sigma \mu}$ 为磁扩散系数，常记做 ν_m。式 (3.101) 后边第 1 项为磁场的扩散项，第 2 项为磁场的对流项。若磁场的对流项远大于扩散项，即磁雷诺数 $Re_m \gg 1$，则发生磁冻结效应。

　　磁冻结效应是指理想导电流体不能做垂直于磁力线的相对流动，因此流体物质固结在磁力线上。对于宇宙中的天体，往往具有很大的尺度，容易满足磁雷诺数远远大于 1 的条件，因此经常表现出磁冻结效应。强磁场条件下，对流项不容忽视，也会产生磁冻结效应。该效应产生时，磁感应方程 (3.101) 简化为磁冻结方程

$$\frac{\partial B}{\partial t} = \nabla \times (\nu \times B) \tag{3.102}$$

在实际利用磁场的金属生产工艺条件下，对流项远小于扩散项，即磁雷诺数 $Re_m \ll 1$。此时，式 (3.101) 转化为磁扩散方程

$$\frac{\partial B}{\partial t} = \frac{1}{\sigma \mu} \nabla^2 B \tag{3.103}$$

由于导体是静止的，对于一维体系，控制方程和边界条件分别如以下各式所示：

$$\frac{\partial B_z}{\partial t} = \frac{1}{\sigma \mu} \frac{\partial^2 B_z}{\partial x^2} \tag{3.104}$$

在 $x = 0$ 处

$$B = B_A \cos(\omega t) i_z \tag{3.105}$$

在 $x = \infty$ 处

$$B = 0 \tag{3.106}$$

流体受到的单位体积电磁力 $F = J \times B$。因此可以解析得到磁场、电流和电磁力的表达式分别如下：

$$B_z = B_A \exp\left(-\frac{x}{\delta}\right) \cos\left(\omega t - \frac{x}{\delta}\right) \tag{3.107}$$

$$J_y = \frac{B_A}{\sqrt{2}\,\delta\mu} \exp\left(-\frac{x}{\delta}\right) \cos\left(\omega t - \frac{x}{\delta} + \frac{\pi}{4}\right) \tag{3.108}$$

$$
\begin{aligned}
F_x &= \frac{1}{\sqrt{2}} \frac{B_A^2}{\delta\mu} \exp\left(-\frac{2x}{\delta}\right) \left[\frac{1}{\sqrt{2}} + \cos\left(-\frac{2x}{\delta} + 2\omega t + \frac{\pi}{4}\right)\right] \\
&= \frac{B_A^2}{2\delta\mu} \exp\left(-\frac{2x}{\delta}\right) + \frac{1}{\sqrt{2}} \frac{B_A^2}{\delta\mu} \exp\left(-\frac{2x}{\delta}\right) \cos\left(-\frac{2x}{\delta} + 2\omega t + \frac{\pi}{4}\right)
\end{aligned}
\tag{3.109}
$$

如图 3.6 所示，磁场方向在导体内发生周期变化的同时，磁感应强度呈指数规律衰减。频率越高，电磁渗透厚度（集肤层厚度）越小。

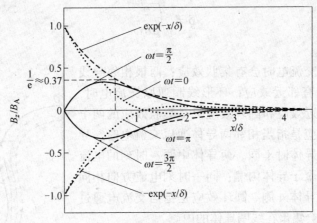

图 3.6　磁感应强度的分布

电磁力 F_x 也呈指数规律衰减，在磁场衰减至振幅值一半的位置处，电磁力衰减为电磁力振幅的 $1/e$。F_x 可分解为不随时间变化的压缩力和振动力（2 倍磁场频率）。振动力数值大于压缩力，两力合力的方向随时间变化，1/4 周期是使导体拉伸的 x 负方向，3/4 周期是使导体压缩的 x 正方向。振动力的时间平均值为 0，压缩力从表面到无限远积分得到电磁压力 p_m

$$p_m = \frac{B_A^2}{4\mu} \tag{3.110}$$

由式（3.110）可知，电磁压力 p_m 与频率无关，与磁感应强度的平方成正比。软接触铸造和冷坩埚技术就是利用这种电磁压力的作用实现的。

3.3.2　电流分布

当导体中有交流电或者交变磁场时，导体内部的电流分布是不均匀的。随着与导体表面的距离逐渐增加，导体内部的电流密度呈指数递减，即导体内的电流会集中在导体的表面附近。这种现象称为集肤效应。图 3.7 所示为一根半径 $r = 1.0\text{cm}$ 的铜导线横截面上电流密度分布随频率变化的情况。由图可以看出，在 $f = 1\text{kHz}$ 的情况下，导线轴线和表面附近电流密度的差别还不太大；当 $f = 100\text{kHz}$ 时，电流已经很明显地集中到表面附近了。产生这种效应的原因主要是变化的电磁场在导体内部产生了涡电流，与原来的电流相抵消。

为了定量地描述集肤效应的大小，通常引入集肤层厚度的概念，令 d 代表从导体表面算起的深度，电流密度 J 随深度 d 的增加呈指数规律衰减

$$J = J_0 e^{-d/\delta} \tag{3.111}$$

式中，J_0 为导体表面电流密度；δ 为集肤层厚度。

J 减小至 J_0 的 $1/e$（约 37%）时的深度，称为集肤层厚度，其表达式为

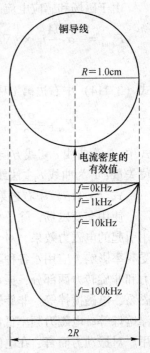

图 3.7　集肤效应示意图

$$\delta = \sqrt{\frac{2}{\mu\sigma\omega}} \tag{3.112}$$

式中，ω 为角频率。

　　一根导线通以交流电时会有集肤效应；两根相邻导线通以交流电时，会有邻近效应；环形线圈通以交流电时，会有圆环效应。邻近效应和圆环效应只是集肤效应的两个特殊形式：邻近效应是指当相邻两导体通以交流电时，导体电流分布和单根导体时不同。两导体中同一时刻的电流方向相反时，电流聚于导体内侧；同一时刻电流方向相同时，电流被排斥于导体外侧。圆环效应是指当交流电通过环形线圈时，电流会集聚在线圈导体的内侧。

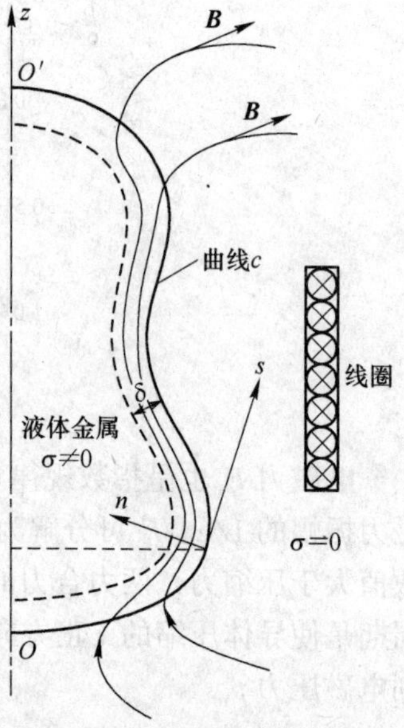

3.3.3　交变磁场下的电磁力分析

　　在交变磁场作用下，由于电源频率和材料物性差异，所形成的洛伦兹力的作用效果是不同的，有必要对此进行进一步深入分析。图 3.8 所示的直角坐标系中，n 为曲线 c 的法线方向，s 为曲线 c 的切线方向，b 为曲线 c 的副法线方向，即垂直于纸面的方向。液态金属中施加交流磁场 B，使用矢量势 A 来表示，即 $B = \nabla \times A$，A 的表达式为

图 3.8　施加在液态金属中的交变磁场所产生的电磁力分析

$$A(s,\ n=0,\ t) = A_0(s)\mathrm{e}^{i\omega t}\boldsymbol{i}_\mathrm{b} \tag{3.113}$$

式中，A_0 为矢量势的振幅。

　　由于磁场和感应电流的相互作用，液态金属受到的电磁力可以表示为

$$\boldsymbol{F}_{\mathrm{emf}} = -\sigma\frac{\partial \boldsymbol{A}}{\partial t}\boldsymbol{i}_\mathrm{b} \times (\nabla A \times \boldsymbol{i}_\mathrm{b}) = \frac{\sigma\omega}{2\delta}A_0^2(s)\mathrm{e}^{-2n/\delta}\boldsymbol{i}_n + \frac{\sigma\omega}{4}\nabla\left[A_0^2\mathrm{e}^{-2n/\delta}\sin\left(2\omega t - \frac{2n}{\delta}\right)\right] \tag{3.114}$$

式（3.114）中右边第 1 项为时间平均力；第 2 项为振动力。式（3.114）还可以写为

$$\boldsymbol{F}_{\mathrm{emf}} = \frac{\sigma\omega}{2}A_0\frac{\mathrm{d}A_0}{\mathrm{d}s}\mathrm{e}^{-2n/\delta}\boldsymbol{i}_\mathrm{s} - \nabla\left\{\frac{\sigma\omega}{4}A_0^2\mathrm{e}^{-2n/\delta}\left[1 - \sin\left(2\omega t - \frac{2n}{\delta}\right)\right]\right\} \tag{3.115}$$

式中，s 为曲线 c 切线方向的距离；n 为曲线 c 法线方向的距离；$\boldsymbol{i}_\mathrm{s}$ 为曲线 c 切线方向的单位矢量；$\boldsymbol{i}_\mathrm{n}$ 为曲线 c 主法线方向的单位矢量；$\boldsymbol{i}_\mathrm{b}$ 为曲线 c 副法线方向的单位矢量。

　　式（3.115）中右边第 1 项为旋转力，第 2 项为非旋转力。

　　使用交变磁场，除了利用感应电流的加热效果外，也包括交变磁场与感应电流相互作用引起的电磁力效果。对于流体来说，电磁力具有驱动、振动和形状控制作用，这些作用受频率影响，应用于各种不同的加工过程中。由式（3.115）可知，时间平均力包括旋转力和非旋转力两部分，振动力是非旋转力。旋转力可使流体发生流动和旋转等现象，如电磁泵、电磁搅拌等。非旋转力可以使流体保持一定的形状，如（软接触）电磁连铸、悬浮熔炼等。电磁力频率低时，旋转力起支配作用；电磁力频率高时，非旋转力起支配作用。对振动力而言，在电磁力频率低时，表现为流体的波动，如自由液面波动；在电磁力频率高时，表现为流体内的振动，如电磁超声波等。

3.4 磁流体力学相似特征数

3.4.1 流体力学相似特征数

对于不可压缩流体，其流动过程中满足的控制方程为 N-S 方程和连续性方程。下面从这些控制方程出发，利用相似变换来导出流体流动过程的相似特征数。我们知道，N-S 方程在三个直角坐标方向上形式完全相同，故仅从 N-S 方程沿 x 方向的分量与连续性方程出发进行推导就可以了。

3.4.1.1 流体力学相似特征数的导出

对于两个彼此相似的流动系统，设一个为实际系统，另一个为它的模型系统，用上标（′）表示实际物体的运动，用上标（″）表示实验室模型的运动，流动中无源，无轴功。单值性条件给定，质量力只有重力。其控制方程分别为：

实际系统

$$\frac{\partial v'_x}{\partial \tau'} + v'_x \frac{\partial v'_x}{\partial x'} + v'_y \frac{\partial v'_x}{\partial y'} + v'_z \frac{\partial v'_x}{\partial z'} = -\frac{1}{\rho'} \frac{\partial p'}{\partial x'} + \eta \left(\frac{\partial^2 v'_x}{\partial x'^2} + \frac{\partial^2 v'_x}{\partial y'^2} + \frac{\partial^2 v'_x}{\partial z'^2} \right) + g'_x \quad (3.116)$$

$$\frac{\partial v'_x}{\partial x'} + \frac{\partial v'_x}{\partial y'} + \frac{\partial v'_x}{\partial z'} = 0 \quad (3.117)$$

模型系统

$$\frac{\partial v''_x}{\partial \tau''} + v''_x \frac{\partial v''_x}{\partial x''} + v''_y \frac{\partial v''_x}{\partial y''} + v''_z \frac{\partial v''_x}{\partial z''} = -\frac{1}{\rho''} \frac{\partial p''}{\partial x''} + \eta \left(\frac{\partial^2 v''_x}{\partial x''^2} + \frac{\partial^2 v''_x}{\partial y''^2} + \frac{\partial^2 v''_x}{\partial z''^2} \right) + g''_x \quad (3.118)$$

$$\frac{\partial v''_x}{\partial x''} + \frac{\partial v''_x}{\partial y''} + \frac{\partial v''_x}{\partial z''} = 0 \quad (3.119)$$

各物理量间的相似倍数为

$$\frac{x''}{x'} = \frac{y''}{y'} = \frac{z''}{z'} = c_l \quad \frac{\tau''}{\tau'} = c_\tau \quad \frac{v''}{v'} = c_v \quad \frac{\rho''}{\rho'} = c_\rho \quad \frac{p''}{p'} = c_p \quad \frac{\eta''}{\eta'} = c_\eta \quad (3.120)$$

将相似变换式（3.120）代入式（3.118）和式（3.119）进行相似转换，可得

$$\frac{c_v}{c_\tau} \frac{\partial v'_x}{\partial \tau'} + \frac{c_v c_v}{c_l} \left(v'_x \frac{\partial v'_x}{\partial x'} + v'_y \frac{\partial v'_x}{\partial y'} + v'_z \frac{\partial v'_x}{\partial z'} \right) = -\frac{c_p}{c_\rho c_l} \frac{1}{\rho'} \frac{\partial p'}{\partial x'} + \frac{c_\mu c_v}{c_\rho c_l^2} \eta' \left(\frac{\partial^2 v'_x}{\partial x'^2} + \frac{\partial^2 v'_x}{\partial y'^2} + \frac{\partial^2 v'_x}{\partial z'^2} \right) + c_g g'_x$$

$$(3.121)$$

$$\frac{c_v}{c_l} \left(\frac{\partial v'_x}{\partial x'} + \frac{\partial v'_x}{\partial y'} + \frac{\partial v'_x}{\partial z'} \right) = 0 \quad (3.122)$$

与第一组方程比较，可得

$$\underset{A}{\frac{c_v}{c_\tau}} = \underset{B}{\frac{c_v^2}{c_l}} = \underset{C}{c_g} = \underset{D}{\frac{c_p}{c_\rho c_l}} = \underset{E}{\frac{c_\mu c_v}{c_\rho c_l^2}}, \quad \frac{c_v}{c_l} = 任意数 \quad (3.123)$$

上式说明各相似倍数间的关系均相等（不是相似指标）。

对于 A、B 两项，有

$$\frac{c_v}{c_\tau} = \frac{c_v^2}{c_l} \tag{3.124}$$

原型、模型相等，则 A、B 两项的相似倍数满足下式，即相似指标数等于 1：

$$\frac{c_v c_\tau}{c_l} = 1 \tag{3.125}$$

将各相似倍数的关系代入，得

$$\frac{v'\tau'}{l'} = \frac{v''\tau''}{l''} = Ho \tag{3.126}$$

Ho 称为时均数。如果是稳定流动，该项失去意义。

对于 B、C 两项，有

$$\frac{c_v^2}{c_l} = c_g \quad 即 \quad \frac{c_g c_l}{c_v^2} = 1 \tag{3.127}$$

$$\frac{g'l'}{v'^2} = \frac{g''l''}{v''^2} = Fr \tag{3.128}$$

Fr 称为弗劳德数。

对于 B、D 两项，有

$$\frac{c_p}{c_\rho c_v^2} = 1 \quad 即 \quad \frac{p'}{\rho'v'} = \frac{p''}{\rho''v''} = Eu \tag{3.129}$$

Eu 称为欧拉数。

对于 B、E 两项，有

$$\frac{c_\rho c_v c_l}{c_\mu} = 1 \quad 即 \quad \frac{\rho'v'l'}{\mu'} = \frac{\rho''v''l''}{\mu''} = Re \tag{3.130}$$

Re 即为雷诺数。

注意到每一个特征数均为 B 项和其他各项相等而得出，也就是说独立的特征数有四个，它们是：

$$\frac{v'\tau'}{l'} = \frac{v''\tau''}{l''} = \frac{v\tau}{l} = Ho \quad 时均数 \tag{3.131}$$

$$\frac{g'l'}{v'^2} = \frac{g''l''}{v''^2} = \frac{gl}{v^2} = Fr \quad 弗劳德数 \tag{3.132}$$

$$\frac{p'}{\rho'v'} = \frac{p''}{\rho''v''} = \frac{p}{\rho v} = Eu \quad 或 \quad \frac{\Delta p'}{\rho'v'} = \frac{\Delta p''}{\rho''v''} = \frac{\Delta p}{\rho v} = Eu \quad 欧拉数 \tag{3.133}$$

$$\frac{\rho'v'l'}{\mu'} = \frac{\rho''v''l''}{\mu''} = \frac{\rho vl}{\mu} = Re \quad 雷诺数 \tag{3.134}$$

相似特征数所包含的各物理量，一般都按同一截面的平均值来取。如雷诺数 $Re = \frac{\rho lv}{\mu}$ 中，l 为某一截面的当量直径 d_e，v、ρ、μ 为该截面上各量的平均值。显然，同一系统中，在某一时刻的不同点或不同截面上的相似特征数会具有不同数值；但彼此相似的系统在对应时刻的对应点或对应截面上，相似特征数是相等的。因此，相似特征数并不是常量，而只能称为"不变量"。

3.4.1.2 流体力学相似特征数的意义与性质

时均数 $Ho = \dfrac{v\tau}{l} = \dfrac{\tau}{l/v}$ ，l/v 可理解为速度为 v 的流体质点通过系统中某一尺寸 l 所需的时间，而 τ 可理解为这个系统流动过程进行的时间。如两个不稳定流动的 Ho 相同，它们的速度场随时间改变的快慢就是相似的，Ho 是表征流体的速度场随时间变化特征的特征数。

弗劳德数 $Fr = \dfrac{gl}{v^2} = \dfrac{\rho gl}{\rho v^2}$ ，分子反映了单位体积流体的重力位能，而分母表示单位体积流体的动能的两倍。Fr 是流体在流动过程中重力位能与动能的比值。重力位能与动能又分别与重力和惯性力成正比，故 Fr 也表示了流体在流动过程中重力与惯性力的比值。

欧拉数 $Eu = \dfrac{\Delta p}{\rho v^2}$ ，很显然，它表示了流体的压力与惯性力的比值。

雷诺数 $Re = \dfrac{\rho vl}{\mu} = \dfrac{\rho v^2}{\mu v/l}$ ，表示了流体流动过程中的惯性力与黏性力的比值。

在磁场作用下，当雷诺数 Re 增加时，自由表面温度降低，传热增加，温度梯度降低；同时，电流密度及电磁力密度相应减小。当磁场作用增强时，湍流脉动和湍流表面摩擦系数以及对圆柱的阻力都有所减小。

3.4.2 磁流体力学相似特征数

磁流体力学相似特征数有磁雷诺数、哈特曼数（见哈特曼流动）、马赫数、磁马赫数、磁力数和相互作用数等。求解简化后的方程组不外是分析法和数值法。利用计算机技术和计算流体力学方法可以求解较复杂的问题。

3.4.2.1 磁雷诺数

雷诺数表征的是普通流体的动力学特征，而磁雷诺数表征的是磁流体的动力学特征，首先分析式

$$\frac{\partial \boldsymbol{B}}{\partial t} = \nabla \times (v \times \boldsymbol{B}) + \frac{1}{\sigma \mu_e} \nabla^2 \boldsymbol{B}_r \tag{3.135}$$

上式右端第一项代表磁传输效应，即磁力线和流体一同运动，即磁冻结定理；右端第二项代表磁扩散效应，即流体和磁力线相对滑移。磁雷诺数就是一种量度等离子体中磁扩散效应和磁传输效应相对重要性的无量纲参数，定义为 $Re_m = uL\sigma\mu_m$ ，它是度量磁对流与磁扩散之比的量。L 和 u 分别为可与磁场尺度相比的特征长度和可与粒子实际速度相比的特征速度。若 $Re_m \ll 1$ ，表明感应磁场小于外加磁场，则磁力线很容易滑过电离物质，这是实验室等离子体的普遍情况；若 $Re_m \gg 1$ ，则磁力线冻结于等离子体之中，这是宇宙中等离子体的普遍情况。因此，在实验室中很难进行模拟天体问题的实验。

（1）小磁雷诺数。小磁雷诺数是指磁雷诺数十分小的情况（$Re_m \ll 1$），此时等式右边的第二项远大于第一项，磁流体中的磁场耗散效应明显，磁场冻结效应可以忽略。所谓磁场耗散效应，是指随着时间的推移，磁场会在空间上发生扩散，经过一定的时间后，磁场的原始结构就会遭到彻底破坏，磁场位形被彻底打乱。

（2）大磁雷诺数。与小磁雷诺数的情况正好相反，如果式（3.135）等式右边第一项远远大于第二项，即 $Re_m \gg 1$，那么这个时候，磁场的冻结效应就会比耗散效应明显得多，磁场的行为主要由磁冻结主导。所谓的磁冻结，就是指在磁雷诺数很小的情况下，磁场基本随着磁流体运动，磁力线基本与流场的流线保持平行。如果流场发生变化，那么磁场分布也会在十分短的时间内发生相应的变化。这在平常看起来似乎不可思议，但是，理论计算和实际观测，都证实了磁冻结效应的存在。

3.4.2.2　小磁雷诺数假设理论

对 MHD 方程的求解可以通过联立 NS 方程组和麦克斯韦方程组实现，经过方程之间的代入消去，最后组成式（3.136）所示的八方程形式的全 MHD 方程组，其中五个属于 NS 方程组，三个属于磁感应方程组：

$$\frac{\partial U}{\partial t} + \frac{\partial E}{\partial x} + \frac{\partial F}{\partial y} + \frac{\partial G}{\partial z} = \frac{\partial E_v}{\partial x} + \frac{\partial F_v}{\partial y} + \frac{\partial G_v}{\partial z} \tag{3.136}$$

上面的式子中，$U = \begin{pmatrix} \rho \\ \rho u \\ \rho v \\ \rho w \\ B_x \\ B_y \\ B_z \\ \rho e_t \end{pmatrix}$

$$E = \begin{pmatrix} \rho u \\ \rho u u + p + \dfrac{-B_x^2 + B_y^2 + B_z^2}{2\mu_{e0}} \\ \rho u v - \dfrac{B_x B_y}{\mu_{e0}} \\ \rho u w - \dfrac{B_x B_z}{\mu_{e0}} \\ u B_x - u B_x \\ u B_y - v B_x \\ u B_z - w B_x \\ \left(\rho e_t + p + \dfrac{B_x^2 + B_y^2 + B_z^2}{2\mu_{e0}}\right) u - \dfrac{B_x}{\mu_{e0}}(u B_x + v B_y + w B_z) \end{pmatrix}$$

$$F = \begin{pmatrix} \rho v \\[6pt] \rho uv - \dfrac{B_x B_y}{\mu_{e0}} \\[10pt] \rho vv + p + \dfrac{B_x^2 - B_y^2 + B_z^2}{2\mu_{e0}} \\[10pt] \rho vw - \dfrac{B_y B_z}{\mu_{e0}} \\[10pt] vB_x - uB_y \\[4pt] vB_y - vB_y \\[4pt] vB_z - wB_y \\[6pt] \left(\rho e_t + p + \dfrac{B_x^2 + B_y^2 + B_z^2}{2\mu_{e0}}\right)v - \dfrac{B_y}{\mu_{e0}}(uB_x + vB_y + wB_z) \end{pmatrix}$$

$$G = \begin{pmatrix} \rho w \\[6pt] \rho uw - \dfrac{B_x B_z}{\mu_{e0}} \\[10pt] \rho vw - \dfrac{B_y B_z}{\mu_{e0}} \\[10pt] \rho ww + p + \dfrac{B_x^2 + B_y^2 - B_z^2}{2\mu_{e0}} \\[10pt] wB_x - uB_z \\[4pt] wB_y - vB_z \\[4pt] wB_z - wB_z \\[6pt] \left(\rho e_t + p + \dfrac{B_x^2 + B_y^2 + B_z^2}{2\mu_{e0}}\right)w - \dfrac{B_z}{\mu_{e0}}(uB_x + vB_y + wB_z) \end{pmatrix}$$

$$E_v = \begin{pmatrix} 0 \\ \tau_{xx} \\ \tau_{xy} \\ \tau_{xz} \\ 0 \\ \dfrac{1}{\mu_{e0}\sigma_e}\left(\dfrac{\partial B_y}{\partial x} - \dfrac{\partial B_x}{\partial y}\right) \\[10pt] \dfrac{1}{\mu_{e0}\sigma_e}\left(\dfrac{\partial B_z}{\partial x} - \dfrac{\partial B_x}{\partial z}\right) \\[10pt] u\tau_{xx} + v\tau_{xy} + w\tau_{xz} + q_x + q_{Jx} \end{pmatrix} \qquad F_v = \begin{pmatrix} 0 \\ \tau_{yx} \\ \tau_{yy} \\ \tau_{yz} \\ \dfrac{1}{\mu_{e0}\sigma_e}\left(\dfrac{\partial B_x}{\partial y} - \dfrac{\partial B_y}{\partial x}\right) \\[10pt] 0 \\ \dfrac{1}{\mu_{e0}\sigma_e}\left(\dfrac{\partial B_z}{\partial y} - \dfrac{\partial B_y}{\partial z}\right) \\[10pt] u\tau_{yx} + v\tau_{yy} + w\tau_{yz} + q_y + q_{Jy} \end{pmatrix}$$

$$G_v = \begin{pmatrix} 0 \\ \tau_{zx} \\ \tau_{zy} \\ \tau_{zz} \\ \dfrac{1}{\mu_{e0}\sigma_e}\left(\dfrac{\partial B_x}{\partial z} - \dfrac{\partial B_z}{\partial x}\right) \\ \dfrac{1}{\mu_{e0}\sigma_e}\left(\dfrac{\partial B_y}{\partial z} - \dfrac{\partial B_z}{\partial y}\right) \\ 0 \\ u\tau_{zx} + v\tau_{zy} + w\tau_{zz} + q_z + q_{Jz} \end{pmatrix}$$

$$\rho e_t = \frac{1}{2}\rho(u^2 + v^2 + w^2) + \frac{P}{\gamma - 1} + \frac{B_x^2 + B_y^2 + B_z^2}{2\mu_{e0}}$$

焦耳热项为：
$$\begin{cases} q_{Jx} = \dfrac{B_y}{\sigma_e}\left(\dfrac{\partial B_y}{\partial x} - \dfrac{\partial B_x}{\partial y}\right) + \dfrac{B_z}{\sigma_e}\left(\dfrac{\partial B_z}{\partial x} - \dfrac{\partial B_x}{\partial z}\right) \\[3mm] q_{Jy} = \dfrac{B_z}{\sigma_e}\left(\dfrac{\partial B_z}{\partial y} - \dfrac{\partial B_y}{\partial z}\right) + \dfrac{B_x}{\sigma_e}\left(\dfrac{\partial B_x}{\partial y} - \dfrac{\partial B_y}{\partial x}\right) \\[3mm] q_{Jz} = \dfrac{B_x}{\sigma_e}\left(\dfrac{\partial B_x}{\partial z} - \dfrac{\partial B_z}{\partial x}\right) + \dfrac{B_y}{\sigma_e}\left(\dfrac{\partial B_y}{\partial z} - \dfrac{\partial B_z}{\partial y}\right) \end{cases}$$

但是，在小磁雷诺数假设下，由于电导率很低，外加电磁场产生的电磁感应现象几乎可以忽略，所以本书的思路就是利用添加源项法，将全 MHD 方程组简化为小磁雷诺数下的 MHD 方程。

3.4.2.3　小磁雷诺数下的 MHD 简化方程

A　基本控制方程

小磁雷诺数条件下连续介质的 MHD 控制方程组包括连续方程、动量方程和能量方程，另外也需要考虑气体的状态方程。本书在数值模拟中不考虑彻体力和热源，因此在控制方程组中不考虑相应项。采用的是基于 Favre 质量加权平均的三维直角坐标系下非定常守恒型无量纲 Navier-Stokes 方程组，表示如下：

$$\frac{\partial U}{\partial t} + \frac{\partial E}{\partial x} + \frac{\partial F}{\partial y} + \frac{\partial G}{\partial z} = \frac{\partial E_\nu}{\partial x} + \frac{\partial F_\nu}{\partial y} + \frac{\partial G_\nu}{\partial z} + S_{MHD} \tag{3.137}$$

式中

$$U = \begin{pmatrix} \bar{\rho} \\ \bar{\rho}\,\tilde{u} \\ \bar{\rho}\,\tilde{v} \\ \bar{\rho}\,\tilde{w} \\ \bar{\rho}\,\tilde{e}_t \end{pmatrix} \quad E = \begin{pmatrix} \bar{\rho}\,\tilde{u} \\ \bar{\rho}\,\tilde{u}\,\tilde{u} + \bar{p} \\ \bar{\rho}\,\tilde{u}\,\tilde{v} \\ \bar{\rho}\,\tilde{u}\,\tilde{w} \\ \bar{\rho}\,\tilde{u}\,\tilde{H} \end{pmatrix} \quad F = \begin{pmatrix} \bar{\rho}\,\tilde{v} \\ \bar{\rho}\,\tilde{v}\,\tilde{u} \\ \bar{\rho}\,\tilde{v}\,\tilde{v} + \bar{p} \\ \bar{\rho}\,\tilde{v}\,\tilde{w} \\ \bar{\rho}\,\tilde{v}\,\tilde{H} \end{pmatrix} \quad G = \begin{pmatrix} \bar{\rho}\,\tilde{w} \\ \bar{\rho}\,\tilde{w}\,\tilde{u} \\ \bar{\rho}\,\tilde{w}\,\tilde{v} \\ \bar{\rho}\,\tilde{w}\,\tilde{w} + \bar{p} \\ \bar{\rho}\,\tilde{w}\,\tilde{H} \end{pmatrix}$$

$$E_\nu = \frac{1}{Re}\begin{pmatrix} 0 \\ \tau_{xx} \\ \tau_{xy} \\ \tau_{xz} \\ \widetilde{u}\tau_{xx} + \widetilde{v}\tau_{xy} + \widetilde{w}\tau_{xz} + q_x \end{pmatrix} \qquad F_\nu = \frac{1}{Re}\begin{pmatrix} 0 \\ \tau_{yx} \\ \tau_{yy} \\ \tau_{yz} \\ \widetilde{u}\tau_{yx} + \widetilde{v}\tau_{yy} + \widetilde{w}\tau_{yz} + q_y \end{pmatrix}$$

$$G_\nu = \frac{1}{Re}\begin{pmatrix} 0 \\ \tau_{zx} \\ \tau_{zy} \\ \tau_{zz} \\ \widetilde{u}\tau_{zx} + \widetilde{v}\tau_{zy} + \widetilde{w}\tau_{zz} + q_z \end{pmatrix}$$

$$S_{\mathrm{MHD}} = Re_m \begin{pmatrix} 0 \\ B_z(E_y + \widetilde{w}B_x - \widetilde{u}B_z) - B_y(E_z + \widetilde{u}B_y - \widetilde{v}B_x) \\ B_x(E_z + \widetilde{u}B_y - \widetilde{v}B_x) - B_z(E_x + \widetilde{v}B_z - \widetilde{w}B_y) \\ B_y(E_x + \widetilde{v}B_z - \widetilde{w}B_y) - B_x(E_y + \widetilde{w}B_x - \widetilde{u}B_z) \\ E_x(E_x + \widetilde{v}B_z - \widetilde{w}B_y) + E_y(E_y + \widetilde{w}B_x - \widetilde{u}B_z) + E_z(E_z + \widetilde{u}B_y - \widetilde{v}B_x) \end{pmatrix}$$

式中，$Re_m = \sigma_\infty \mu_e U_\infty L$ 为磁雷诺数；σ_∞ 为电导率；μ_e 为真空磁导率；E_x、E_y、E_z 分别代表 x、y、z 方向的电场强度；B_x、B_y、B_z 分别代表 x、y、z 方向的磁场强度；U 为守恒变量；E、F、G、E_ν、F_ν、G_ν 分别为 x、y、z 三个方向的无黏/黏性通量；τ 和 q 分别表示应力张量的分量和热流通量；H 为单位质量的总焓。表达式如下：

$$\tau = \begin{bmatrix} \tau_{xx} & \tau_{xy} & \tau_{xz} \\ \tau_{yx} & \tau_{yy} & \tau_{yz} \\ \tau_{zx} & \tau_{zy} & \tau_{zz} \end{bmatrix} = \mu_l \begin{bmatrix} \dfrac{4}{3}\dfrac{\partial \widetilde{u}}{\partial x} - \dfrac{2}{3}\left(\dfrac{\partial \widetilde{v}}{\partial y} + \dfrac{\partial \widetilde{w}}{\partial z}\right) & \dfrac{\partial \widetilde{u}}{\partial y} + \dfrac{\partial \widetilde{v}}{\partial x} & \dfrac{\partial \widetilde{u}}{\partial z} + \dfrac{\partial \widetilde{w}}{\partial x} \\[3mm] \dfrac{\partial \widetilde{u}}{\partial y} + \dfrac{\partial \widetilde{v}}{\partial x} & \dfrac{4}{3}\dfrac{\partial \widetilde{v}}{\partial y} - \dfrac{2}{3}\left(\dfrac{\partial \widetilde{w}}{\partial z} + \dfrac{\partial \widetilde{u}}{\partial x}\right) & \dfrac{\partial \widetilde{v}}{\partial z} + \dfrac{\partial \widetilde{w}}{\partial y} \\[3mm] \dfrac{\partial \widetilde{u}}{\partial z} + \dfrac{\partial \widetilde{w}}{\partial x} & \dfrac{\partial \widetilde{v}}{\partial z} + \dfrac{\partial \widetilde{w}}{\partial y} & \dfrac{4}{3}\dfrac{\partial \widetilde{w}}{\partial z} - \dfrac{2}{3}\left(\dfrac{\partial \widetilde{u}}{\partial x} + \dfrac{\partial \widetilde{v}}{\partial y}\right) \end{bmatrix}$$

$$q_x = \frac{\dfrac{\partial \widetilde{T}}{\partial x}}{Pr(\gamma - 1)Ma_\infty^2}, \quad q_y = \frac{\dfrac{\partial \widetilde{T}}{\partial y}}{Pr(\gamma - 1)Ma_\infty^2}, \quad q_z = \frac{\dfrac{\partial \widetilde{T}}{\partial z}}{Pr(\gamma - 1)Ma_\infty^2}$$

$$\widetilde{H} = \widetilde{e}_t + \frac{\overline{p}}{\overline{\rho}}$$

$$\widetilde{e}_t = \widetilde{e} + \frac{1}{2}(\widetilde{u}^2 + \widetilde{v}^2 + \widetilde{w}^2) = \frac{\overline{p}}{\overline{\rho}(\gamma - 1)} + \frac{1}{2}(\widetilde{u}^2 + \widetilde{v}^2 + \widetilde{w}^2)$$

以上表达式中，ρ、p、u、v、w、T 分别表示密度、压强、直角坐标系 (x, y, z) 下的三个速度分量和温度；e、e_t、H、μ 分别表示单位质量的内能、总能、总焓、黏性系数；

Re、Ma_∞、γ、Pr 分别表示来流雷诺数、来流马赫数、气体比热比和普朗特数。另外，上标（$-$）代表雷诺平均的变量；上标（$\sim$）代表质量平均的变量。

B　无量纲化说明

上述方程组中的量均为无量纲化形式，无量纲化所采用的一组流动特征参数为特征长度 L、自由来流密度 ρ_∞、速度 v_∞ 和温度 T_∞。

$$x = \frac{x^*}{L}, \; y = \frac{y^*}{L}, \; z = \frac{z^*}{L}, \; u = \frac{u^*}{v_\infty}, \; v = \frac{v^*}{v_\infty}, \; w = \frac{w^*}{v_\infty}$$

$$E_x、E_y、E_z = \frac{E_x^*、E_y^*、E_z^*}{v_\infty^2 \sqrt{\mu_e \rho_\infty}}, \; B_x、B_y、B_z = \frac{B_x^*、B_y^*、B_z^*}{v_\infty \sqrt{\mu_e \rho_\infty}}$$

$$T = \frac{T^*}{T_\infty}, \; \rho = \frac{\rho^*}{\rho_\infty}, \; p = \frac{p^*}{\rho_\infty v_\infty^2}, \; E = \frac{E^*}{v_\infty^2}, \; \mu = \frac{\mu^*}{\mu_\infty}, \; t = \frac{t^*}{L/v_\infty}$$

其中，上标（$*$）表示有量纲量。

定义雷诺数为 $Re = \dfrac{\rho_\infty v_\infty L}{\mu_\infty}$

无量纲量状态方程为 $\bar{p} = \dfrac{\bar{\rho}\, \widetilde{T}}{\gamma Ma_\infty^2}$

无量纲量声速方程为 $\tilde{c}^2 = \dfrac{\widetilde{T}}{Ma_\infty^2} = \dfrac{\gamma \bar{p}}{\bar{\rho}}$

黏性系数 μ 由 Sutherland 公式给出：$\bar{\mu} = \widetilde{T}^{3/2} \times \dfrac{1 + 110.4/T_\infty}{\widetilde{T} + 110.4/T_\infty}$

3.4.2.4　层流 Hartmann 流动

哈特曼数 $Ha^2 = N \times Re = B_{ref}^2 \delta^2 \dfrac{\sigma_\infty}{\mu_\infty}$，用于度量电磁力与黏滞力之比。当 $Ha \gg 1$ 时，表明流体的流动主要由电磁力控制。Hartmann 流动是磁流体力学中重要的基本流动之一，也是磁流体力学中检验数值方法正确性的典型验证算例。该流动的主导无量纲参数为 Hartmann 数（Ha），定义为其物理意义为电磁力与黏性力之比。

液态金属磁流体力学相似特征数有哈德曼数、雷诺数、磁雷诺数、相互作用参数等。哈德曼数反映了导电流体在磁场中运动时所受的洛伦兹力与黏性力的相对大小，是液态金属磁流体流动中反映磁场影响大小的量。

3.4.2.5　其他磁流体力学相似特征数

相互作用参数 $N = \sigma B^2 L/(\rho U)$，表示洛伦兹力与惯性力之比。当流体的电导率非常大而速度非常小时，流体主要受电磁力来控制。衡量磁流体流动的湍流状态是用临界哈特曼数与流动雷诺数的比值（Ha/Re）来判断的。当流体的哈特曼数与流动雷诺数的比值大于 1/225 时，表明流体中电磁力的作用完全抑制了湍流，流体处于层流流动状态；反之，则表明流体中电磁力的作用还不能完全抑制湍流，流动计算中还必须包含湍流流动的影响。

3.5 $W_m^2 \ll R_m \ll 1$ 的流动的近似分析

$W_m^2 \ll R_m \ll 1$ 的流动的近似分析，即低周波数流动的近似分析。低周波磁场是常用的一种电磁场。周波数低时，对电场用 $E \approx UB$ 来评价，则下式近似成立：

$$\left| \frac{\partial B / \partial t}{\nabla \times E} \right| = \frac{\omega L}{U} = \frac{W_m^2}{Re_m} \ll 1 \tag{3.138}$$

法拉第电磁感应定律为

$$\nabla \times E = 0 \tag{3.139}$$

因此，电场向量作为标量位的梯度，可表示为

$$E = -\nabla \varphi \tag{3.140}$$

另外，对于熔融金属，σ_μ 为 $1 \sim 10$ m^2/s，并且在多数冶金问题中满足 $UL<1$m^2/s 的条件。因此，假定磁雷诺数 $Re_m \ll 1$ 是符合实际的。由上述可知，对于低周波数的熔融金属流，多数场合下式近似存在

$$W_m^2 \ll R_m \ll 1 \tag{3.141}$$

这时感应方程可近似写为

$$\nabla^2 B = 0 \tag{3.142}$$

安培定律和欧姆定律组合的关系式两边取旋度，用 $\nabla \cdot B = 0$、$\nabla \times E = 0$ 导出

$$\nabla \times B = \mu j = \sigma \mu E \tag{3.143}$$

也就是说，磁通密度满足拉普拉斯方程的解。

思 考 题

3-1 独立的相似特征数共有几个，分别是什么？

3-2 什么是集肤效应？

3-3 流场与电磁场如何相互作用？

3-4 温度场边界条件分为几类，分别是什么？

3-5 什么是圆环效应？

3-6 目前有哪些流动控制技术？简述它们的主要特点。

3-7 板坯连铸结晶器内钢液流动控制的主要目的是什么？

4 电磁场数值模拟

4.1 非定常流体定义

流体的流动状态随时间而改变。若流动状态不随时间而变化，则为定常流动；反之，为非定常流动。现实生活中，流体的流动几乎都是非定常的。

4.1.1 非定常流体分类

按流动随时间变化的速率快慢，非定常流动可分为三类：

（1）流场变化速率极慢的流动：流场中任意一点的平均速度随时间的增加逐渐增加或减小，在这种情况下可以忽略加速度效应。这种流动又称为准定常流动。水库的排灌过程就属于准定常流动。可以认为准定常流动在每一瞬间都服从定常流动的方程，时间效应只是以参量形式表现出来。

（2）流场变化速率很快的流动：在这种情况下，须考虑加速度效应。活塞式水泵或真空泵所造成的流动，飞行器和船舶操纵问题中所考虑的流动，都属这一类。这类流动和定常流动有本质上的区别。例如，用伯努利方程描述这类流动，就须增加一个与加速度有关的项：

$$\int_A^B \frac{\mathrm{d}p}{\rho} + \frac{v_B^2 - v_A^2}{2} + g(z_B - z_A) + \int_A^B \frac{\mathrm{d}v_s}{\mathrm{d}t}\mathrm{d}s = 0 \tag{4.1}$$

式中，v_s 为理想流体沿流线的速度分布；A 和 B 表示同一流线上的两个点；p 为压强；ρ 为密度；g 为重力加速度；z 为重力方向上的坐标；$\mathrm{d}s$ 为流线上的长度元。

（3）流场变化速率极快的流动：在这种情况下，流体的弹性力显得十分重要，例如瞬间关闭水管的阀门。阀门突然关闭时，整个流场中流体不可能立即完全静止下来，速度和压强的变化以压力波（或激波）的形式从阀门向上游传播，产生很大的震动和声响，即所谓水击现象。这种现象不仅发生在水流中，也发生在其他任何流体中。在空气中的核爆炸也会发生类似现象。

除上述三类流动外，某些状态反复出现的流动也被认为是一种非定常流动。典型的例子是流场各点的平均速度和压强随时间作周期性波动的流动，即所谓脉动流。这种流动存在于汽轮机、活塞泵和压气机的进出口管道中。直升机旋叶的转动，飞机和导弹在飞行时的颤振，高大建筑物、桥墩以及水下电缆绕流中的卡门涡街等，也都会形成这种非定常流动。流体运动稳定性问题中所涉及的流动也属于这种非定常流动。但是一般并不把湍流的脉动归入这种流动。两者之间的差别在于：湍流脉动参量偏离其平均值要比非定常流动小得多，变化的时间尺度也小得多。

非定常流动的研究有两种方法：实验研究和理论研究。实验研究包括对自然现象做长期的现场观测，以及在实验设备（如水洞、风洞）中进行测量和研究。主要目的是弄清非定常流动的物理结构，建立正确的概念，并测出真实的数据。理论研究一般是从纳维-斯托克斯方程出发，根据具体要求进行简化，然后求解。对于可以线性化的情况，如运动的无限平板所造成的黏性流，涡丝在黏性流内的扩散过程，非定常库埃特流和埃克曼流等，曾得出极少量的解析形式的结果。电子计算机的应用以及理论流体力学和计算流体力学的发展，促进了非定常流动的理论研究。线性位势流理论在工程上应用较为方便，但对许多复杂外形和流动环境，其适用范围需做进一步研究。纳维-斯托克斯方程的三维非定常差分方法对计算机的容量和速度要求太高，在短时期内还不易实现。只有不可压缩流动、二维和线性三维非定常流动问题的研究较有成就。跨声速流动受到重视，其中大量的非线性非定常流动数值分析先于实验测量。由于新的实验研究筹办不易，而数值计算则比较方便，非定常流动边界层计算就是在几乎没有实验相配合的情况下进行的。在湍流研究中也是如此。三维非线性非定常流动研究的趋势是根据具体问题寻求特殊的求解方法。目前已有的研究课题包括：非线性、分离造成的涡流、复杂的边界条件、跨声速流动、三维流动、有激波和有黏性的流动等。对分离的涡流做了许多实验研究，比如用活塞式的装置在液体中造一个或一串涡涡进行观察和测量；用多分量激光测速仪测量二维非定常分离流动的速度分布；用氢气泡流动显示技术研究三个三角机翼相互作用时的前缘分离现象等。此外，对磁场中导电流体的非定常流动以及太阳风中某种脉动机制也做了一些新的实验研究。理论方面，用准涡格法计算了具有分离涡流的单独机翼上的非定常流动；用特征面上的相容关系计算了无黏性可压缩三维流动；用积分关系法或有限元法简化差分格式产生一些混合方法，计算了有激波的一维非线性问题。此外，还得到几个新的解析解：有抽吸的多孔平板运动造成的二维不可压缩非定常流动纳维-斯托克斯方程的解析解；静止液体内球状或柱状涡的运动和扩散轨迹的解析解。由于非定常流动范围很广，涉及因素很多，因此非定常流动的研究显得分散。然而，随着计算技术的迅速发展以及理论研究和实验研究的进一步配合，非定常流动的研究会有更快的进展。

4.1.2　定常流动与非定常流动模型

定常流动和非定常流动的概念在前文中做了简单介绍，即定常流动和非定常流动是根据流场中任一空间点上的流动参数是否与时间有关来加以区分的。流场内所有空间点上的流动参数不随时间而变化的流动称为定常流动，否则称为非定常流动。

对非定常流动，流场中的流动参数如速度、密度、压强等是空间坐标与时间的函数。对定常流动，流动参数与时间无关。可见，定常流动时自变量数目减少，这给分析流体运动问题带来很大方便。因此，如果某种流动参数随时间缓慢地变化，那么在较短的时间间隔内，可近似地把这种流动作为定常流动来处理。以大水池泄水管道内的流动为例，开启管道阀门后，水池液面将会逐渐降低，管道中液体流速将会越来越小；但如果水箱的横截面很大、管道直径很小，则液面下降将非常缓慢，流速的改变也非常小。那么，在较短的时间间隔内，可近似认为这种流动是定常流动。

除了可将变化非常缓慢的非定常流动视为定常流动外，还可通过选择适当的坐标系将非定常流动转变为定常流动。例如，正在静止海面上匀速航行的舰船，当观察者站在岸上，即把坐标系固定在地面上时，将看到水中各点的流动参数随着舰船的前进而变化，这是非定常流动。而对站在船上的观察者，即把坐标系固定在船上时，可以认为舰船是静止不动的，而水流从远处以舰船速度绕过船体流动。此时，舰船周围水中各点的流动参数不随时间而变化，非定常流动转变为定常流动。

对定常流动，有 $\partial/\partial t=0$，使流体运动微分方程组得到简化，甚至有可能使微分方程组直接积分出结果。

4.2　解　析　方　法

解析法也称经典法，是指通过严格的理论推导得到微分方程的解。在数学物理方程课程中学习过的分离变量法、积分变换法、格林函数法、保角变换法等都属于解析法；还有镜像法——一种基于唯一性定理的构造式的方法，也属于解析法。解析法的主要优点是：解是精确的；当方程中的某些参数变化时，不必重新求解，或者说解有一定的普适性，能够从解的表达式中观察到参数之间的依赖关系。解析法的主要缺点是仅能求解少量具有规则边界形状的边值问题，对于复杂的工程实际问题，一般来说无法得到解析解。另外应当指出，解析解的精确性仅是相对于所解的数学方程而言，而在对实际问题建立数学模型的过程中，总是要有一定的近似。

4.3　数值求解方法

20 世纪 60 年代，美国洛斯-阿拉莫斯实验室进行了将数值解析应用于磁流体力学的研究。1965 年，哈罗-威尔士用差分法提出 MAC 法。而后在 1970 年，阿姆斯登-哈罗仍用经改进后的差分法提出了更好的 SMAC 法。1975 年，赫尔特、尼古拉和罗米欧仍用差分法又提出了 HSMAC 法。1985 年，棚桥和斋藤提出了 GSMAC 法（Generaliged Simplified Maker and Cell）。

目前这方面的研究工作发展很快。现在常用的数值解法主要有以下三种：

（1）差分法；（2）有限元法；（3）积分法。

这三种方法各有其优缺点，用这些方法去解一些方程（如泊松方程），已有通用的计算机程序。

4.3.1　差分法

本节基于差分原理阐述在电磁场数值计算方法中应用最早的有限差分法，并以正方形网格划分的离散模式为例题，重点介绍差分法的应用、差分及差商和差分格式的构造。

4.3.1.1　概述

在电磁场数值计算方法中，有限差分法（Finite Difference Method，FDM）是应用最早的一种。有限差分法以其概念清晰、方法简单、直观等特点，在电磁场数值分析领域内得到了广泛的应用。现阶段各种电磁场数值计算方法发展很快，尤其是在有限差分法与变分法相结合的基础上形成的有限元法，日益得到广泛的应用。但是，有限差分法因其固有的特点仍然作为一种不容忽视的数值计算方法而出现。例如，面向高频电磁场的传输、辐射、散射等工程问题的需求，基于麦克斯韦方程组中旋度方程直接转化为差分方程的时域有限差分法（Finite Difference Time Domain Method， FDTD），即从传统的有限差分法中脱颖而出，成为在上述一系列工程问题中广泛应用的数值计算方法。

为求解由偏微分方程定解问题所构造的数学模型，有限差分法的基本思想是利用网格剖分将定解区域（连续场域）离散化为网格离散节点的集合；然后，基于差分原理的应用，以各离散点上待求函数的差商来近似替代该点的偏导数。这样，待求的偏微分方程定解问题便转化为相应的差分方程组（代数方程组）问题，解出各离散点上的待求函数值，即为所求定解问题的闲散解。若再应用插值方法，则进而可从离散解得到定解问题在整个场域上的近似解。

对于包括电磁场在内的各种物理场，应用有限差分法进行数值计算的步骤通常为：

（1）采用一定的网格剖分方式离散化场域。

（2）基于差分原理的应用，对场域内偏微分方程及其定解条件进行差分离散化处理（一般把这一步骤称为构造差分格式）。

（3）由所建立的差分格式（即与原定解问题对应的离散数学构型——代数方程组），选用合适的代数方程组的解法，编制计算程序，算出待求的离散解。

由此可见，有限差分法有上述大致固定的处理和计算模式，具有一定的通用性。正是在有限差分法固有特点的基础上，1977 年以来，多重网格法（Muitiple Grid Method）开始得到应用，部分结构与有限差分法相容。它以方法简明、计算效率高、快速收敛等特点，显示出进一步发展和应用的前景。

4.3.1.2 差分与差商

如前所述，有限差分法是以差分原理为基础的一种数值计算方法。它用离散的函数值所构成的差商来近似逼近相应的偏导数，而所谓的差商则是基于差分应用的数值微分表达式。设一函数 $f(x)$，其自变量 x 得到一个很小的增量，则函数的增量

$$\Delta f(x) = f(x + h) - f(x) \tag{4.2}$$

称为函数 $f(x)$ 的一阶差分。显然，只要增量 h 很小，差分 Δf 与微分 $\mathrm{d}f$ 之间的差异将很小。

一阶差分仍是自变量 x 的函数，相类似地按式（4.2）计算一阶差分的差分，就得到 $\Delta^2 f(x)$，称为原始函数 $f(x)$ 的二阶差分。同样，当 h 很小时，二阶差分 $\Delta^2 f(x)$ 逼近于二阶微分 $\mathrm{d}^2 f$。同理，可以定义更高阶的差分。

一阶导数

$$f'(x) = \frac{\mathrm{d}f}{\mathrm{d}x} = \lim_{\Delta x \to 0} \frac{\Delta f(x)}{\Delta x} \tag{4.3}$$

即是无限小的微分除以无限小的微分的商，应用差分，显然它可以近似地表达为

$$\frac{\mathrm{d}f}{\mathrm{d}x} \approx \frac{\Delta f(x)}{\Delta x} = \frac{f(x + h) - f(x)}{h} \tag{4.4}$$

即有限小的差分 $f(x)$ 除以有限小的差分的商，称为差商。同理，一阶导数还可以近似表达为

$$\frac{\mathrm{d}f}{\mathrm{d}x} \approx \frac{\Delta f(x)}{\Delta x} = \frac{f(x) - f(x + h)}{h} \tag{4.5}$$

或

$$\frac{\mathrm{d}f}{\mathrm{d}x} \approx \frac{\Delta f(x)}{\Delta x} = \frac{f(x+h)-f(x-h)}{2h} \qquad (4.6)$$

式（4.4）、式（4.5）和式（4.6）分别称为一
阶向前、向后和中心差商。如图 4.1 所示，对应
于点 P 的一阶向前、向后和中心差商，在几何意
义上可分别表征为弧线 PB、AP 和 AB 的斜率。
而在理论上它们对于该点一阶导数的逼近度，则
分别可从以下公式的展开式中得知，即由

$$f(x_0+h) = f(x_0) + hf'(x_0) + \frac{1}{2!}h^2f''(x_0) + \cdots$$

$$\qquad (4.7)$$

和

$$f(x_0-h) = f(x_0) - hf'(x_0) + \frac{1}{2!}h^2f''(x_0) - \cdots$$

$$\qquad (4.8)$$

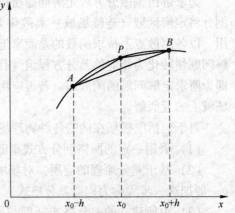

图 4.1　关于点 P 处导数采用一阶向
　　　前、向后和中心差商逼近的评价

可见，对应子式（4.4）和式（4.5），它们都截断于 $hf'(x_0)$ 项，而把 h^2 项和更高幂
次的项全部略去。换句话说，就是式（4.4）和式（4.5）略去余数项所引入的误差将大
致和 h 的一次方成正比。

而对于式（4.5）的一阶中心差商表达式，则相当于把相应的泰勒公式

$$f(x_0+h) - f(x_0-h) = 2hf'(x_0) + \frac{2}{3!}h^3f'''(x_0) + \cdots \qquad (4.9)$$

截断于 $2hf'(x_0)$ 项，略去了 h^3 项及更高幂次的项。很明显，3 种差商表达式中式
（4.6）所示的中心差商的截断误差最小，其误差大致和 h 的二次方成正比。

二阶导数同样可近似为差商的差商，即

$$\frac{\mathrm{d}^2f}{\mathrm{d}x^2} \approx \frac{1}{\Delta x}\left(\frac{\mathrm{d}f}{\mathrm{d}x}\bigg|_{x+\Delta x} - \frac{\mathrm{d}f}{\mathrm{d}x}\bigg|_x\right)$$

$$\approx \frac{1}{h}\left[\frac{f(x+h)-f(x)}{h} - \frac{f(x)-f(x-h)}{h}\right] \qquad (4.10)$$

$$\approx \frac{f(x+h)-2f(x)+f(x-h)}{h^2}$$

这相当于把泰勒公式

$$f(x+h) + f(x-h) = 2f(x) + h^2f''(x) + \frac{2}{4!}h^4f''''(x) + \cdots \qquad (4.11)$$

截断于 $h^2f''(x)$ 项，略去了 h^4 项及更高幂次的项，其误差亦大致和 h 的二次方成正比。

由此，仿照式（4.4）和式（4.11），偏导数也可近似地用相应的差商来表达。若设
定函数 $u(x, y, z)$，当其独立变量 x 得到一个很小的增量 $\Delta x = h$ 时，则 x 方向的一阶偏
导数可以近似表达为

$$\frac{\partial u}{\partial x} \approx \frac{u(x+h, y, z) - u(x, y, z)}{h} \qquad (4.12)$$

同样，相应的二阶偏导数可以近似表达为

$$\frac{\partial^2 u}{\partial x^2} \approx \frac{u(x+h, y, z) - 2u(x, y, z) + u(x-h, y, z)}{h^2} \qquad (4.13)$$

4.3.1.3　差分格式的构造

现以二维静态电、磁场泊松方程的第一类边值问题为例，来具体阐明有限差分法的应用。设具有平行平面场特征的电磁场场域 D，如图 4.2 所示，为一由闭合边界 L 所界定的平面域，其定解问题可表述为

$$\nabla^2 u(x, y) = \frac{\partial^2 u}{\partial x^2} + \frac{\partial^2 u}{\partial y^2} = F(x, y) \quad (x, y) \in D \qquad (4.14)$$

$$u(x, y)\big|_L = f(r_b) \qquad (4.15)$$

A　偏微分方程的离散化——五点差分格式

对于所给定的偏微分方程定解问题，应用有限差分法，首先需从网格剖分着手决定离散点的分布方式。原则上可以采用任意的网格剖分方式，但这将直接影响所得差分方程的具体内容，进而影响经济性与计算精度。为简化问题，通常采用完全有规律的分布方式，这样在每个离散点上就能得出相同形式的差分方程，有效地提高解题速度，因而经常采用正方形网格的部分方式。现以这种正方形网格剖分场域 D，也就是说，用分别与 x、y 两坐标轴平行的两簇等距（步距为 h）网格线来生成正方形网格，网格线的交点称为节点，这样，场域 D 就被离散化为由网格节点构成的离散点的集合。

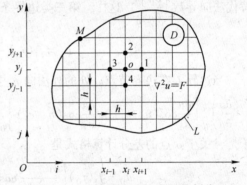

图 4.2　二维场域的正方形网格剖分

对于场域内典型的内节点 $o(x_i, y_i)$，如图 4.2 所示，它与周围相邻的节点 1、2、3 和 4 构成一个所谓对称的星形。今采用双下标的识别方法，设在这些离散节点上的待求位函数 u 的近似值分别记作 $u_0 = u_{(i,j)}$、$u_1 = u_{(i+1,j)}$、$u_2 = u_{(i,j+1)}$、$u_3 = u_{(i-1,j)}$ 和 $u_4 = u_{(i,j-1)}$，则二维泊松方程式（4.14）可近似离散化表示为

$$\frac{1}{h^2}\big[u_{(i+1, j)} - 2u_{(i, j)} + u_{(i-1, j)}\big] + \frac{1}{h^2}\big[u_{(i, j+1)} - 2u_{(i, j)} + u_{(i, j-1)}\big] = F \qquad (4.16)$$

即

$$u_{(i+1, j)} + u_{(i, j+1)} + u_{(i-1, j)} + u_{(i, j-1)} - 4u_{(i, j)} = h^2 F \qquad (4.17)$$

式（4.17）称为对应于泊松方程的差分方程。如果位函数 u 满足的是拉普拉斯方程（即令式（4.14）中的右端项 $F = 0$），则差分离散化后所得差分方程为

$$u_{(i+1, j)} + u_{(i, j+1)} + u_{(i-1, j)} + u_{(i, j-1)} - 4u_{(i, j)} = 0 \qquad (4.18)$$

此时，在节点 o 上的位函数值等于其周围 4 个相邻节点位函数值的平均值。由于差分方程式（4.16）、式（4.17）中只出现待求函数 u 在点 $o(x_i, y_i)$ 与其 4 个邻点上的值，故通常称为五点差分格式。

为求解给定的边值问题，在完成上述泛定方程的差分格式构造后，还必须对定解条件——边界条件，以及具体问题中可能存在的衔接条件（即不同媒质分界面上的边界条件），进行差分离散化处理。

B   定解条件的离散化——各类差分计算格式

对于场域边界上给定的三类边界条件，由于第二类边界条件可以看作为第三类边界条件的特殊情况，因此，这里只需讨论第一、第三类边界条件的差分离散化处理。

a   第一类边界条件的差分离散化

若划分网格时相应的网格节点恰好落在边界 L 上，则只要直接把位函数 $u\big|_{M \in L} = f(r_M)$ 的值赋给该对应的边界节点 M 即可。

若划分网格时引入的节点不落在边界 L 上，则对于邻近边界的典型节点 o，由于 $h_1 \neq h_2 \neq h$，这样，o 点及其周围相邻的 1、2、3 和 4 点构成一个不对称的星形。此时可采用泰勒公式进行差分离散化处理，即能相当精确地导出关于 o 点的差分计算格式。

b   第三类边界条件的差分离散化

对此类问题，同样需分两种情况讨论。

第一种情况是在边界处引入的相应节点恰好落在边界 L 上。这时，取决于边界 L 在该边界节点处的外法线方向是否与网格线相重合，对应有不同的差分离散化结果。

当边界 L 在边界节点 o 处的外法向 n 与网格线相重合时，则问题在于如何用差商近似替代法向导数 $\left(\dfrac{\partial u}{\partial n}\right)_0$。这样，第三类边界条件在此情况下的差分计算格式为

$$u_0 = f_1(r_0) \frac{u_0 - u_1}{h} = f_2(r_0) \tag{4.19}$$

当边界 L 在边界节点 o 处的外法向 n 与网格线不重合时，显然有

$$\left(\frac{\partial u}{\partial n}\right)_0 \left[\frac{\partial u}{\partial x}\cos(n, e_x) + \frac{\partial u}{\partial y}\cos(n, e_y)\right]_0 \approx \frac{u_1 - u_0}{h}\cos(\pi + \alpha) + \frac{u_2 - u_0}{h}\cos(\pi - \beta)$$

于是，关于 o 点的差分计算格式是

$$u_0 - f_1(r_0)\left(\frac{u_1 - u_0}{h}\cos\alpha + \frac{u_2 - u_0}{h}\cos\beta\right) = f_2(r_0) \tag{4.20}$$

第二种情况是在边界处引入的相应节点不落在边界 L 上，这时可在邻近边界的节点 o 上仍按上述方法引出差分计算格式，只是需引入与节点 o 相关的边界节点 o'，取 o' 点处的外法向 n 作为点 o 处的外法向 n，且近似地认为边界条件中给定的函数 $f_1(r_0)$ 和 $f_2(r_0)$ 均在点 o' 上取值。这样，将式（4.20）中的 $f_1(r_0)$ 和 $f_2(r_0)$ 改记为 $f_1(r_{0'})$ 和 $f_2(r_{0'})$，即得此种情况下关于 o 点的差分计算格式。

应当指出，从实际电、磁场问题的分析需要出发，以通量线（如 E 线）为边界的第二类齐次边界条件是常见的一种情况。这时，边界条件的差分离散化可沿着场域边界外侧安置一排虚设的网格节点，显然，对于边界节点 o，由于该处 $\dfrac{\partial u}{\partial n} = 0$，故必有 $u_1 = u_3$，因此，相应于第二类齐次边界条件 $\dfrac{\partial u}{\partial n}\Big|_L = 0$ 的差分计算格式为

$$u_0 = \frac{1}{4}(2u_1 + u_2 + u_4 - h^2 F) \tag{4.21}$$

C   对称线的差分计算格式

在实际分析电、磁场分布时，经常可观察到磁场分布的对称性，因此，在数值计算中

计及场的对称线条件，即可缩小分析计算的场域，从而在对计算机存储容量要求不变的情况下，可获得更为理想的数值解。

如图 4.3 所示，设 AA' 线为二维泊松场的对称线。此时，对位于对称线上的任一节点 o，由式（4.16），并依据场的对称性，即有 $u_1 = u_3$，相应的差分计算格式如式（4.21）所示。

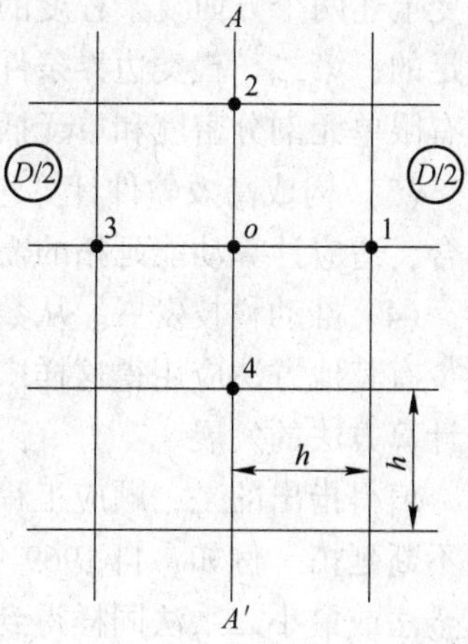

4.3.2 有限元法

本节基于变分原理阐述在电磁场数值计算方法中应用最广的有限元法。全节由浅入深、循序渐进地讨论有限元法的基本原理，介绍尤拉方程及有限元法的工程电磁场数值分析的实际应用。

4.3.2.1 概述

有限单元的思想最早由 Courant 于 1943 年提出。20 世纪 50 年代初期，由于工程分析的需要，有限元法在复杂

图 4.3 对称条件的差分离散化

的航空结构分析中最先得到应用，而有限元法（Finite Element Method，FEM）这个名称则由 Clough 于 1960 年在其著作中首先提出。50 多年来，以变分原理为基础建立起来的有限元法，因其理论依据的普遍性，不仅广泛地被应用于各种结构工程，而且作为一种声誉很高的数值分析方法已被普遍推广并成功地用来解决其他工程领域中的问题，例如热传导、渗流、流体力学、空气动力学、土壤力学、机械零件强度分析、电磁场等工程问题。

1965 年，Winslow 首先将有限元法应用于电气工程问题；其后在 1969 年，Silvester 将有限元法推广应用于时谐电磁场问题。发展至今，对于电气工程领域，有限元法已经成为各类电磁场、电磁波工程问题定量分析与优化设计的主导数值计算方法，并且无一例外地是构成各种先进、实用计算软件包的基础。

传统的有限元法以变分原理为基础，把所要求解的微分方程型数学模型-边值问题，首先转化为相应的变分问题，即泛函求极值问题；然后，利用剖分插值，离散化变分问题为普通多元函数的极值问题，即最终归结为一组多元的代数方程组，解之即得待求边值问题的数值解。可以看出，有限元法的核心在于剖分插值，它是将所研究的连续场分割为有限个单元，然后用比较简单的插值函数来表示每个单元的解，但是，它并不要求每个单元的试探解都满足边界条件，而是在全部单元总体合成后再引入边界条件。这样，就有可能对于内部和边界上的单元采用同样的插值函数，使方法构造极大地得到简化。此外，由于变分原理的应用，使第二、三类及不同媒质分界面上的边界条件作为自然边界条件在总体合成时将隐含地得到满足，也就是说，自然边界条件将被包含在泛函达到极值的要求之中，不必单独列出，而唯一需考虑的仅是强制边界条件（第一类边界条件）的处理，这就进一步简化了方法的构造。由此，可以概括出有限元法的主要特点是：

（1）离散化过程保持了明显的物理意义。这是因为，变分原理描述了支配物理现象的物理学中的最小作用原理（如力学中的最小势能原理、静电学中的汤姆逊定理等）。因此，基于问题固有的物理特性而予以离散化处理，列出计算公式，可保证方法的正确性、数值解的存在与稳定性等前提要素。

（2）优异的解题能力。与其他数值计算方法相比较，有限元法在适应场域边界几何形状以及媒质物理性质变异情况复杂的问题求解上，有突出的优点。换句话说，方法应用不受上述两个方面复杂程度的限制，而且如前所述，不同媒质分界面上的边界条件是自动满足的；第二、三类边界条件不必做单独的处理。此外，离散点配置比较随意，并且取决于有限单元剖分密度和单元插值函数的选取，可以充分保证所需的数值计算精度。

（3）构成高效软件计算包。可方便地编写通用计算程序，使之构成模块化的子程序集合，适应计算动能延拓的需要，从而可构成各种高效能的计算软件包。

（4）推动科技发展。从数学理论意义上讲，有限元法作为应用数学的一个重要分支，很少有其他方法应用得这样广泛。它使微分方程的解法与理论面目一新，推动了泛函分析与计算方法的发展。

值得指出的是，顺应工程领域各类物理问题日益发展的分析需要，有限元法的内涵也在不断延拓。例如，自 1969 年以来，在流体力学领域中，通过运用加权余量法导出的伽辽金法或最小二乘法同样得到了有限元方程，这样有限元法就不再局限于变分原理的导出基础，即不必要求待求物理场和泛函极值问题之间的对应联系，而可应用加权余量法直接导出与任何微分方程数学模型相关联的有限元方程。又如，为提高数值解的计算精度，在高阶有限元法的应用范畴中，除了常用的基于拉格朗日多项式构造基函数的等参数有限元法外，还延拓构成了以 B 样条函数基为基函数的 B 样条有限元法。B 样条有限元法的提出，不仅保证了以位函数为待求量的数值解的高精度，而且保证了与物理场特性相一致的场量数值解，因此可以预期这一颇具特色的有限元法应用的前景。有限元法应用的进程还表明，把有限元法与其他数值方法相结合而构成的组合法，经常是解决特定问题的有效途径。例如，鉴于三维静态磁场分析的需要，由有限元法与数值积分法相组合而成的单标量磁位法，在校正三十余年来简化标量位法有误的构造模式后，可望成为三维磁场理想的数值计算方法。此外，数学理论的发展也为有限元法注入了新的活力。1970 年，以A. M. Arthurs 为代表提出了互补变分原理，于是就形成了泛函的所谓双边极值问题，产生了互补、对偶有限元法。这样，通过泛函极大与极小值问题的近似数值解，简单地求其算术平均值，即可获得充分逼近真实解的理想计算结果。

总之，有限元法在众多的数值计算方法中已经确立其主导地位，它的发展与应用前景令人瞩目。

4.3.2.2 变分原理

A 泛函、变分问题简介

在微积分学形成的初期，以数学物理问题为背景，与多元函数的极值问题相对应，就已经在几何、力学上提出了若干求解泛函极值的问题。例如，最速降线问题，即在于研究当质点从定点 A 自由下滑到定点 B 时为使滑行时间最短，试求质点应沿着怎样形状的光滑轨道 $y=y(x)$ 下滑。为简化分析，可取 A 点为坐标原点，y 轴竖直向下（见图4.4）。这样，沿曲线 $y=y(x)$ 滑行弧线段 ds 所需时间为

$$\mathrm{d}t = \frac{\mathrm{d}s}{v} = \frac{\sec\alpha\,\mathrm{d}x}{\sqrt{2gy}} = \frac{\sqrt{1+y'^2}\,\mathrm{d}x}{\sqrt{2gy}} \tag{4.22}$$

因此滑行的总时间为

$$J[y(x)] = T[y(x)] = \int_0^T dt = \int_{x_1}^{x_2} \frac{\sqrt{1 + y'^2}}{\sqrt{2gy}} dx \qquad (4.23)$$

由式（4.23）可见，这一定积分值 $J = J[y(x)]$ 不仅取决于定积分的两端点，而且取决于函数 $y = y(x)$ 的选择。对照函数的定义，这一变量 J 值取决于函数关系 $y(x)$，因此 J 是函数的函数，是含义更为广泛的函数，故称为函数 $y(x)$ 的泛函，记作 $J[y(x)]$。于是所论最速降线问题，在数学上，就归结为研究泛函 $J[y(x)]$ 的极值问题，即

$$J[y(x)] = \int_{x_1}^{x_2} \frac{\sqrt{1 + y'^2}}{\sqrt{2gy}} dx = \min \qquad (4.24a)$$

$$y(x_1) = 0, \; y(x_2) = y_2 \qquad (4.24b)$$

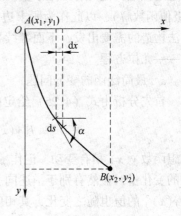

图 4.4　最速降线问题

泛函的极值（极大值或极小值）问题就称为变分问题。不难看出，与式（4.23）中的滑行时间 $T[y(x)]$ 一样，对于一般问题，可以给出下列对应于一个自变量 x 的最简形式的泛函

$$J[y(x)] = \int_{x_1}^{x_2} F(x, \; y, \; y') dx \qquad (4.25)$$

式中，F 为单个自变量 x、单个函数 $y(x)$ 及其导数 $y'(x)$ 的已知函数。泛函 $J[y(x)]$ 已由前所述，对照函数的定义，其自变量不是一般的自变量，而是一个或几个函数所属的函数族 $y(x)$。结合式（4.24a）和式（4.24b）可知，在端点 x_1 和 x_2 上分别等于给定值的无数个函数 $\bar{y}(x)$ 之中，仅有一个函数 $\bar{y}(x)$ 能使式（4.24a）中的定积分达到极小值，这一函数 $\bar{y}(x)$ 被称为极值函数。所谓变分问题，就在于寻求使泛函达到极值的该极值函数，即分析研究泛函的极值问题。

令人感兴趣的是，物理学各分支都存在有相应的变分问题，如分析力学中的哈密顿原理、最小作用量原理，静电学中的汤姆逊定理，光学中的费尔马原理等，都是变分原理。同样，变分原理也应用于弹性理论、流体力学和量子力学等方面。此外，在应用数学领域中如数理经济学、最优控制论等，变分原理也各有重要的应用。

B　泛函的变分与尤拉方程

变分问题的经典解法可归纳为两大类：一类称为直接解法，即直接研究所提出的变分问题，其共同思想在于把泛函的极值问题近似地转化为一般多元函数的极值问题，用有穷维子空间的函数去逼近无穷维空间中的极值函数，从而近似地求得泛函的极值，如瑞利-里兹法、康脱洛维奇法、伽辽金法等；另一类称为间接解法，即把变分问题转化为微分方程（所谓尤拉方程）的定解问题（边值问题）来求解。

历史的进程表明，上述传统的变分法在20世纪20、30年代为其新兴时期，理论上发展很快，但到了40、50年代，计算机的出现使其在实际应用中逐渐被比较灵活、通用的有限差分法所替代。但是，有限差分法在其收敛性和数值稳定性上往往得不到保证。随后发展形成的有限元法，正是里兹法与有限差分法相结合的成果，它取长补短地在理论上以变分原理为基础，在具体方法构造上又利用了有限差分法的网格离散化处理的思想。

有限元法解题的第一步与传统的变分法一样，首先把待求的边值问题转化为等价的变分问题，然后通过有限元剖分的离散化处理，构造一个分片解析的有限元子空间，把变分问题近似地转化为有限元子空间中的多元函数极值问题，由此直接探求变分问题的近似解（极值函数解），以此作为所求边值问题的近似解。这就是有限元法的变分原理。从有限元法构造的需要出发，下面继续导出变分问题的解答（极值函数）所必须满足的必要条件——尤拉方程。

a　最简泛函的变分问题

首先分析由式（4.25）给定的最简形式泛函的变分问题，即

$$J[y(x)] = \int_{x_1}^{x_2} F(x,\ y,\ y')\mathrm{d}x = \min \tag{4.26}$$

设想函数 $y(x)$ 稍有变动，记作 $y + \delta y$（这里 δy 称为函数 $y(x)$ 的变分），它反映了整个函数的变化量，显然有别于描述同一函数 $y(x)$ 因 x 变化而引起的函数增量 Δy，这样，泛函 $J[y(x)]$ 的值也随之变化，其相应于函数变分 δy 的泛函增量

$$\Delta J = J[y + \delta y] - J[y(x)] = \int_{x_1}^{x_2} [F(x,\ y + \delta y,\ y' + \delta y') - F(x,\ y,\ y')]\mathrm{d}x$$
$$\tag{4.27}$$

设函数充分光滑，则由多元函数的泰勒公式可将上式展成

$$\Delta J = \int_{x_1}^{x_2} \left\{ \left(\frac{\partial F}{\partial y}\delta y + \frac{\partial F}{\partial y'}\delta y'\right) + \frac{1}{2!}\left[\frac{\partial^2 F}{\partial y^2}(\delta y)^2 + 2\frac{\partial^2 F}{\partial y \partial y'}\delta y \delta y' + \frac{\partial^2 F}{\partial y'^2}(\delta y')^2\right] + \cdots \right\}\mathrm{d}x$$
$$= \delta J + \delta^2 J + \delta^3 J + \cdots \approx \delta J \tag{4.28}$$

式中，作为泛函增量 ΔJ 的线性主部

$$\delta J = \int_{x_1}^{x_2} \left(\frac{\partial F}{\partial y}\delta y + \frac{\partial F}{\partial y'}\delta y'\right)\mathrm{d}x \tag{4.29}$$

称为泛函 $J[y(x)]$ 的一次变分（简称变分）。而 $\delta^2 J$、$\delta^3 J$、…分别是函数变分 δy 及其导数 $\delta y'$ 的二次、三次、…其次式的积分，依次称为二次变分、三次变分、…。

现令待求变分问题的解答（极值函数）为

$$y = y(x) \tag{4.30}$$

同样，设想函数 y 从极值解（4.30）稍稍变动到 $y + \delta y$，并把变分 δy 改记为 $\varepsilon \eta(x)$（ε 是一个任意给定的微量实参数）；$\eta(x)$ 是定义于区间 $[x_1,\ x_2]$，且满足其次边界条件的任意选定的可微函数，即有 $\eta(x_1) = \eta(x_2) = 0$。这样，泛函 $J[y + \varepsilon\eta] = J[y(x,\ \varepsilon)] = \varphi(\varepsilon)$ 成为参数 ε 的函数。因为参数 ε 的值确定了 $y = y(x,\ \varepsilon)$ 函数族里的曲线，所以同时也就确定了泛函 $J[y(x,\ \varepsilon)]$ 的值，而且当 $\varepsilon = 0$ 时，泛函即获得极值函数的解。

根据微分学可知，函数 $\varphi(\varepsilon)$ 在 $\varepsilon = 0$ 时取得极值的必要条件是

$$\varphi'(\varepsilon)\big|_{\varepsilon=0} = \varphi'(0) = 0 \tag{4.31}$$

由于

$$\varphi(\varepsilon) = \int_{x_1}^{x_2} F[x,\ y(x,\ \varepsilon),\ y'(x,\ \varepsilon)]\mathrm{d}x \tag{4.32}$$

因此

$$\varphi'(\varepsilon) = \int_{x_1}^{x_2} \left\{ \frac{\partial}{\partial y}F[x,\ y(x,\ \varepsilon),\ y'(x,\ \varepsilon)] \cdot \frac{\partial}{\partial \varepsilon}y(x,\ \varepsilon) + \right.$$

$$\frac{\partial}{\partial y'}F\left\{[x,\ y(x,\ \varepsilon),\ y'(x,\ \varepsilon)]\cdot\frac{\partial}{\partial\varepsilon}y'(x,\ \varepsilon)\right\}\mathrm{d}x$$

式中，$\frac{\partial}{\partial\varepsilon}y(x,\ \varepsilon)=\frac{\partial}{\partial\varepsilon}[y(x)+\varepsilon\eta(x)]=\eta(x)$；$\frac{\partial}{\partial\varepsilon}y'(x,\ \varepsilon)=\frac{\partial}{\partial\varepsilon}[y'(x)+\varepsilon\eta'(x)]=\eta'(x)$

故可得

$$\begin{aligned}\varphi'(\varepsilon)\mid_{\varepsilon=0}&=\int_{x_1}^{x_2}\{F_y'[x,\ y(x,\ \varepsilon),\ y'(x,\ \varepsilon)]\eta(x)+F_{y'}'[x,\ y(x,\ \varepsilon),\\&\quad y'(x,\ \varepsilon)]\eta'(x)\}\mid_{\varepsilon=0}\mathrm{d}x\\&=\int_{x_1}^{x_2}\{F_y'[x,\ y(x),\ y'(x)]\eta(x)+F_{y'}'[x,\ y(x),\ y'(x)]\eta'(x)\}\mathrm{d}x\end{aligned}$$

简写为

$$\varphi'(0)=\int_{x_1}^{x_2}\left(\frac{\partial F}{\partial y}\eta+\frac{\partial F}{\partial y'}\eta'\right)\mathrm{d}x \tag{4.33}$$

将式（4.33）与式（4.29）相比较，只相差一个数值因子 ε，所以极值函数解（式 4.30）必须满足的必要条件（式 4.31）等价于变分方程

$$\delta J=\varphi'(0)=0 \tag{4.34}$$

也即

$$\int_{x_1}^{x_2}\left(\frac{\partial F}{\partial y}\delta y+\frac{\partial F}{\partial y'}\delta y'\right)\mathrm{d}x=0 \tag{4.35}$$

式（4.29）积分号内既有 δy，又有 $\delta y'$，现利用分部积分，且根据变分与微分顺序可以互换的原理，即 $\delta y'=(\delta y)'$，得

$$\delta J=\int_{x_1}^{x_2}\frac{\partial F}{\partial y}\delta y\mathrm{d}x+\int_{x_1}^{x_2}\frac{\partial F}{\partial y'}\frac{\mathrm{d}}{\mathrm{d}x}(\delta y)\mathrm{d}x=\int_{x_1}^{x_2}\frac{\partial F}{\partial y}\delta y\mathrm{d}x+\left(\frac{\partial F}{\partial y'}\delta y\right)\Big|_{x_1}^{x_2}-$$

$$\int_{x_1}^{x_2}\frac{\mathrm{d}}{\mathrm{d}x}\left(\frac{\partial F}{\partial y'}\right)\delta y\mathrm{d}x=\int_{x_1}^{x_2}\left[\frac{\partial F}{\partial y}-\frac{\mathrm{d}}{\mathrm{d}x}\left(\frac{\partial F}{\partial y'}\right)\right]\delta y\mathrm{d}x+\left(\frac{\partial F}{\partial y'}\delta y\right)\Big|_{x_1}^{x_2}=0 \tag{4.36}$$

通常，在变分问题中，变分 δy 在端点保持为零（如图 4.4 所示的最速降线问题），不论光滑轨道的形状如何变化，所有可取函数 $y(x)$ 均须通过 A、B 两定点，即

$$\delta y\mid_{x=x_1}=0,\ \delta y\mid_{x=x_2}=0 \tag{4.37}$$

于是，必要条件成为

$$\int_{x_1}^{x_2}\left[\frac{\partial F}{\partial y}-\frac{\mathrm{d}}{\mathrm{d}x}\left(\frac{\partial F}{\partial y'}\right)\right]\delta y\mathrm{d}x=0 \tag{4.38}$$

由于上式对任意的 δy 都成立，所以极值函数必须满足以下微分方程

$$\frac{\partial F}{\partial y}-\frac{\mathrm{d}}{\mathrm{d}x}\left(\frac{\partial F}{\partial y'}\right)=0 \tag{4.39}$$

这个方程就称为对应于由式（4.26）给定的最简泛函极值问题解的尤拉方程。

b　多变量泛函的变分问题之一

若设待求极值函数 $u(r)=u(x,\ y,\ z)$ 为一多变量的函数，则其与式（4.26）对应的变分问题可表示为

$$J[u(r)]=\iiint_V F(r,\ u,\ u_x',\ u_y',\ u_z')\mathrm{d}V=\min \tag{4.40}$$

同前理，设函数变分 $\delta u(r) = \varepsilon\eta(r)$ ，并注意到如 $\delta u'_x = \delta\left(\dfrac{\partial u}{\partial x}\right)\dfrac{\partial}{\partial x}(\delta u) = \varepsilon\dfrac{\partial\eta}{\partial x}$ 等，则其泛函变分为

$$
\begin{aligned}
\delta J &= \iiint_V \left(\frac{\partial F}{\partial u}\delta u + \frac{\partial F}{\partial u'_x}\delta u'_x + \frac{\partial F}{\partial u'_y}\delta u'_y + \frac{\partial F}{\partial u'_z}\delta u'_z\right)\mathrm{d}V \\
&= \varepsilon\iiint_V \left[\frac{\partial F}{\partial u}\eta + \left(\frac{\partial F}{\partial u'_x}\frac{\partial\eta}{\partial x} + \frac{\partial F}{\partial u'_y}\frac{\partial\eta}{\partial y} + \frac{\partial F}{\partial u'_z}\frac{\partial\eta}{\partial z}\right)\right]\mathrm{d}V \\
&= \varepsilon\iiint_V \left[\frac{\partial F}{\partial u}\eta + \left(\frac{\partial F}{\partial u'_x}e_x + \frac{\partial F}{\partial u'_y}e_y + \frac{\partial F}{\partial u'_z}e_z\right)\right]\mathrm{d}V
\end{aligned}
\tag{4.41}
$$

通过应用如下矢量恒等式

$$
\boldsymbol{A}\cdot\nabla U = \nabla\cdot(U\boldsymbol{A}) - U\nabla\cdot\boldsymbol{A}
\tag{4.42}
$$

以及高斯散度定理，即

$$
\iiint_V \nabla\cdot\boldsymbol{A}\,\mathrm{d}v = \oiint_S \boldsymbol{A}\cdot\mathrm{d}S
\tag{4.43}
$$

且考虑到面元 $\mathrm{d}S = \mathrm{d}Se_n = \mathrm{d}S\cos(e_n, e_x)e_x + \mathrm{d}S\cos(e_n, e_y)e_y + \mathrm{d}S\cos(e_n, e_z)e_z$ ，则由式 (4.42) 可知，极值函数 $u(r)$ 必满足如下的变分方程：

$$
\begin{aligned}
\delta J = {}&\varepsilon\iiint_V \eta\left[\frac{\partial F}{\partial u} - \frac{\partial}{\partial x}\left(\frac{\partial F}{\partial u'_x}\right) - \frac{\partial}{\partial y}\left(\frac{\partial F}{\partial u'_y}\right) - \frac{\partial}{\partial z}\left(\frac{\partial F}{\partial u'_z}\right)\right]\mathrm{d}V + \\
&\varepsilon\oiint_S \eta\left[\frac{\partial F}{\partial u'_x}\cos(e_n, e_x) + \frac{\partial F}{\partial u'_y}\cos(e_n, e_y) + \frac{\partial F}{\partial u'_z}\cos(e_n, e_z)\right]\mathrm{d}S = 0
\end{aligned}
$$

$$\tag{4.44}$$

因为 ε 是微量实参数，则由 $\eta(r)$ 的随意性，可判定上述变分方程（式4.44）的解必等价于以下边值问题的解答，即

$$
\frac{\partial F}{\partial u} - \frac{\partial}{\partial x}\left(\frac{\partial F}{\partial u'_x}\right) - \frac{\partial}{\partial y}\left(\frac{\partial F}{\partial u'_y}\right) - \frac{\partial}{\partial z}\left(\frac{\partial F}{\partial u'_z}\right) = 0
\tag{4.45a}
$$

$$
\eta\left[\frac{\partial F}{\partial u'_x}\cos(e_n, e_x) + \frac{\partial F}{\partial u'_y}\cos(e_n, e_y) + \frac{\partial F}{\partial u'_z}\cos(e_n, e_z)\right]\Bigg|_{r\in S} = 0
\tag{4.45b}
$$

式 (4.45a) 称为对应于由式 (4.40) 给定的变分问题的尤拉方程，而式 (4.45b) 即为相应边界面 S 上所给定的边界条件。

显然，由以上分析可知，对于所谓"固定端点"的变分问题，即

$$
\delta J[u(r)] = \delta\iiint_V F(r, u, u'_x, u'_y, u'_z)\mathrm{d}V = 0
\tag{4.46a}
$$

$$
u(r)\big|_{r\in S} = f(r_{\mathrm{b}})
\tag{4.46b}
$$

应等价于如下的第一类边值问题（此时，$\eta(r)\big|_{r\in S} = 0$）

$$
\frac{\partial F}{\partial u} - \frac{\partial}{\partial x}\left(\frac{\partial F}{\partial u'_x}\right) - \frac{\partial}{\partial y}\left(\frac{\partial F}{\partial u'_y}\right) - \frac{\partial}{\partial z}\left(\frac{\partial F}{\partial u'_z}\right) = 0
\tag{4.47a}
$$

$$
u(r)\big|_{r\in S} = f(r_{\mathrm{b}})
\tag{4.47b}
$$

例　静电学中汤姆逊定理的数学描述。

前已指出，变分原理的应用实质上是对物理学定律的一种重新描述，对此，Feynman 在其讲演中从最小作用原理出发，做了生动的阐述。对于点、磁场边值问题而言，静电学

中的汤姆逊定理即是描述静电现象的"最小作用原理"。该定理指出：出于介质中一个固定的带点导体系统，其表面上电荷的分布，应使合成的静电场具有最小的静电能量。因此，任一由 n 个带点导体构成的二维具有平行平面场特征的静电场问题的规律性可通过能量积分表述为

$$W_e = \iint_D (\frac{1}{2}\varepsilon E^2)\,\mathrm{d}S = \iint_D \frac{\varepsilon}{2}\,|\nabla\varphi|^2\mathrm{d}S = \iint_D \frac{\varepsilon}{2}\left[\left(\frac{\partial\varphi}{\partial x}\right)^2 + \left(\frac{\partial\varphi}{\partial y}\right)^2\right]\mathrm{d}x\mathrm{d}y = \min \quad (4.48a)$$

其中
$$\varphi\mid_{L_i} = u_i(r_b) \quad (i = 1,\ 2,\ \cdots,\ n) \quad\quad (4.48b)$$

对照式（4.40），式（4.48a）所示的能量积分即是一类取决于二元电位函数 $\varphi(x,y)$ 分布的泛函。因此，汤姆逊定理的数学描述，对于二维静电场，其规律性就归结为下述变分问题：

$$J[\varphi] = \iint_D F\left[x,\ y,\ \varphi(x,\ y),\ \frac{\partial\varphi}{\partial x},\ \frac{\partial\varphi}{\partial y}\right]\mathrm{d}x\mathrm{d}y$$

$$= \iint_D \frac{\varepsilon}{2}\left[\left(\frac{\partial\varphi}{\partial x}\right)^2 + \left(\frac{\partial\varphi}{\partial y}\right)^2\right]\mathrm{d}x\mathrm{d}y = \min \quad\quad (4.49a)$$

$$\varphi\mid_{L_i} = u_i(r_b) \quad (i = 1,\ 2,\ \cdots,\ n) \quad\quad (4.49b)$$

由上分析可知，上述变分问题的解答，即其极值函数 $\varphi(x,y)$ 的解答应满足尤拉方程（式4.47a），并在边界上应满足相应的强制边界条件（式4.47b）。将式（4.49a）中函数 F 进行尤拉方程（式4.47a）相关各项的运算，即得与变分问题（式4.49a）对应的尤拉方程为

$$\frac{\partial^2\varphi}{\partial x^2} + \frac{\partial^2\varphi}{\partial y^2} = 0 \quad\quad (4.50)$$

由此可见，由条件变分问题（式4.49a、式4.49b）给出的极值函数 $\varphi(x,y)$ 应满足具有给定边值（式4.49b）的拉普拉斯方程（式4.50）。显然，式（4.50）和式（4.49b）一起即构成众所熟知的第一类边值问题，而在物理意义上该边值问题即表征为静电学中的汤姆逊定理。

与例4-1相仿，通过尤拉方程，可知与下述变分问题

$$J[\varphi(x,\ y)] = \iint_D \left\{\frac{\varepsilon}{2}\left[\left(\frac{\partial\varphi}{\partial x}\right)^2 + \left(\frac{\partial\varphi}{\partial y}\right)^2\right] - \rho\varphi\right\}\mathrm{d}x\mathrm{d}y = \min \quad (4.51a)$$

$$\varphi\mid_{L_i} = u_i(r_b) \quad (i = 1,\ 2,\ \cdots,\ n) \quad\quad (4.51b)$$

等价的边值问题为

$$\frac{\partial^2\varphi}{\partial x^2} + \frac{\partial^2\varphi}{\partial y^2} = -\frac{\rho}{\varepsilon} \quad (x,\ y) \in D \quad\quad (4.52a)$$

$$\varphi\mid_{L_i} = u_i(r_b) \quad (i = 1,\ 2,\ \cdots,\ n) \quad\quad (4.52b)$$

式（4.52a）和式（4.52b）即为二维具有平行平面场特征的泊松方程的第一类边值问题。

c　多变量泛函的变分问题之二

若在式（4.50）所示变分问题的基础上，再添加一项由面积分表述的泛函，即令

$$J[u(r)] = \iiint_V F(r,\ u,\ u_x',\ u_y',\ u_z')\mathrm{d}V + \oiint_S B(r,\ u)\mathrm{d}S = \min \quad (4.53)$$

式中，积分面即为积分域的界面。则同前理，参照式（4.42）导出的过程，可得其变分方程为

$$\delta J = \varepsilon \iiint_V \eta \left[\frac{\partial F}{\partial u} - \frac{\partial}{\partial x}\left(\frac{\partial F}{\partial u'_x}\right) - \frac{\partial}{\partial y}\left(\frac{\partial F}{\partial u'_y}\right) - \frac{\partial}{\partial z}\left(\frac{\partial F}{\partial u'_z}\right) \right] \mathrm{d}V +$$

$$\varepsilon \oiint_S \eta \left[\frac{\partial F}{\partial u'_x}\cos(e_n, e_x) + \frac{\partial F}{\partial u'_y}\cos(e_n, e_y) + \frac{\partial F}{\partial u'_z}\cos(e_n, e_z) \right] \mathrm{d}S +$$

$$\varepsilon \oiint_S \frac{\partial B}{\partial u}\eta \,\mathrm{d}S = 0 \tag{4.54}$$

同样，上述变分方程的解必等价于以下边值问题的解答，即

$$\frac{\partial F}{\partial u} - \frac{\partial}{\partial x}\left(\frac{\partial F}{\partial u'_x}\right) - \frac{\partial}{\partial y}\left(\frac{\partial F}{\partial u'_y}\right) - \frac{\partial}{\partial z}\left(\frac{\partial F}{\partial u'_z}\right) = 0 \ (r \in V) \tag{4.55a}$$

$$\frac{\partial B}{\partial u} + \frac{\partial F}{\partial u'_x}\cos(e_n, e_x) + \frac{\partial F}{\partial u'_y}\cos(e_n, e_y) + \frac{\partial F}{\partial u'_z}\cos(e_n, e_z) = 0 \ (r \in S) \tag{4.55b}$$

由此可见，若假设变分问题为

$$J[\varphi(x, y, z)] = \iiint_V \left\{ \frac{\varepsilon}{2}\left[\left(\frac{\partial \varphi}{\partial x}\right)^2 + \left(\frac{\partial \varphi}{\partial yx}\right)^2 + \left(\frac{\partial \varphi}{\partial z}\right)^2 \right] - \rho\varphi \right\} \mathrm{d}V +$$

$$\oiint_S \varepsilon \left(\frac{1}{2}f_1\varphi^2 - f_2\varphi \right) \mathrm{d}S = \min \tag{4.56}$$

则根据变分方程 $\delta J = 0$，由其对应的尤拉方程的定解问题（式 4.55a 和式 4.55b）可知与上述变分问题（式 4.56）等价的边值问题为

$$\frac{\partial^2 \varphi}{\partial x^2} + \frac{\partial^2 \varphi}{\partial y^2} + \frac{\partial^2 \varphi}{\partial z^2} = -\frac{\rho}{\varepsilon} \ (r \in V) \tag{4.57a}$$

$$\frac{\partial \varphi}{\partial n} + f_1\varphi = f_2 \ (r \in S) \tag{4.57b}$$

式（4.57a）和式（4.57b）即为泊松方程的第三类边值问题。

显而易见，若令第三类边界条件（式 4.57b）中的 $f_1(r_b) = f_2(r_b) = 0$，则得如下泊松方程的齐次第二类边值问题：

$$\frac{\partial^2 \varphi}{\partial x^2} + \frac{\partial^2 \varphi}{\partial y^2} + \frac{\partial^2 \varphi}{\partial z^2} = -\frac{\rho}{\varepsilon} \ (r \in V) \tag{4.58a}$$

$$\left. \frac{\partial \varphi}{\partial n} \right|_s = 0 \tag{4.58b}$$

不难看出，其等价变分问题可基于式（4.56），通过令该式中 $f_1 = f_2 = 0$，得知为

$$J[\varphi(x, y, z)] = \iiint_V \left\{ \frac{\varepsilon}{2}\left[\left(\frac{\partial \varphi}{\partial x}\right)^2 + \left(\frac{\partial \varphi}{\partial y}\right)^2 + \left(\frac{\partial \varphi}{\partial z}\right)^2 - \rho\varphi \right] \right\} \mathrm{d}V = \min \tag{4.59}$$

由此可知，第二类或第三类边界条件在变分问题中被包含在泛函达到极值的要求中，不必单独列出。此外，还可证明场域内不同媒质分界面上的边界条件也包含在泛函达到极值的要求之中，且系自动满足，不必另行处理。因此，常称这些边界条件为自然边界条件，而相应的变分问题（式 4.56）或（式 4.59）称为无条件变分问题。但对于第一类边界条件，则在变分问题中与在边值问题中一样，必须作为定解条件列出。换句话说，变分问题的极值函数解必须在满足这一边界条件的函数类中去寻求。因此，称这类边界条件为

强制边界条件，而相应的变分问题称为条件变分问题。

从上述各类变分问题中可以看出，与能量积分对应的泛函 $J[\varphi(r)]$ 二次地依赖于函数 φ 及其偏导数，故又称 $J[\varphi(r)]$ 为函数 φ 的二次泛函，而相应的变分问题即称为二次泛次函的极值问题。对于磁场问题，同样可构成由标量磁位 φ_m 或矢量磁位 A 所描述的二次泛函 $J[\varphi_m]$ 或 $J[A]$，得到与给定边值问题等价的变分问题。

4.3.2.3 有限元法的基本原理

基于前述有限元法的变分原理，通常有限元法的应用步骤是：

(1) 给出与待求边值问题相应的泛函及其等价变分问题。

(2) 应用有限单元剖分场域，并选取相应的插值函数。

(3) 把变分问题离散化为一个多元函数的极值问题，导出一组联立的代数方程（有限元方程）。

(4) 选择适当的代数解法，解有限元方程，即得待求边值问题的近似解（数值解）。

现以二维拉普拉斯场的第一类边值问题所对应的等价变分问题（式4.51a、式4.51b）为例，由此展述有限元法实施的全过程。

A 有限元剖分及分片插值与基函数

在对平面域 D 进行离散化（部分）处理时，可采用多种几何剖分与相应的分片插值的方法，这里讨论最常用的三角元剖分与相应的三顶点线性插值方法。

a 三角元剖分

将电磁场的场域 D 剖分为有限个互不重叠的三角形有限单元（简称三角元），如图 4.5 所示。剖分时要求任一三角元的顶点必须同时也是其相邻三角元的顶点，而不能是相邻三角元边上的内点。当遇到不同媒质的分界线 L' 时，不容许有跨越分界线的三角元。剖分一直推延到边界 L，如边界为曲线，即以相应的边界三角元中的一条边予以逼近。三角元可大可小，考虑到计算精度需要，应避免出现太尖或太钝的三角元，且应根据具体要求确定部分密度。

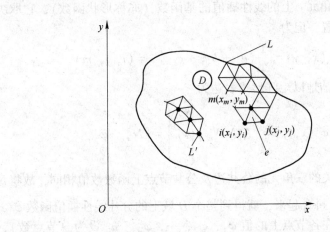

图 4.5 场域 D 的三角元剖分问题

对于三角元顶点（称为节点）的编号，出于压缩存储量、简化程序及减少计算量的考虑，宜以同一三角元三顶点编号相差不太悬殊，依次连续编号为原则。当存在多种媒质时，则宜按物理性质区域的划分，逐个区域按序连续编号。鉴于以后分析的需要，如图4.5所示，对任一三角元 e（单元编号 $e = 1, 2, \cdots, e_0$），其三顶点的节点编号还应按逆时针顺序建立局部编码序，标记为 i、j、m。

b　分片线性插值与基函数

基于上述有限元的剖分，在各个三角元 e 内，分别给定对于 x、y 呈线性变化的插值函数

$$\widetilde{\varphi}^e(x, y) = \alpha_1 + \alpha_2 x + \alpha_3 y \tag{4.60}$$

以此近似替代该三角元内的待求变分问题解 $\varphi(x, y)$。式（4.60）中的待定系数 α_1、α_2 和 α_3，可由该三角元 e 的节点上的待定函数值（分别记为 φ_i、φ_j 和 φ_m）与节点坐标决定，即按式（4.60）对 3 个节点 i、j、m 列出待定函数值与其坐标之间的 3 个关系式，然后联立求解可得

$$\begin{cases} \alpha_1 = \dfrac{a_i \varphi_i + a_j \varphi_j + a_m \varphi_m}{2\Delta} \\[2mm] \alpha_2 = \dfrac{b_i \varphi_i + b_j \varphi_j + b_m \varphi_m}{2\Delta} \\[2mm] \alpha_3 = \dfrac{c_i \varphi_i + c_j \varphi_j + c_m \varphi_m}{2\Delta} \end{cases} \tag{4.61}$$

式中，$a_i = x_j y_m - x_m y_j$，$b_i = y_j - y_m$，$c_i = x_m - x_j$，而 a_j，b_j，c_j，$\cdots$，c_m 各系数则可按 i，j，m 指标顺序置换而得；$\Delta = \dfrac{1}{2}(b_i c_j - b_j c_i)$ 为三角元 e 的面积。于是，可得定义于三角元 e 上的线性插值函数为

$$\begin{aligned} \widetilde{\varphi}^e(x, y) &= \frac{1}{2\Delta}\left[(a_i + b_i x + c_i y)\varphi_i + (a_j + b_j x + c_j y)\varphi_j + (a_m + b_m x + c_m y)\varphi_m \right] \\ &= \sum_{i, j, m} \varphi_s N_s^e(x, y) \end{aligned} \tag{4.62}$$

式中，$N_s^e(x, y)$ 称为三角元 e 上的线性插值的基函数（亦称形状函数），它取决于单元的形状及其相应节点的配置，记为

$$N_s^e(x, y) = \frac{1}{2\Delta}(a_s + b_s x + c_s y) \quad s = (i, j, m) \tag{4.63}$$

由此，式（4.62）可简洁地以矩阵形式表达为

$$\widetilde{\varphi}^e(x, y) = \left[N_i^e N_j^e N_m^e \right] \begin{Bmatrix} \varphi_i \\ \varphi_j \\ \varphi_m \end{Bmatrix} = [N]_e \{\varphi\}_e \tag{4.64}$$

可以看出，因在相关的三角元的公共边及公共节点上函数数值相同，故将每个三角元上构造的函数 $\widetilde{\varphi}^e(x, y)$ 拼合起来，就得到整个 D 域上的分片线性插值函数 $\widetilde{\varphi}(x, y)$。显然，它取决于待求函数在各节点上的值 φ_1，φ_2，$\cdots$，φ_{n_0}（n_0 设为总节点数），是关于 D 域的连续函数。它也就是前述在分片解析的有限元子空间中所构造的近似解。

B　变分问题的离散化与有限元方程

在三角元剖分、线性插值的基础上，变分问题离散化的过程如下：

a　单元分析

根据三角元剖分，二次泛函可表达为遍及所有单元的能量积分的总和。即

$$J[\varphi] = \sum_{e=1}^{e_0} J_e[\varphi] \tag{4.65}$$

式中，$J_e[\varphi]$ 表示三角元 e 所对应的能量积分，由前分析可知，应为

$$J_e[\varphi] \approx J_e[\widetilde{\varphi}^e] = \iint_{De} \frac{\varepsilon}{2}\left[\left(\frac{\partial \widetilde{\varphi}^e}{\partial x}\right)^2 + \left(\frac{\partial \widetilde{\varphi}^e}{\partial y}\right)^2\right]\mathrm{d}x\mathrm{d}y \tag{4.66}$$

因为

$$\frac{\partial \widetilde{\varphi}^e}{\partial x} = \frac{b_i\varphi_i + b_j\varphi_j + b_m\varphi_m}{2\Delta} \tag{4.67}$$

所以

$$\iint_{De}\varepsilon\left(\frac{\partial \widetilde{\varphi}^e}{\partial x}\right)^2\mathrm{d}x\mathrm{d}y = \frac{\varepsilon}{4\Delta}(b_i\varphi_i + b_j\varphi_j + b_m\varphi_m)^2$$

$$= \frac{\varepsilon}{4\Delta}[\varphi_i\varphi_j\varphi_m]\begin{bmatrix} b_ib_i & b_ib_j & b_ib_m \\ b_jb_i & b_jb_j & b_jb_m \\ b_mb_i & b_mb_j & b_mb_m \end{bmatrix}\begin{Bmatrix}\varphi_i \\ \varphi_j \\ \varphi_m\end{Bmatrix} = \{\varphi\}_e^{\mathrm{T}}[K_1]_e\{\varphi\}_e \tag{4.68}$$

式中，$[K_1]_e = \dfrac{\varepsilon}{4\Delta}\begin{bmatrix} b_ib_i & b_ib_j & b_ib_m \\ b_jb_i & b_jb_j & b_jb_m \\ b_mb_i & b_mb_j & b_mb_m \end{bmatrix} \tag{4.69}$

同理可得

$$\iint_{De}\varepsilon\left(\frac{\partial \widetilde{\varphi}^e}{\partial y}\right)^2\mathrm{d}x\mathrm{d}y = \{\varphi\}_e^{\mathrm{T}}[K_2]_e\{\varphi\}_e \tag{4.70}$$

式中，$[K_2]_e = \dfrac{\varepsilon}{4\Delta}\begin{bmatrix} c_ic_i & c_ic_j & c_ic_m \\ c_jc_i & c_jc_j & c_jc_m \\ c_mc_i & c_mc_j & c_mc_m \end{bmatrix} \tag{4.71}$

因此，$J_e[\widetilde{\varphi}^e] = \dfrac{1}{2}\{\varphi\}_e^{\mathrm{T}}[K_1]_e\{\varphi\}_e + \dfrac{1}{2}\{\varphi\}_e^{\mathrm{T}}[K_2]_e\{\varphi\}_e = \dfrac{1}{2}\{\varphi\}_e^{\mathrm{T}}[K]_e\{\varphi\}_e \tag{4.72}$

式中，$[K]_e = [K_1]_e + [K_2]_e = \begin{bmatrix} K_{ii}^e & K_{ij}^e & K_{im}^e \\ K_{ji}^e & K_{jj}^e & K_{jm}^e \\ K_{mi}^e & K_{mj}^e & K_{mm}^e \end{bmatrix} \tag{4.73}$

这一三阶方阵是单元电场能的离散矩阵，故可称为单元电场能系数矩阵，它是一个对称阵，其元素的一般表达式为

$$K_{rs}^e = K_{sr}^e = \frac{\varepsilon}{4\Delta}(b_rb_s + c_rc_s) \tag{4.74}$$

b 总体合成

按式（4.65），为了得到整个 D 域内二次泛函 $J[\varphi]$ 关于节点点位的离散表达式，首先必须把式（4.72）作适当地改写，即把 $\{\varphi\}_e$ 扩充为 $\{\varphi\}$（$\{\varphi\}$ 系由全部节点点位值按节点编号顺序排成的一个 n_0 阶列阵）；把 $[K]_e$ 扩充为 $[\bar{K}]_e$（$[\bar{K}]_e$ 是在式（4.74）所示的 $[K]_e$ 基础上，按节点编号序展开行与列，构成的 n_0 阶方阵，其中除行、列数分别为 i，j，m 时存在有 9 个原的元素外，其余各行、列的元素都应为零元素）。经这样处理后，式（4.73）可改写为

$$J_e[\widetilde{\varphi}] = \frac{1}{2}\{\varphi\}^{\mathrm{T}}[\bar{K}]_e\{\varphi\} \tag{4.75}$$

于是，总体的能量积分，即二次泛函 $J[\varphi]$ 也就离散化为

$$J[\varphi] \approx J[\widetilde{\varphi}] = \sum_{e=1}^{e_0} J_e[\widetilde{\varphi}] = \frac{1}{2}\{\varphi\}^{\mathrm{T}}\Big(\sum_{e=1}^{e_0}[\bar{K}]_e\Big)\{\varphi\} = \frac{1}{2}\{\varphi\}^{\mathrm{T}}[K]\{\varphi\} \tag{4.76}$$

式中，$[K]$ 可称为总电场能系数矩阵。由于 $[K] = \sum_{e=1}^{e_0}[\bar{K}]_e$，根据矩阵的运算，可以看出总电场能系数矩阵的元素

$$K_{ij} = \sum_{e=1}^{e_0} K_{ij}^e \ (i, j = 1, 2, \cdots, n_0) \tag{4.77}$$

这就是说，凡下标相同的单元电场能系数矩阵的元素（如 $K_{rs}^{e'}$ 和 $K_{rs}^{e''}$ 等）都应予以相加，形成总电场能系数矩阵中同一下标的元素（K_{rs}）。由此也就可以判定，$[K]$ 是一个对称阵。这样，由式（4.76）可见，变分问题（式 4.46a）被离散化为如下的多元二次函数的极值问题

$$J[\varphi] \approx J(\varphi_1, \varphi_2, \cdots, \varphi_{n_0}) = \frac{1}{2}\{\varphi\}^{\mathrm{T}}[K]\{\varphi\} = \frac{1}{2}\sum_{i,j=1}^{n_0} K_{ij}\varphi_i\varphi_j = \min \tag{4.78}$$

根据函数极值理论，应有 $\dfrac{\partial J}{\partial \varphi_i} = 0 (i = 1, 2, \cdots, n_0)$，故由式（4.78）即得

$$\sum_{j=1}^{n_0} K_{ij}\varphi_j = 0 \ (j = 1, 2, \cdots, n_0) \tag{4.79}$$

或表示为矩阵形式

$$[K]\{\varphi\} = \{0\} \tag{4.80}$$

最终获得了所要求解的多元线性代数方程组，即所谓有限元方程。

C 有限元方程的求解与强制边界条件的处理

在得出有限元方程之后，可以选择代数解法求值。但必须强调的是，对于条件变分问题，由于强制边界条件（式 4.40b）意味着位于边界 L_i 上的各节点点位值是被给定的，它们无需通过有限元方程求解；相反地，却正是在给定这些边界节点点位值的基础上去推求其余各节点点位值。因此，在解有限元方程前，还必须进行强制边界条件的处理。

强制边界条件处理的方法将因代数方程组的解法而异。若运用迭代法求解，则凡遇到边界节点所对应的方程均不进行迭代，使该节点点位始终保持初始给定值，此时就不必单独进行边界条件的处理。但若选用直接法（高斯消去法）时，则处理方法为：如果已知 n

号的节点为边界节点，其电位值为 $\varphi_n = \varphi_0$，这时应将主对角线元素 K_{nn} 置 1，n 行和 n 列的其他元素全部置零，而右端改为给定电位值 φ_0；其余方程的右端要同时减去该节点电位与未处理前对应的 n 列中的系数的乘积。经上述方法处理后，式（4.80）应修改为

$$\begin{bmatrix} & & & 0 & & & \\ & & & 0 & & & \\ & & & \vdots & & & \\ 0 & 0 & \cdots & 1 & \cdots & 0 & 0 \\ & & & \vdots & & & \\ & & & 0 & & & \\ & & & 0 & & & \end{bmatrix} \begin{Bmatrix} \varphi_1 \\ \varphi_2 \\ \vdots \\ \varphi_n \\ \vdots \\ \varphi_{n_0} \end{Bmatrix} = \begin{Bmatrix} -K_{1n}\varphi_0 \\ -K_{2n}\varphi_0 \\ \vdots \\ \varphi_0 \\ \vdots \\ -K_{(n_0, n)}\varphi_0 \end{Bmatrix} \tag{4.81}$$

此时待求的代数方程组形式为

$$[K']\{\varphi\} = \{P'\} \tag{4.82}$$

调用相应的计算程序，即可求得方程组（式 4.82）的解答，也就是待求边值问题——拉普拉斯场的离散解（数值解）$\varphi_1, \varphi_2, \cdots, \varphi_{n_0}$。

D 系数矩阵 $[K]$ 的存储

由于数值计算精度要求有足够的有限元剖分密度，因此有限元方程往往是大型代数方程组，从而系数矩阵 $[K]$ 的存储是程序编制中的一个值得深入分析的问题。为此有必要考察系数矩阵的特点。首先，前已指出，系数矩阵是对称阵，这就表明只需存储其下三角部分（含主对角线在内）的元素，由此可压缩将近一半的存储量；其次，注意到基函数 $N_s^e(x, y)$ 的局部非零性，即对场域 D 内任意点 P 有

$$N_s^e(P) = \begin{cases} N_s^e(P)（若 P 点位于单元 e 内） \\ 0（若 P 点不在单元 e 内） \end{cases} \quad s = (i, j, m) \tag{4.83}$$

这就决定了系数矩阵的稀疏性。换句话说，其非零元素不多，且在节点编号合理的情况下，这些非零元素将集中分布在主对角线两侧带状区域内。故为进一步压缩系数矩阵元素的存储量，常采用变带宽存储技术或更经济的非零元素存储技术，这样就可以有效地形成有限元方程组，并解决大型方程求解在计算机内存储量与计算经济性方面所面临的现实困难。

4.3.3 积分法

积分方程法（VIEM）的基础是麦克斯韦方程的积分形式。通过对场中源区的离散，便可获得对应的代数方程，并数值求解。然后，再根据毕奥-沙伐定律求解域中每个点场量的数值。这与有限差分法和有限元法是基于边值问题的微分形式方程的离散化数值处理不同。积分方程法对于线性问题具有较高的精确度，并仅需对场的源及非线性区进行剖分，因此剖分数据准备简单，代数方程求解工作量小，占用计算机的内存量也较小。但对于非线性问题，其最终形成的代数方程是具有非对称性、非稀疏性的代数矩阵，特别是该矩阵中各元素是由二重积分或三重积分而获得的，具有超越函数或椭圆函数等复杂形式，计算量较大。

数值积分法是数值计算方法应用中的基本内容之一，它不仅奠定了各种类型积分表达

式数值求积的基础，而且随着数值计算方法的日益发展，已成为多种数值方法构造中必不可少的组成部分。在电磁场的分析计算中，对于无限大、均匀且各向同性的媒质，当已知场源分布求场分布时，基于库仑定律或毕奥-沙伐定律，均可导出关于场景、位函数的积分表达式。例如，在极化场和磁化场的分析中，即已给出相应的积分表达式，而数值积分法就为获得这些场景、位函数积分表达式的精确解，提供了最一般性的计算方法和工具。此外，也正是在这样的基础上，数值积分法可以满足工程上由各种分布形态的场源所激励的场分布，以及有关电磁参数、能量和力等积分量计算的需要，并进而成为得出多种电磁场数值计算方法（如模拟电荷法、等参数有限元法和边界元法等）数值解的必要基础。

数值积分在理论与应用方面都已有较为深广的发展。本节从介绍和讨论常用的几种基本的数值积分方法着手，结合计算机程序的编写和应用，在电磁场场景、位函数或相关积分量的积分表达式不可能通过熟知的微积分学的求积方法获得其精确值时，讨论怎样基于数值求积方法算出各类积分式，满足一定精度要求的近似值。

数值积分实质上是一种近似的求积方法，即通过构造被积函数的某种线性组合的逼近函数来近似求其积分值，所以也称为近似求积法。具体地说，如函数 $f(x)$ 的定积分 $\int_a^b f(x)\,\mathrm{d}x = F(b) - F(a)$，当被积函数 $f(x)$ 的原函数 $F(x)$ 无法用初等函数表达时，则可以用另一具有足够逼近精度的简单函数 $g(x)$ 来近似替代函数 $f(x)$，而 $g(x)$ 通常取为 $f(x)$ 的代数插值函数或样条函数，于是有

$$\int_a^b f(x)\,\mathrm{d}x \approx \int_a^b g(x)\,\mathrm{d}x \tag{4.84}$$

对应于式中 $g(x)$ 不同的函数构造，即可获得不同的数值求积公式。应当指出，当积分区间 $[a, b]$ 较大时，常先将积分区间分成 n 个等长的小区间，并在每个小区间上采用相应的数值求积公式计算积分的近似值，然后将这些近似值求和，即得所求积分的如下近似值

$$\int_a^b f(x)\,\mathrm{d}x \approx \sum_{i=1}^n \int_{x_i}^{x_i+1} g(x)\,\mathrm{d}x \tag{4.85}$$

经上述处置得以提高数值积分精度的求积公式，也称为复合的数值求积公式。本节所讨论的求积公式在不加说明时，均指复合的数值求积公式（亦称变步长的求积公式）。

4.4　流体方程的数值解析

4.4.1　流体方程解析基础

流体力学数值方法有很多种，其数学原理各不相同，但有两点是所有方法都具备的，即离散化和代数化。总的来说，其基本思想是：将原来连续的求解区域划分成网格或单元子区域，在其中设置有限个离散点（称为节点），将求解区域中的连续函数离散为这些节点上的函数值；通过某种数学原理，将作为控制方程的偏微分方程转化为联系节点上待求函数值之间关系的代数方程（离散方程），求解所建立起来的代表方程，以获得求解函数的节点值。不同的数值方法，其主要区别在于求解区域的离散方式和控制方程的离散方式上。

4.4.2 流体方程解析方法

在流体力学数值方法中，应用比较广泛的是有限差分法、有限元法、边界元法、有限体积法和有限分析法，现简述如下。

4.4.2.1 有限差分法

有限差分法是最早采用的数值方法。它将求解区域划分为矩形或正交曲线网格，在网格线交点（即节点）上，将控制方程中的每一个微商用差商来代替，从而将连续函数的微分方程离散为网格节点上定义的差分方程，每个方程中包含了本节点及其附近一些节点上的待求函数值，通过求解这些代数方程，就可获得所需的数值解。有限差分法的优点是它建立在经典的数学逼近理论的基础上，容易为人们理解和接受；其主要缺点是对于复杂流体区域的边界形状处理不方便，处理不好将影响计算精度。

4.4.2.2 有限元法

有限元法的基本原理是把适当的微分问题的解域进行离散化，将其剖分成相联结又互不重叠的具有一定规则几何形状的有限个子区域（如：在二维问题中可以划分为三角形或四边形；在三维问题中可以划分为四面体或六面体等）。这些子区域称之为单元，单元之间以节点相联结。函数值被定义在节点上，在单元中选择基函数（又称插值函数），以节点函数值与基函数的乘积的线性组合成单元的近似解来逼近单元中的真解。利用古典变分方法（里兹法或伽辽金法）由单元分析建立单元的有限元方程，然后组合成总体有限元方程，考虑边界条件后进而求解。由于单元的几何形状是规则的，因此在单元上构造基函数可以遵循相同的法则，每个单元的有限元方程都具有相同的形式，可以用标准化的格式表示，其求解步骤也就变得很规范，即使是求解域剖分各单元的尺寸大小不一样，其求解步骤也不用改变。这就为利用计算机编制通用程序进行求解带来了方便。

有限元法的主要优点是对于求解区域的单元剖分没有特别的限制，因此特别适合处理具有复杂边界流场的区域。

4.4.2.3 边界元法

边界元法（BIEM）是在经典积分方程和有限元法基础上发展起来的求解微分方程的数值方法，其基本思想是：（1）将微分方程相应的基本解作为权函数，应用加权余量法并应用格林函数导出联系解域中待求函数值与边界上的函数值与法向导数值之间关系的积分方程。（2）令积分方程在边界上成立，获得边界积分方程。该方程表述了函数值和法向导数值在边界上的积分关系，而在这些边界值中，一部分是在边界条件中给定的，另一部分是待求的未知量。边界元法就是以边界积分方程作为求解的出发点，求出边界上的未知量。在所导出的边界积分方程基础上利用有限元的离散化思想，把边界离散化，建立边界元代数方程组，求解后可获得边界上全部节点的函数值和法向导数值。（3）将全部边界值代入积分方程中，即可获得内点函数值的计算表达式，它可以表示成边界节点值的线性组合。

边界元法的优点是：将全解域的计算化为解域边界上的计算，使求解问题的维数降低了一维，减少了计算工作量；能够方便地处理无界区域问题。例如对于势流等的无限区域问题，使用边界元法求解时，由于基本解满足无穷远处边界条件，在无穷远处边界上的积分恒等于零，因此对于无限区域问题，例如具有无穷远边界的势流问题，无需确定外边界，只需在内边界上进行离散即可。边界元法的精度一般高于有限元法。边界元法的主要缺点是边界元方程组的系数矩阵是不对称的矩阵，该方法目前只适用于解决线性问题。

4.4.2.4　有限体积法

有限体积法又称为控制体积法，其导出离散方程的基本思路为：

（1）将计算区域划分为一系列不重复的控制体积，每一个控制体积都有一个节点作代表，将待求的守恒型微分方程在任一控制体积及一定时间间隔内对空间与时间作积分；

（2）对待求函数及其导数对时间及空间的变化型线或插值方式作出假设；

（3）对步骤（1）中各项按选定的型线作出积分并整理成一组关于节点上未知量的离散方程。

有限体积法着重从物理观点来构造离散方程，每一个离散方程都是有限大小体积上某种物理量守恒的表示式，推导过程物理概念清晰，离散方程系数具有一定的物理意义，并可保证离散方程具有守恒特性。这是有限体积法的主要优点。

就离散方法而言，有限体积法可视作有限元法和有限差分法的中间物。该方法的主要缺点是不便对离散方程进行数学特性分析。

4.4.2.5　有限分析法

从某种意义上说，有限分析法是在有限元法基础上发展起来的一种数值方法。其基本思想是：将求解区域划分成矩形网格，网格线的交点为计算节点，每个节点与相邻的四个网格组成一个计算单元，即一个计算单元由一个中心节点与 8 个相邻节点组成；在每个单元中函数的近似解不是像有限元方法那样采用单元基函数的线性组合来表达，而是以单元中未知函数的分析解来表达；为了获得单元中的分析解，单元边界条件采用插值函数来逼近，在单元中把控制方程中非线性项局部线性化，如 N-S 方程中的对流项中认为其流速为已知，并对单元中待求函数的组合形式作出假设，找出其系数用单元边界节点上待求函数值表达的分析解；利用单元分析解确定单元中心节点与 8 个相邻节点间待求函数值之间关系的一个代数方程，称为单元有限分析方程；将所有内点上的单元有限分析方程联立，就构成总体有限分析方程，通过代数方程组求解，即可获得求解区域中全部离散点的函数值。

虽然有限分析解获得的是求解区域中离散点的函数值，但是由于每个单元内部都有与其中心节点对应的分析解表达式，因此有限分析解在每一个节点的局部区域内都是连续可微的。这对于需要计算求解函数导数的计算流体力学问题具有明显的优势。该计算方法与有限元、有限差分法比较，具有较高的精度。此外，有限分析法具有自动迎风特性，能准确地模拟对流项，同时不存在数值振荡失真问题。有限分析法的缺点是对复杂形状的求解区域适应性较差。

4.5　电磁场的解析方法

电磁学问题的数值求解方法可分为时域和频域两大类。频域技术主要有矩量法、有限差分法等。频域技术发展得比较早，也比较成熟。时域法主要有时域差分技术。时域法的引入是基于计算效率的考虑，某些问题在时域中讨论起来计算量要小。例如求解目标对冲激脉冲的早期响应时，频域必须在很大的带宽内进行多次采样计算，然后做傅里叶反变换才能求得解答，计算精度受到采样点的影响。若有非线性部分随时间变化，采用时域法更加直接。另外还有一些高频方法，如 GTD、UTD 和射线理论。

从求解方程的形式看，也可以分为两类。

（1）积分方程法（IE）。如：直接积分法、边界元法、矩量法等。

（2）微分方程法（DE）。如：有限差分法、有限元法等。

IE 和 DE 相比，特点见表 4.1。

表 4.1　积分方程法与微分方程法的比较

项　　目		积分方程法	微分方程法
共　性		对场问题的处理思想是一致的，即需离液共性化场域，结果为窝散解（数值解）	
不同点	离散域	仅在场源区，无需对全场域进行离散	整个场域
	计算对象	场量	先求位函数，再求场量
	求解域	可在场域内某一局部区域内求解；也可在全场域内求解	全场域内求解
	计算程度	较高	较低
	应用	不适用边界形状复杂的场域	边界形状复杂的场域较易处理
联系		两种方法的结合形式，可处理较复杂的电磁场问题	

思 考 题

4-1　现代工程分析中的数值分析方法主要有哪些，这些方法的本质是什么？

4-2　在求解方程获得数值结果时，是否可以将求解区域离散成节点群，但是没有网格进行求解？

4-3　非定常流动可分为哪几类，都有什么特点？

4-4　在以前的课程中学习过的解析法有哪些，解析法的优点有哪些？

4-5　流体力学数值方法的基本思想是什么？

4-6　用有限元法分析实际工程问题时有哪些基本步骤，需要注意什么问题？

4-7　有限元划分网格的基本原则是什么？

5　电磁铸造

21世纪是新材料和材料先进制造技术迅速发展和广泛应用的时代。材料与信息、能源共同构筑现代文明的三大支柱，是人类社会赖以生存和发展的物质基础，是制造加工业的基础。从某种角度讲，金属材料工业尤其钢铁工业的发展，是衡量一个国家工业化水平高低的重要标志。

钢铁工业属资源密集型和资金密集型产业，具有原材料、能源和水的消耗量大，运输量大等显著特点，需要进行大量的基本建设，这样就带动了机械制造、电力、化工、煤炭、建筑业等行业的发展，对整个国民经济发展的贡献极大。铁是地球上赋存最丰富的元素，其成因类型多种多样。由于钢铁材料在基础原材料中保持中心地位，所以在相当长的时间内，钢铁材料在强度、加工性能、价格、生产工艺、用途等方面的优势，都是其他材料不能比的。在各种基础材料"比强度折算价格"中，钢材还是最廉价的，因而占有统治地位。因此，从目前来看，仍然没有任何材料能够全面替代钢铁，钢铁工业仍将是世界经济发展的支柱产业。

在电磁铸造过程中，液面的形状和波动对于铸坯的成形影响极大，电磁铸造过程中，任何轻微的液面波动，都会在铸坯表面形成凹凸痕迹。金属液面的剧烈晃动，轻则使铸锭形状不规则，重则甚至会使铸造过程无法进行。在连铸过程中，结晶器内金属液面的稳定性对铸坯质量有着很大影响；铸坯表面振痕起源于液面的变形，而铸坯表面横裂、角部横裂主要发生在振痕的谷底处；液面区域金属波动的传播导致保护渣铺展不均匀，易产生裂纹；金属液面波动的加剧造成保护渣的卷入和振痕的加深。前人采用实验方法，研究了当线圈通入低频、中频和高频电流时感应器内电磁场的分布规律；采用低熔点伍德合金，借助先进激光测位传感器，系统研究了在不同频率电磁场作用下液体金属液面的形状和波动情况。

5.1　电磁铸造的发展

传统的铸造生产主要采用金属锭模铸造。它的生产过程是非连续的，受凝固条件所限制，铸锭凝固组织中晶粒粗大、成分和致密度不均匀，而且需要进行切头去尾、开坯、初轧等工艺过程，不仅耗费大量能源，而且金属收得率很低。这种工艺方法沿用了数百年，能源危机的冲击和现代工业对优质金属材料的需求使其逐渐被废弃，代之以高效、节能、低成本、高质量的连续铸造方法。连铸技术是冶金工业的一次重大的技术革命，不仅实现了铸造生产的自动化，改善了劳动环境，提高了生产效率，减少了能源的消耗和材料的浪费，而且铸坯的质量和性能从根本上有了较大的提高。其本身的优越性决定了连铸技术的发展和广泛使用，尤其是近十几年来，连铸技术的发展极为迅速。

连续浇注液体金属的设想在150年多年以前就已经提出，受当时条件的限制，塞勒斯

（G. E. SellerS）等人提出的一些设想只能用于低熔点有色金属如铅的浇注。最早关于类似现代连铸设备的建议是 1887 年由德国人戴伦（R. M. Daelen）提出的。在他们的设备中，包括有水冷的、上下口敞开的结晶器，液态金属流的注入口，二次冷却段、引锭杆、夹棍和铸坯切割装置等。但此前阶段钢坯粘膜及钢液拉漏现象极易发生，工艺不稳定，很难实现大规模生产。美国 Alcoa 公司发明了立式半连续铸造方法（Vertieal direct chill casting，简称 DC 法），用于生产铝合金铸锭。由于采用连续铸造方法具有占地少、投资省、效率高、成本低等优点，所以最初在有色金属熔炼中发展较快。

由于钢具有熔点高、凝固速度慢和生产规模大等特点，在工业规模上实现连续铸造困难很多，因此最初发展缓慢。在 1940 年代，由容汉斯在德国建成第一台浇注钢水的实验连铸机，并且提出了振动的水冷结晶器、浸入式水口和保护浇注等技术，这为现代连续铸钢奠定了基础。二次世界大战以后，世界各地相继建设了一些浇注钢的实验性和半工业性实验设备。50 年代连续铸钢技术开始工业化，从此连铸技术得到迅速发展。随着 70 年代国际能源危机的出现和连铸本身固有的节能优势以及连铸相关技术（大型氧气转炉、电磁搅拌技术等）在连铸生产中的广泛采用，促进了连续铸钢技术的大发展，无论在连铸理论、连铸生产，还是在铸坯品种、质量和连铸比等方面，都取得了很大的进步。

1960 年年中，苏联 Getselev 发明了电磁铸造法（EMC），1966 年用 EMC 制得了第一个铸锭，1969 年在工业上铸造了直径为 200~500mm 的铸锭。后来，由于它也适于铸造方锭，实际上用于铸造 300×（1250~1550）mm 的铸锭，在捷克斯洛伐克、匈牙利、东德等东欧各国进行了普及。西方各国，1973 年美国 Kaiser 公司引进了专利，同年 Alusuisse 公司也引进了该技术。此外，Alcoa、Reynolds、Pechiney 等公司的大型铝厂也都在同时期引进了该技术。日本的三菱化成公司在 1972 年 10 月也引进了该技术。

从苏联引进的 EMC 技术，基本是单块铸造的，距离西欧各国对多块铸造技术或大断面铸锭连续铸造技术的要求相差很远。引进之后，各公司还必须发展这种技术。Alusuisse 公司 1975 年在美国的分公司 Comalco 开始装备了实用的成套设备，投产了铸锭尺寸为 500×1300mm 的 4 块连续铸造设备。Kaiser 公司 1981 年完成了 500×1300mm 的 5 块连续铸造设备。现在，在引进 EMC 技术过程中，达到工业实用化的只有 Kaiser 及 Alusuisse 两个公司，它们都是在引进基本技术后经过数年才达到实用化。在 EMC 实用化方面不可缺少的是电子计算机控制的铸造自动化。目前，EMC 可以说是变成了技术水平高的铸造方法。

美国 Olin 公司发明了一种生产透平机叶片的电磁铸造法，其结晶器可由齿轮带动旋转，感应线圈做成透平机叶片的截面形状。其采用电磁铸造技术成功地铸出了商用大截面铜合金锭与薄铜带。最有吸引力的是采用电磁铸造技术生产钢坯。从理论上讲，加大感应器电流、增加压力，能够实现钢坯的电磁铸造。但由于钢的熔点高、熔化潜热大、导热性差，生产控制比较困难。此外，用电磁铸造法生产钢坯在经济上的合理性，还缺乏充分的论证。在电磁铸造过程中，调节外加电流的大小可以改变铸锭的截面尺寸，齿轮缓缓转动，使拉出的铸锭成为螺旋状。此外，还有生产管棒材、薄板的电磁铸造技术的报道。美国 GE 公司开发出的一种专门用于生产管棒材的 GELC 法装置，巧妙地利用行波磁场向上的推力抵消重力，环形线圈向轴线方向的挤压力使液态金属脱离结晶器壁后凝固，工艺过程稳定且便于调整。

我国的电磁铸造技术研究起步也较早，1970 年代中期，东北轻合金加工厂就开始这方面的研究，并于 1982 年试制出铝合金圆锭。但因缺乏基础理论和配套设备的系统研究，工艺操作难度较大，没有实现自动控制，致使这一技术实际上被搁置起来，未能在生产中发挥应有作用。"七五"期间，中国有色金属工业总公司主持将铝合金方锭的电磁铸造方法列入国家攻关计划，组织大连理工大学、西南铝加工厂、北方工业大学、东北轻合金加工厂共同进行开发研究，并取得了一系列成果。1990 年代，大连理工大学电磁铸造实验室在国家自然科学基金和辽宁省科技基金的支持下，建立了电磁铸造中试基地，进行了铝合金电磁铸造的中试实验；优化设计出电磁感应器系统结构，确定了成型控制参数；铸造出多种优质铝合金铸锭，并对 EMC 温度场、应力场进行了实验与数值模拟的研究。

近液相线电磁铸造技术（简称 NLEMC）是整合 NLC 与 EMC 两者优点而形成的新的半固态制备技术。该技术具有方式简单、过程便于控制、不会污染合金、随后的流变成形工艺流程短等特点，因此，这种新型流变成型技术的应用前景十分光明。但是，目前关于该技术的报道不是很多，王平等人研究了 NLEMC 制备的流变浆料合金组织及流变成型件性能，并与 NLC 与 EMC 的流变浆料组织及流变成型件性能进行了比较。

相对于电磁铸造和电磁软接触细晶铸造（CREM），低频电磁铸造（LFEC）采用更低的电磁场频率，获得了更大的磁场渗透深度，有利于提高铸锭组织均匀性和获得更好的组织细化效果。实验研究表明，低频电磁铸造对铸锭具有显著的晶粒细化作用。目前关于电磁场细化组织的机理，一般认为是电磁场引起强制对流，强制对流破碎或熔断枝晶臂，从而促进晶粒的增殖，但是也有学者认为熔体流动不足以破碎枝晶臂。枝晶臂的破碎或熔断可能对组织细化起到很重要的作用，特别是在施加电磁场的初始阶段，因为此时铸锭组织由枝晶组织转变为球形的等轴晶组织。可是，当低频电磁场进入稳定状态后，铸锭组织为球形或近球形的等轴晶组织，此时枝晶臂不发达或者没有枝晶臂，因此，枝晶臂的破碎或熔断难以发生。目前，电磁场细化组织的主要原因尚不清楚，需要进一步对电磁场细化组织机理进行研究。

由于高强铝合金的合金化程度高、铸造成型困难，采用传统的铸造方式，容易造成溶质偏析、裂纹、固溶不充分等缺陷，会降低合金的成材率、抗腐蚀性能和力学性能。电磁铸造技术用于铝合金铸造时，具有铸件表面光滑、组织细致均匀、偏析程度低、铸造速度快等优势。

董杰等研究了低频电磁铸造对铝合金固溶度的影响，分别考察了电磁场频率和电磁场强度对固溶度的影响：在 15~35Hz 的频率范围内，Zn、Mg、Cu 等溶质元素的固溶度随着频率的增加而降低；15Hz 时，各元素的溶质相对固溶百分数达到最大，分别为 83.5%、74.8% 和 47%。低于 20Hz 的电磁场虽然约束力和搅拌作用下降，但渗透深度增加，使得两相区的电磁感应强度增大，有利于提高合金元素的晶内固溶量；磁场强度越大，对合金元素的固溶促进作用也越大，0.2~0.25T 的磁场强度最有利于各元素固溶到晶粒中去。

王少华对普通连铸和电磁铸造两种方式铸造 Al-Zn-Mg-Cu-Zr 高强铝合金的情况做了对比，电磁铸造相比普通连铸，Zn、Mg、Cu 的晶内固溶度分别由 56%、62%、25% 提升至 79%、74%、44%。

EMC 技术自 20 世纪 60 年代问世以来，备受关注并获得迅速发展。除开发了水平的、立式的等不同方向的 EMC 技术外，还研究了不同金属及其合金电磁铸造的可能性，铝、铜、钢、镁、锌、铋等都成为电磁铸造的实验和研究对象。目前，铝及其合金的电磁铸造已大规模投入工业性生产，铜、钢的电磁铸造也成为研究的热点。日本已有钢的电磁铸造用于工业性试生产的报道。至于 EMC 的研究方法、手段也不断更新、现代化，尤其是高速、大容量电子计算机的出现，为高精度、高效率的数值计算提供了可行条件，也为解决各种场的耦合问题奠定了基础。

电磁流体力学的理论发展及其在整个金属冶金生产中的广泛技术应用，给冶金行业注入了巨大的活力。

5.2 电磁铸造原理

5.2.1 电磁铸造基本原理

电磁铸造采用感应线圈代替传统结晶器，依靠电磁压力和金属熔体表面张力，使金属熔体在自由表面状态下凝固。其基本原理如图 5.1 所示：当感应线圈中通交变电流 J_0 时，感应线圈周围产生交变磁场 H，由电磁场理论可知，处于交变磁场中的金属液将产生与感应线圈中电流方向相反的交变感应电流 J，感应电流与交变磁场相互作用在产生向内的电磁力 $F = J \times B$ 压迫下液体金属成型。

为使液柱侧面保持垂直，磁压力在液柱高度方向的分布必须与液柱静压力的分布一致，如图 5.1 (b) 所示，即满足

$$p_m + p_s = \rho g h$$

式中，p_m 为磁压力；p_s 为表面张力压力；ρ 为熔体密度；g 为重力加速度；h 为液柱高度。

为达此目的，在液柱上方设置一屏蔽罩，它同时起抑制熔体流动以稳定液柱的作用。冷却水在感应器下部喷向铸锭使液体金属凝固，铸机拖动底模向下运动，形成连铸过程。由上可知，电磁铸造技术彻底摆脱了传统的铸造概念，液体金属不与铸模接触，完全在电磁成型系统产生的电磁力下成型，并且在保持自由表面的状态下凝固。其表面接近镜面，又由于它受到较强磁场的电磁搅拌作用，金属内部组织得到改善，因此可获得优异的铸锭性能，实现了真正的无模铸造。

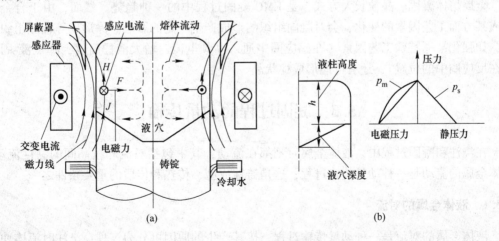

(a)   (b)

图 5.1　电磁铸造原理图

5.2.2　电磁铸造温度场分析

为确定电磁铸造过程的各项工艺参数，保证铸锭的质量，温度场的分析是十分必要的。电磁铸造过程中的温度场与普通连铸法相比有其特殊性，主要为：

（1）液态金属由电磁力加以约束，无模壁与之接触，因此不存在由模壁向外传热的过程。

（2）液相区存在着强烈的电磁搅拌作用，使得液相区内温差减少。液相区内温度变化很小，几乎看不出有过热度，液穴形状明显比 DC 法平坦。这主要是由于强烈的电磁搅拌作用使液相区内温度趋于一致，凝固界面拉平。此外，由于电磁感应的边部加热作用，促进边部的固液界面下移。还有冷却水直接喷在铸锭上，形成强烈的轴向冷却，造成近似定向凝固的传热方式，使液穴变平。

（3）受强电磁场作用，液柱以及铸锭的表面层受到强烈的感应加热作用，在外部冷却条件较差的情况下，这一加热作用甚至可使铸锭升温。

（4）冷却水直接喷在铸锭表面上，具有很高的冷却强度。

（5）存在对 EMC 过程影响很大的非稳态过渡区，即温度场是运动的。

由此可以看出，由于感应加热、电磁搅拌、强烈水冷、有一定铸速等特点的存在且它们之间又相互影响，从而使得 EMC 的传热过程非常复杂。

5.2.3　电磁铸造材料的宏观组织形成机理

电磁铸造材料的宏观组织一般为均匀、细小的等轴晶组织。

一般从热力学角度解释，枝晶机械断裂或熔断转变为新的晶核，在过冷度较大的情况下，晶核不易长大而生长为细小的等轴晶。常规铸造过程可看做是相对静止的，而 EMC 铸造过程由于磁场的作用一直处于强烈的对流传热传质过程，温度场、溶质场、流速场无时不在变化，因此说 EMC 过程是一个动态过程。在这种情况下，没有哪一个方向更占优势，因此也就决定了晶粒不会在某一方向上优先生长，整体趋于各向同性，最终形成等轴晶。

金属熔体凝固、晶粒长大方式，是 EMC 凝固过程中的一种趋势。然而，由于合金成分或某方面工艺因素的变化，会对凝固组织的形成产生一定的影响。除形成等轴晶组织之外，如强化某一特殊工艺因素（在感应圈中通入高频电流，增大液柱高度，降低液-固界面在反应圈中的位置），还有可能形成柱状晶。

5.3　凝固过程的动量传输

在浇注和凝固过程中，液体金属时刻都在流动，其中包括对流和枝晶间的黏性流动。液体金属的流动是一种动量传输过程，这是铸锭成型、传热和传质的重要条件之一。

5.3.1　液体金属的对流

液体金属的对流是一种动量传输过程，按其产生的原因可分为三种：浇注时流体冲击引起的动量对流，金属液内温度和浓度不均引起的自然对流，电磁场或机械搅拌及振动引起的强制对流。这三种对流统称为凝固过程中的动量传输。

动量对流常以紊流形式出现，并且由于金属的运动黏度系数很小，凝固进行相当长一段时间后才会消失，故对凝固过程产生许多不利的影响。对于连续铸锭，由于浇注和凝固同时进行，动量传输会连续不断地影响金属液的凝固过程，如不采取适当措施均布液流，过热金属液就会冲入液穴的下部。冲击对流强烈时，易卷入大量气体，增加金属的二次氧化和吸气，不利于夹渣的上浮。所以，浇注时应尽量避免强烈的冲击对流。

立式半连续铸锭过程中，在金属液面下垂直导入液流时，落点周围会形成一个循环流动的区域，成为涡流区。其特征是在落点中心产生向下的流股，在落点周围则引起一向上的流股，从而造成上下循环的对流。这种沿液穴轴向对流往下延伸的距离，即流柱在液穴中的穿透深度，与浇注速度、浇注温度、浇注下落高度、结晶器尺寸及注管直径等有关。当流柱穿透深度随其下落高度的增加而减小时，因为流柱下落高度增加，其散乱程度增大，卷入的气体多，气泡浮力对流柱的阻滞作用增强。流柱穿透深度随浇注速度增大而增大。随着结晶器断面尺寸的减小，气泡上浮的区域缩小，存留在流柱落点下方的气泡数量相应增多，对流柱的组织作用增强，因而流柱的穿透深度减小。同时，随着结晶器断面尺寸的减小，流柱落点周围的涡流增强，使流柱轴向速度降低，也导致穿透深度减小。

这种轴向循环对流，还会引起结晶器内金属液面产生水平对流，其方向决定着夹渣的聚集趋向。在液面下垂直导入液流时，扁锭结晶器内液面水平对流的大致方向与流柱落点位置的关系，夹渣将随液流向落点附近聚集。

金属液内存在水平温差或浓度差时，会产生水平自然对流，其强度可由无量纲的 Grashof 数 Gr_T 或 Gr_c 来衡量，即

$$Gr_T = \frac{g\alpha_T b^3 \Delta T}{\nu^2} \tag{5.1}$$

$$Gr_c = \frac{g\alpha_c b^3 \Delta c}{\nu^2} \tag{5.2}$$

式中，g 为重力加速度；b 为水平方向热端和冷端间距的一半；ΔT，Δc 为热端与冷端间的温差和浓度差；α_T，α_c 为由温度和浓度引起的液体金属膨胀系数；ν 为液体金属的运动黏度系数。

5.3.2 枝晶间液体金属的流动

铸锭凝固时，在凝固区（固液两相共存区）内，枝晶间的液体金属仍能流动，其驱动力是液体收缩、凝固体收缩、枝晶间相通的液体静压力及析出的气体压力等。金属液流经枝晶间隙如同液体流经细小的多孔介质一样，近似地遵守 Darcy 定律，即枝晶间的金属液流速 v 与压力梯度呈直线关系：

$$v = -\frac{K}{\eta f_L} \nabla(p + \rho_L g) \tag{5.3}$$

假定 ρ_L 不变，一维流动时，上式变为

$$v_x = -\frac{K}{\eta f_L} \nabla \times \frac{\mathrm{d}p}{\mathrm{d}x} \tag{5.4}$$

式中，f_L 为液体金属体积分数；p 为凝固区内液体金属承受的压力；K 为可透性系数；η

为常数，大小与枝晶形态和枝晶臂间距有关。

假定金属凝固是模壁凝壳界面热阻控制的一维传热过程，且凝固区较窄，其中的温度梯度忽略不计，固相体积分数各处相同，固相和液相密度不随时间变化，则可导出一维流速

$$v_x = \frac{a\varepsilon x}{(\varepsilon - 1)f_L} \tag{5.5}$$

将式（5.4）代入式（5.5），积分得

$$\frac{K}{\eta}p + \frac{\varepsilon}{\varepsilon - 1} \times \frac{a}{2}x^2 = C \tag{5.6}$$

当 $x = b$（凝固区宽度）时，压力 $p = p_0 + \rho_L Hg$，由此可确定积分常数 C 值，则式（5.6）变为

$$p = p_0 + \frac{\varepsilon}{\varepsilon - 1} \times \frac{a\eta}{2\gamma f_L^2}(b^2 - x^2) + \rho_L Hg \tag{5.7}$$

式中，x 为离开固液界面的距离；b 为凝固区宽度；H 为凝固区 x 处的液柱高度；p_0 为大气压；ε 为凝固体收缩率，$\varepsilon = (\rho_s - \rho_L)/\rho_s$，$\rho_s$ 为固相密度，ρ_L 为液体金属密度；a 为热交换强度因子，$a = \frac{A}{V} \cdot \frac{h\Delta T}{\rho_s H}$，$A$ 为铸锭表面积，V 为铸锭体积，h 为模壁凝壳界面的对流传热系数；ΔT 为金属熔点与模壁的温差。

式（5.7）表示在凝固区内距离固液界面 x 处液体金属承受的压力。式右端第二项为枝晶造成的压头损失。由此可见，f_L 越小即固相越多，压力损失越大；距离固液界面越近（即越小压头损失越大），则枝晶间液体金属流动的驱动力越小，流速越低，因而枝晶偏析程度降低，但显微缩松会增多，铸锭的致密性降低。η、γ 和 a 等影响金属在枝晶间流动的压头损失，最终都会影响缩松及枝晶偏析的形成。

上述流速和压力公式都是近似表达式，因为在推导过程中，对凝固传热条件和金属流动状况作了一些简化处理。尽管如此，式（5.5）和式（5.7）还是反映了枝晶间金属流动的基本规律，是合理设计冒口或保持适当的金属液水平的重要依据。

5.3.3　对流对结晶过程的影响

金属的对流能引起金属液冲刷模壁和固液界面，造成温度起伏，导致枝晶脱落和游离，促进成分均匀化和传热。所有这些都会影响铸锭的结晶过程及其组织的形成。

对流造成温度起伏的现象，人们已进行了较深入研究。如图 5.2（a）所示，当铸锭自下而上凝固时，由于温度较低的液体难以上浮，故对流不能发生，金属液内不产生温度起伏；反之，铸锭由上而下凝固时（见图 5.2f），较冷液体易于下沉，对流强烈。故温度起伏大，水平定向凝固时，由水平温差引起的自然对流也会造成温度起伏。如图 5.3 所示，随着冷热温差 $T_h - T_c$ 或温度梯度 G 的增大，温度起伏逐渐增大。低熔点金属在凝固过程中，自然对流造成的温度起伏，其振幅可达数摄氏度，而高熔点金属的温度起伏振幅可高达数十摄氏度。动量对流也可造成较强烈的温度起伏。强制对流可能增大温度起伏，也可能抑制温度起伏，这要视强制对流是加强还是削弱金属液内已有的对流而定。例如，铸锭时施加一稳定的中等强度磁场，金属液就会以一定的速度定向旋转，这样就会抑制金属液的对流，削弱甚至消除温度起伏。以一定的速度定向旋转锭模，可得到同样的结果。反之，如果对流的方向或速度周期性改变，就可增强金属液的对流，因而可引起更强烈的温度起伏。

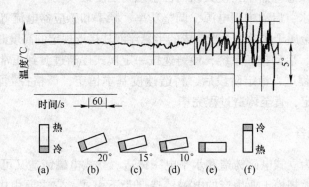

图 5.2　铸锭固液界面不同取向时,自然对流对温度起伏的影响

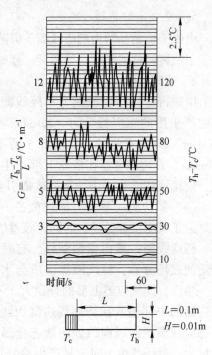

图 5.3　水平温差引起的温度起伏

对流造成的温度起伏,可以促使枝晶熔断。在对流的作用下,熔断的枝晶将脱离模壁或凝壳,并被卷进铸锭中部的液体内。如它们来不及完全重熔,则残留部分可作为晶核长大成等轴晶。对流的冲刷作用也可促使枝晶脱落。因为合金在凝固过程中,由于溶质的偏析,枝晶根部产生缩颈,此处在对流的冲刷作用下易于断开,从而出现枝晶的游离过程。晶体的游离有利于金属液内部晶核的增殖,因而有利于晶粒的细化和等轴晶的形成。模壁上形成的晶粒,其根部出现缩颈,在对流造成的冲刷和温度起伏的作用下,该晶粒脱离模壁,经历高温重熔、低温长大的过程,使液体内部晶核增殖。由于金属液面的冷却而形成的晶粒将伴随对流而发生沉浮,也经历上述过程。强制对流同样对结晶过程有着重大的影响。强度和方向稳定的强制对流,能抑制金属液内部的对流和温度起伏,因而已形成的晶体难于脱落和游离模壁或枝晶主轴,进而抑制上述的晶核增殖作用。因此,铸锭中没有中心等轴晶区,而柱状晶发达。离心铸造易于得到柱状晶,其原因就在于此。但是,实际生产中常常利用强制对流来获得等轴晶和细化晶粒。

5.4　电磁铸造工艺及设备

5.4.1　电磁铸造工艺

电磁铸造工艺过程如下:

(1) 调整电磁感应器、屏蔽罩、冷却水套和底模等的水平和相对位置。

（2）将底模升入感应器中，使其顶面位于磁场强度最大位置。

（3）通入冷却水，启动中频电源，调整功率、频率和感应器电流等至规定值。

（4）浇注液体金属于底模中，当形成的半悬浮液柱接近规定的高度时，放入浮漂漏斗。

（5）喷水冷却，启动拉坯系统，使铸速按一定模式逐渐过渡到正常值。

（6）当铸造过程进入稳定阶段后，铸造速度基本恒定，严格控制流槽中的液位，保持静压头和液位恒定，直至铸造过程完毕。

5.4.2 电磁铸造设备

电磁铸造可分为立式电磁铸造和水平电磁铸造。立式电磁铸造又可分为上拉式与下引式。目前国外投入大规模工业生产的电磁铸造属于下引式，它主要由中频电源、结晶器、底模、铸机、熔铝炉等组成。此处将以下引式电磁铸造设备为例进行介绍。

5.4.2.1 结晶器

电磁铸造结晶器由感应线圈、屏蔽罩和冷却水系统组成，如图 5.4 所示。结晶器形状决定了所铸铸件的形状，如圆锭、扁锭、薄板、棒材等。

a 感应线圈

电磁铸造用感应线圈为单匝线圈。目前工业生产采用的感应器分为"Russia"直边式与"Kaiser"斜边式两种，如图 5.5 所示。其中，"Russia"直边感应器在液柱上部产生的磁场较强，使得液柱成为"山"形，故需引入屏蔽罩。"Kaiser"斜边感应器在上部被截去一部分，主要是为了减弱上部磁场，起到屏蔽罩的作用。

感应线圈一般由紫铜制作，有时为了得到合适的磁场分布，将线圈加工成与水平方向成某一角度，即感应器上部的直径大于下部直径。感应器的中部通常在铸坯周边凝固线附近，此时感应线圈能向凝固线处的液态金属提供最大的推力。凝固线偏上时，易产生冷隔；偏下时，易产生偏件瘤。

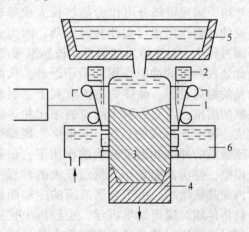

图 5.4 电磁铸造装置示意图

1—感应器；2—屏蔽罩；3—铸锭；4—底座；
5—流槽；6—冷却水套

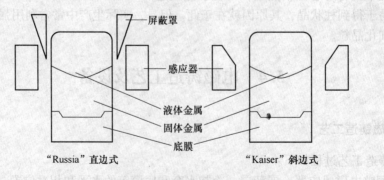

图 5.5 电磁铸造所采用的两种电磁感应器结构

除上述两种结晶器外，瑞士 Haller 还设计了一种尺寸可调的结晶器。它具有可移动的端面模壁，在侧壁和端壁之间有 1.58~12.7mm 的小间隙，便于移动端壁。用它可生产多种尺寸的铸锭。在扁锭的铸造中，为使铸锭角部曲率半径尽量小，感应器角部被加工成凸形。

有时为了得到所需的磁场分布，还采用组合感应线圈。感应线圈的各个部分或不同线圈可通以位相或频率不同的电流。

b 屏蔽罩

使用"Russia"式结晶器需引入屏蔽罩。屏蔽罩的基本作用是使电磁推力与金属液的静压力由下向上逐点保持平衡，并使液穴内的流动不至于过分剧烈，以免造成液面波动影响铸锭质量。屏蔽罩横截面一般是从下向上逐渐增大。屏蔽罩下口的锥度由铸锭的逆向导热距离和线圈结构及所铸合金性质决定。

屏蔽罩材料的选择必须考虑以下两个方面：

(1) 屏蔽罩要起到减弱磁场的作用，但又不能完全消除磁场。

(2) 尽量减少整个系统的能量消耗，即屏蔽罩材料的电阻要尽量小。

在中频条件下（1~10kHz），铜和铝的穿透深度均为 0.2~2mm。用铜和铝做屏蔽罩，将基本消除磁场。不锈钢的穿透深度为 4~13mm，因此一般多选为屏蔽罩材料。但由于电阻较大，其消耗的能量占整个系统能量消耗的 10%~30%。为了节能，有人提出可在铜质或铝质屏蔽罩中通以与感应器中电流反相的中频电流，或设法增大系统的阻抗使屏蔽体中感应电流减小，有时屏蔽罩还可以作为冷却水套的一部分。

c 冷却水套

冷却水套必须使冷却水均匀、合理地喷射到铸锭的表面。一方面提供一定的流量，另一方面要使冷却水保持一定的角度和流动形态。对于矩形扁锭，由于窄边与角部冷却较快，因此喷水孔较稀，这样可使整个铸锭断面冷却均匀。

冷却水套的设计比较灵活，既可单排冷却水，也可多排冷却水；有直喷，也有带角度的；有组装的，也有分离的，视具体情况而定。冷却水的强度及见水点决定着凝固带的位置，决定着逆流导热距离。见水点上移，冷却强度增加，凝固线下降；见水点下移，冷却强度减少，凝固线上升。冷却强度必须与铸造速度相匹配。冷却强度随铸速增加而增加。冷却强度太低，有可能拉漏；冷却强度太高，液柱高度变小，容易产生纵向波浪等缺陷。

由于冷却水直接喷到铸锭表面，这种强烈的冷却有时将导致铸锭产生裂纹。为降低生成裂纹的趋势，需提高铸件已凝固部分的温度，提高铸件的温度通常有以下方法：CO_2 法、脉冲式冷却法和"刮水器"法。刮水器法就是在着水点下方某一距离处增设橡皮挡水板，阻止冷却水直接喷到铸锭上，利用余热起到热处理作用，消除应力。

综上所述，结晶器的设计要基本满足以下三个条件：

(1) 保证电磁推力与一定高度的金属液的静压力处处平衡。

(2) 使液穴内的流动不至于过分剧烈。

(3) 冷却水均匀合理地分布。

5.4.2.2 底模

底模的结构对铸造启动以及铸锭质量均起着重要作用。铸造开始时，铸锭下面与底模接触处的凝固层较薄，而周边的凝固层变厚，并由于周边的凝固及冷却作用，使铸锭下面薄凝固层发生弯曲变形，从而与底模的接触面积减少，严重时容易拉漏。若周边收缩不均匀，将引起铸锭的中垂线偏离垂直方向，引起铸锭的摇晃，金属液就有可能从侧面溢出。且铸锭下部在铸造开始时就产生弯曲，喷射于铸件表面的冷却水将流入底模和铸锭间的空隙内，冷却水在此汽化，加剧铸锭的摇晃。

为使铸造正常进行，需要对底模进行以下改进：

（1）选择导热性能较好的材料制作底模。这样当冷却水直接喷到铸锭上时，不致引起冷却速率的较大变化，有利于铸造过程稳定。

（2）为防止铸锭底部翘曲，底模的形状要做成"凹腔"式结构，并开有扁形沟槽与排气孔。铸造时，底模上还可放置金属垫片或纯铝垫底。

底模结构的设计要尽量消除弯曲变形，拉速尤其是启动段的拉速，要与设定值拟合。铸造温度、电流、频率、功率、液位、水压等工艺参数要稳定在工艺给定值。

5.5　电磁铸造技术研究新进展

电磁铸造技术应用于生产，仅仅30多年的时间，但在工艺、设备等诸方面都取得了许多进展和突破，主要研究方向集中在以下几个方面：

（1）多流化、盒形化。

（2）可调节的电磁模和无接触液位检测。

（3）异型铸坯。

（4）不同材料的开发应用。

5.5.1　铸造各种形状的铸锭

美国 Olin 公司发明了一种生产透平机叶片的电磁铸造法，其结晶器可由齿轮带动旋转，感应线圈做成透平机叶片的截面形状。在电磁铸造过程中，调节外加电流的大小可以改变铸锭的截面尺寸，齿轮缓缓转动，使拉出的铸锭成为螺旋状。此外，还有生产管棒材、薄板的电磁铸造技术报道。图 5.6 为美国 GE 公司开发出的一种专门用于生产管棒材的 GELC 法原理图。该装置巧妙地利用行波磁场向上的推力抵消重力，环形线圈向轴线方向的挤压力使液态金属脱离结晶器壁后凝固，工艺过程稳定且便于调整。

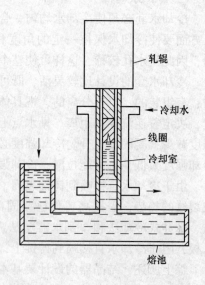

轧辊

冷却水

线圈

冷却室

熔池

图 5.6　GELC 装置示意图

5.5.2　不同材料的电磁铸造

电磁铸造应用于铝及铝合金已经很普遍了，最近几年它的应用范围不断扩大，如硅、锗、镁等棒材及铝合金的管材。美国 Olin 公司开发铜和铜合金的电磁铸造技术，并成功地将其应用于大截面铜坯和薄铜带的生产中。目前，最引人注目的是钢的电磁铸造的开发和应用。

钢的产量巨大，如果实现无模电磁铸造将大大改善钢坯的表面质量，消除轧制中产生的各种缺陷，显著提高组织和力学性能；又由于无模取消了复杂的润滑和振动系统以及检测、控制系统，可大大简化工艺及装备，降低劳动强度。因此，实现钢的电磁铸造意义重大（图5.7）。

但是，钢的电磁铸造受到以下因素的困扰：

（1）钢的密度大，约为铝的三倍，若要形成与铝相同高度的液柱，磁感应强度则需为铝的1.7倍。表5.1列出了几种合金电磁铸造的应用比较。

（2）钢的电导率低，仅为铝的1/6，而且趋肤深度大，在相同电源参数下钢表面形成的感应电流密度小，电磁推力也小。

综合上述因素，可推知钢电磁铸造应满足的电流条件为20000A。俄罗斯学者用250kW的电源制造出直径为300mm的圆钢坯，能耗接近于铝合金的10倍。这在实际生产中是无法接受的。

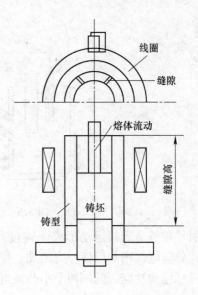

图5.7 钢电磁铸造示意图

表5.1 电磁铸造在铝、铜及钢中应用比较（频率3000Hz，液体金属高度5cm）

参数	铝液	铜液	钢液
$\rho/\mathrm{g \cdot cm^{-3}}$	2.4（1）	7.8（3.3）	6.9（2.9）
$\rho_s/\mu\Omega \cdot \mathrm{cm}$	25（1）	20（0.8）	150（6）
δ/mm	4.6（1）	4.1（0.9）	11.4（2.5）
$\rho gh_z/\mathrm{kN \cdot cm^{-2}}$	1.2（1）	3.9（3.3）	3.5（2.9）
B_z/T	5.4×10^{-2}（1）	9.8×10^{-2}（1.8）	9.2×10^{-2}（1.7）

注：ρ_s为电阻率；δ为电流穿透深度；h为液柱高度；ρ为液态金属密度；B_z为磁感应强度；括号内的数值是以铝为基准的比值。

（3）钢的熔点高，难于凝固。

目前尚无实用的钢电磁铸造技术获得成功，此外，对用电磁铸造法生产钢坯在经济上的合理性，还缺乏充分的论证。

5.5.3 水平电磁铸造技术

浅井滋生首先开发了静磁场中通以直流电的水平电磁铸造装置如图5.8所示。

随后日本住友公司和美国能源部，先后也申报了水平电磁铸造薄板的专利。其中美国能源部的专利对设备说明相当详细，其原理如图5.9所示。被铸金属位于铁芯中间，在上线圈与被铸金属之间放有一金属导板。导板一边与液态金属熔池连接，另一边通过引导辊与被铸金属连接，形成导电闭合回路。在上下两个线圈产生的交变磁场作用下，闭合回路中产生感应电流。受磁场作用，导板受压力向下，被铸金属受浮力向上。由于上层导板被固定，所以下层被铸金属受浮力悬浮。冷却剂从上下两面喷出使金属在悬浮段凝固，引导

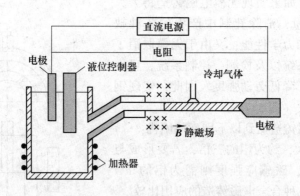

图 5.8 直流水平电磁铸造装置原理图

辊引导被铸金属板运动形成连铸过程。当被铸金属受干扰向下偏离时，闭合回路面积加大，感应电流增加而使浮力增加，使被铸金属回到原位；反之亦然。因此，这一装置具有自动稳定的功能。两侧两个小凸缘可使磁路形成小闭环，产生侧面向内的压力。

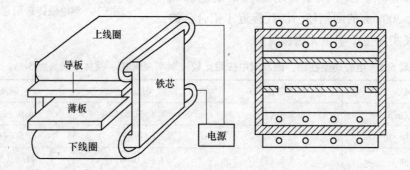

图 5.9 交流水平电磁铸造原理

5.5.4 铝合金薄板的电磁铸造

电磁铸造主要用于铝合金圆锭和厚大扁锭的生产，其产品需经过多个道次的热轧和冷轧制成不同规格的板、带和箔材。电磁铸造对铸锭组织和性能的改善主要在表层 30 ~ 40mm 范围内，而内部与 DC 法生产的铸坯相差不大。Evans 在阐述电磁铸造技术时，认为可用电磁铸造法直接制取厚 10mm 以下的铝薄板，以便省去热轧而直接冷轧，从而可大大降低设备投资和能耗，减少工序。所以，铝薄板电磁铸造技术的研究具有重要意义，已成为当前电磁铸造的研究热点之一。

Cook 等首先用有限元法计算了电磁铸造铝薄板时液-固界面的位置，然后数值模拟了电磁场，确定了在较高铸速下可以支撑半悬浮金属液柱成型的电磁场和电磁力，为成型系统的设计提供依据。

叶谷等用电磁铸造法进行了 150× （10~20)mm 铝合金薄板的工艺试验并获得成功。他们采用 10 匝的电磁线圈，工作电流为 710A，可产生 0.08 ~ 0.1T 的磁通密度以维持 140mm 高液柱的静压力。他们研究了不同的冷却水量（16~20L/min）、铸造速度（360~

600mm/min）以及底模厚度（10~20mm）对铸造工艺和薄板质量的影响。铸造的铝薄板样品直接进行冷轧，压下率达80%时仍无表面缺陷，力学性能高于DC法生产的经过热轧和冷轧的样品，完全符合日本JIS标准要求。但是，叶谷等制备的铝薄板样品尺寸较小，而且截面形状不甚理想。大连理工大学从1996年开始铝薄板电磁铸造的研究，并取得有意义的成果。

思 考 题

5-1 简述电磁铸造基本原理。

5-2 简述电磁铸造工艺。

5-3 电磁铸造设备主要包括哪些，各有何作用。

5-4 在浇注和凝固过程中，液体金属流动包括哪两种流动？

5-5 凝固过程中的动量传输有几种，都是什么对流？

5-6 电磁铸造过程中的温度场与普通连铸法相比有何特殊性？

5-7 简述电磁铸造的研究现状及发展方向。

6 电磁技术在冶金方面的应用

6.1 板形控制功能

6.1.1 冷坩埚感应熔炼技术

6.1.1.1 背景

冷坩埚感应熔炼技术（Cold Crucible Induction Melting Process）是一种利用高频磁场的感应热进行金属合金感应熔炼的技术，属于电磁感应加热应用的一种。

电磁冷坩埚技术是近些年兴起的新技术，由于熔炼金属与坩埚壁的非软接触，所以能保持原金属的高纯度并防止在熔炼或成型过程中各种间隙元素的污染，实现高纯材料的低成本熔炼和成型。电磁冷坩埚技术正是利用电磁场来实现材料的熔化、搅拌和软接触成型，这三种功能使电磁冷坩埚技术具有传统技术达不到的优越功能。电磁冷坩埚技术的特点决定了它特别适用于活泼金属、高纯材料、难熔合金、半导体材料、放射性材料的熔炼，钢、铝和钛合金等材料的软接触成型，为我国航空航天工业、国防军事工业、电子工业、冶金工业和机械工业的发展提供了重要手段，在军事领域和民用领域均有广阔的应用空间。目前电磁冷坩埚原理基本清楚，但技术仍处于研发阶段，还有待于今后的不断发展和改进。

6.1.1.2 装置及应用效果

水冷铜坩埚在利用电磁压力方面是典型且实用的例子。冷坩埚由四部分组成：待熔化的负载、冷却水、分瓣的铜坩埚和感应线圈，如图 6.1 所示。冷坩埚由数个弧形块或管线组成，各块间彼此绝缘不构成回路，每一块（或管内）都产生感应电流。由于在相邻两管的截面上电流方向相反，彼此之间建立的磁场方向相同，使管间的磁场增强，因而冷坩埚每一条缝隙都是强磁场所在之处，并因环状效应在坩埚内形成强化磁场，促进金属的熔化并施加电磁搅拌，提高了熔体温度和成分的均匀性。

在使用过程中，由于坩埚本体的温度很低，被熔化的合金液会在坩埚内表面凝固成一薄层的固相壳层，称为凝壳。剩余合金液在该壳层内继续熔化，所以能保持合金元素原有的高纯度及防止在熔

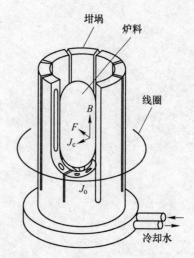

图 6.1　水冷铜坩埚熔化金属示意图

炼过程中各种杂质元素的污染。另外，感应磁场在熔化的物料内部产生电磁力，电磁力的无旋分量和有旋分量可以分别实现对被熔金属的悬浮和搅拌，使金属熔体的温度和成分均匀。

6.1.2 悬浮熔炼

6.1.2.1 背景

悬浮指的是通过施加某种力来平衡物体的重力，使物体实现漂浮状态。随着航天事业的发展，模拟微重力环境下的空间悬浮技术已成为进行相关高科技研究的重要手段。目前的悬浮技术主要包括电磁悬浮、光悬浮、声悬浮、气流悬浮、静电悬浮、粒子束悬浮等，其中电磁悬浮技术比较成熟。电磁悬浮是利用高频电磁场在金属表面产生的涡流与外磁场相互作用，使金属样品受到与重力方向相反且大小相等的洛伦兹力作用，实现悬浮。目前，电磁悬浮技术在微重力、无容器环境下晶体形核、生长及深过冷问题的研究中发挥了重要的作用。然而由电磁悬浮的原理可知，只有导电物质才可以实现电磁悬浮，这也限制了电磁悬浮技术的广泛应用。

当物质在强磁场中所受的磁化力与物质的重力相反且大小相等时，物质可以被稳定悬浮于强磁场腔体内，称为磁悬浮。当抗磁性物质置于磁场强度足够大的梯度强磁场下时，受到的磁化力将有可能与重力相平衡，产生磁悬浮。然而纯粹的磁悬浮技术仅限于抗磁性物质（磁化率<0），且需要磁场梯度或磁化率足够大的条件。要实现不同抗磁性物质在强磁场中的悬浮，需要根据物质的磁化率的不同来选择不同的磁感应强度和磁场梯度。

另一种形式的磁悬浮技术能够使用普通超导磁体轻易地实现物质的悬浮，并且对于顺磁性物质，也可利用改变物体周围介质的方法实现磁悬浮。利用阿基米德原理，把一种物质和周围介质同时放在非均匀强磁场中，这种物质所受的重力、浮力、磁化力与介质所受磁化力的反作用力相平衡时，这种物质也可以稳定悬浮于强磁场中。这种现象称为磁阿基米德悬浮。1998 年，Ikezoe 等利用最大磁感应强度为 10T、孔径为 100mm 的超导磁体在顺磁性气氛（压缩空气或氧气）中实现了水的悬浮，稳定悬浮时 BdB/dz 为 $420T^2/m$。基于磁阿基米德悬浮的基本原理，所有物质不管磁性如何，都有可能在梯度磁场中实现稳定的悬浮状态。通过合理地选择周围介质，利用磁阿基米德悬浮能够使悬浮所需的磁场梯度大幅降低。在目前的技术条件下，最大磁感应强度 10T、孔径为 100mm 的超导磁体几乎能够使所有的材料实现重力方向上的稳定悬浮。利用强磁场的磁悬浮或磁阿基米德悬浮效应来开展类似太空失重环境下的研究，使得一些需要在空间站才能完成的实验可以通过强磁场实现，不但可以大幅地节省科研成本，而且还为相关研究提供一种新的途径。在晶体生长过程中，无法控制不均匀形核，而磁悬浮具有的无抵触、低重力环境及无振动的优点，可以抑制不均匀形核，进而对材料生长过程产生影响，从而可以制备特殊结构的材料。近年来，应用于冶炼场合磁悬浮技术的研究已经在国内外慢慢兴起，由于磁悬浮脱离了坩埚并无污染，其系统简单，可靠性高，系统体积和质量小，为合成新材料提供了全新的技术。因此，磁悬浮被广泛应用于生物、磁分离、非晶体制备等领域。

6.1.2.2 磁悬浮熔炼技术原理

梯度强磁场中的磁力线分布不均匀，对于处于其中的体系而言，除洛伦兹力的影响，还因其会对介质产生磁化力而产生影响。分析可知,在梯度磁场作用下,磁化力的大小与磁感应强度平方成正比。磁性材料的磁化率在 10^3 数量级以上,非磁性材料的磁化率在 10^{-3} 以下数量级。因此,非磁性材料所受到的磁化力的大小约为磁性材料的 10^{-6} 倍。对于普通磁场下的非磁性材料,磁化力的作用完全可以忽略。但是由于磁化力正比于磁感应强度的平方,10T 磁场下非磁性材料所受到的磁化力和 0.01T 下的磁性材料所受到的磁化力相当。因此,在梯度强磁场的作用下,非磁性物质所受到的磁化力是不能忽略的,有时较洛伦兹力更明显。利用磁化力作用使物质实现稳定的悬浮状态,同时对其进行熔炼并控制其凝固过程,从而控制物质的组织结构和性能的技术,称为磁悬浮熔炼技术。

6.1.2.3　磁悬浮凝固技术的应用

在悬浮状态下进行材料的制备可以实现材料的无容器处理,为材料生长提供无污染环境;并且容易实现过饱和过冷条件,减少异质核的形成。

A　磁悬浮水的凝固结晶

日本东北大学的研究者观察了磁悬浮水珠的结晶过程。观察磁悬浮水珠结晶过程装置如图6.2所示。

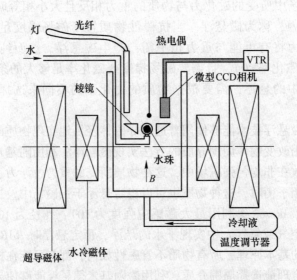

图 6.2　观察磁悬浮水珠的结晶过程装置图

研究发现,0℃时 6mm 的悬浮水珠在温度以每分钟 0.3℃ 的速度下降到−10℃时,水珠突然变得不透明,但是此时水珠并未凝固。忽略热量损失,随着时间的变化,冻结向内部移动,体积的增加破坏了外壳,水从上部流出,又被冻结住。上述过程的重复,导致了蛋形的产生。产生上述现象的原因有两个:一是无容器凝固抑制了晶核的形成,稳定液体的过冷状态。但是,无容器状态下,凝固潜热无法传递,导致了凝固过程的减慢。二是由于梯度磁场的存在,顺磁性的氧气受磁化力的作用向下移动,悬浮的水珠由于浮力的变化也向下移动,而作用在水上的向上的磁化力大于冰,所以水从顶部出来。该实验装置可用于研究磁场下悬浮液体的晶体生长问题。研究者也做了其他一些材料的磁悬浮实验。以 Bi 为例,由于在熔点处 Bi 的磁化率减少一个数量级,当 Bi 熔化后,Bi 熔滴产生坠落现象。

B 磁悬浮熔炼玻璃

日本东北大学的研究人员进行了磁悬浮状态下材料熔融的研究，通过 CO_2 激光进行加热，用 CCD 记录熔化过程。图 6.3 为实验装置示意图。

研究人员将尺寸为 6mm 的立方 BK7 玻璃置于磁场中的铂制笼子里，当总势能（重力势能和磁势能）达到局部最小值时，玻璃就可以在该点稳定悬浮。当磁场的中心位置达到 22.8T 时，发现玻璃在笼子底部开始悬浮。通过 40W 的 CO_2 激光加热 BK7 玻璃 3min，使其熔融。与传统的理论不同，用 EMR 光谱和 Raman 散射光谱检测熔炼后的 BK7，均没有发现各向异性，而且还发现化学键远远大于磁化力。出现这种现象的原因可能在于高温状态下蒸发和冷凝时化学键的断裂和重组受强磁场影响很大。

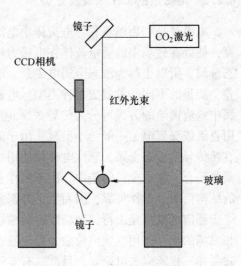

图 6.3 实验装置示意图

利用同样的装置，在中心磁场 23T 时，将玻璃 Na_2O-$2TeO_2$ 处于悬浮状态，并通过 50W 的强激光加热 2s。发现在磁场下，蒸发和冷凝制备的小玻璃球的钠含量与原始的玻璃相同；但是无磁场条件下制备的玻璃球却几乎不含钠离子，说明磁化力会影响蒸发过程中的钠离子。

6.2 驱动功能

6.2.1 背景

近年来各种冶炼设备竞相发展，冶金工厂内部各类数量庞大、种类繁多的物料运输是一个十分复杂的问题，液态金属的传输是冶金工业中必不可少的一个重要环节。传统的冶金物料和高温熔融物料的传输方式有机械输送（螺旋运输机、皮带运输机、埋刮板运输机等）和气流输送（压送或吸送）。机械输送大多存在质量大、磨损严重、维修工作量大、设备密闭性差及输送不耐高温等缺点。而气流输送，不论是压送、吸送或螺旋空气泵及仓式输送泵输送等，也存在着能耗大、易磨损及后续气固分离设备庞大等缺点，且要求全套的送气及收尘系统，对物料粒度、温度和湿度要求严格，不适用于输送易氧化物料。

基于电磁流体传输原理而发展起来的电磁输送装置（电磁泵），具有构造简单、密闭性好、设备运行平稳的优点，很适合熔体的输送工作。电磁输送易于实现定量输送和二次分配。此外，电磁输送装置可以重新搅拌熔体、均匀温度，充分实现密闭和自动化操作，可以利用金属与炉渣逆向流动原理，向金属表面吹气或喷洒还原剂等特点，形成新型的精炼及贫化设施。此外，电磁输送无须吊运、设备简单，可以优化厂房结构及车间配置，达到减少基建投资、降低能耗、提高经济效益的综合目的。

6.2.2　电磁泵的工作原理及分类

电磁泵是利用磁场和导电流体中电流的相互作用，使流体受电磁力作用而产生压力梯度，使处在磁场中的通电流体在电磁力作用下产生流动的装置。实际应用中多用于泵送液态金属，所以也称为液态金属电磁泵。电磁泵根据工作环境的差异和输送介质所要求的压差、流量的不同，发展成多种类型。电磁泵按电源形式可分为交流泵和直流泵，按液态金属中电流馈给的方式可分为传导式（电导式）电磁泵和感应式电磁泵。传导式电磁泵采用直流或交流电，一般为小型泵，用于低压和小流量，电流由外部电源经泵沟两侧的电极直接传导给液态金属。感应电磁泵使用交流电，液态金属内电流由交变磁场感应产生。在某些场合，如冶金、铸造中，由于工作条件比较苛刻，工作环境也比较差，故要求电磁泵的结构简单、工作可靠，因而大部分都采用平面感应式泵。

感应电磁泵是由行波磁场或旋转磁场作用于液态金属，使其产生感应电流，感应电流和磁场的相互作用生成洛伦兹力而使液态金属运动。根据作用原理又可分为单相感应式电磁泵和三相感应式电磁泵，目前，有实用价值的仍然是三相感应式电磁泵。根据结构的不同，感应电磁泵可分为三种主要形式：螺旋形泵、平面线性泵和圆柱形线性泵。其中任一形式均有各自的一些重要的电磁特点和磁流体动力学的特点，不管是何种结构，所有感应泵的铁芯都是叠置的，在铁芯的气隙中都安放着泵沟，同时都有产生行波磁场或旋转磁场的三相绕组。各种类型的电磁泵有适用的不同工作范围。一般讲，圆柱形线性电磁泵适用于大流量、低压差；螺旋形电磁泵适用于小流量、高压差；而平面线性电磁泵则介于两者之间。

6.2.3　应用电磁泵的装置与效果

感应式电磁泵是目前应用较多的一种电磁泵，国外的铸造行业无论是输送低温易熔金属还是高温液态金属，都有应用的实例。电磁泵输送液态金属液主要有两种输送方式：一是与输送管道配合实现输送；二是与其他设备（如挤压铸造机、压铸机等）共同构成生产单元实现输送。由于电磁泵的电磁力产生于液态金属内部，液态金属能完全密封，适于输送化学性质活泼以及有毒害的金属；泵体没有机械部分，结构简单，运行时噪声小，工作可靠，维修方便；此外，电磁泵的运行完全电气化，因此控制调节方便，易于实现自动化。所以，电磁泵在化工、印刷行业中用于输送一些有毒的重金属（如汞、铅等），用于核动力装备中输送作为载热体的液态金属（钠、钾或钠钾合金），在铸造生产中输送熔融的有色金属，可以用来做铝、镁等活泼金属的定量泵。

6.2.3.1　电磁泵充型低压铸造

用电磁泵和保温炉组成的铝合金低压铸造装置，与传统的气压式铝合金低压铸造系统相比，具有充型过程平稳、流量连续、精确可调，连续生产过程中铝液吸气量少以及铸件质量好等优点。美国、英国、法国等西方发达国家已掌握该项技术，达到了实用化程度。前苏联国家科学院成功地采用电磁泵充型的低压铸造系统生产铝合金导弹罩壳。电磁泵充型低压铸造设备的构成如图 6.4 所示，包括保温炉、电磁泵、工作电源（由励磁电源和电场电源构成）、控制电路、温控电路以及铸型锁紧装置等几部分。其中保温炉用于盛放金属液，并与电磁泵通过管道相连接；由计算机控制的电场电源与电磁泵上的电极及电磁铁相连，为电磁泵提供动力，实现铸造过程的充型和保压。

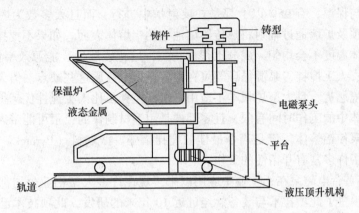

图 6.4　电磁泵低压铸造设备示意图

目前国外电磁泵低压铸造系统主要有两大类别：一类是三相圆柱感应式电磁泵，其特点是内置式，即电磁泵是相对独立的结构，不直接与坩埚相连；另一类是平面感应式电磁泵，其特点是结构简单，设备易维护，不需要另外安装保温加热装置，充型过程中自循环加热。与传统的低压铸造方法相比，电磁泵低压铸造系统液态金属传输平稳，无剧烈的加压和减压过程，可避免由湍流引起的氧化和吸气；液态金属经过磁场作用，可以改善铸件的组织和性能；流量及加压规范可精确、连续控制，反应迅速准确；可在保护气氛下工作，减少气体溶入，防止液态金属的二次污染。此外，电磁泵系统作为低压铸造充型设备时，由于升液管可以加热，铸型的浇口下可形成一个正的温度梯度，保证了液态金属在升液管中保持较高的温度，有利于保压和补缩，提高铸件的质量。电磁泵低压铸造技术被认为是 21 世纪高质量铸件生产最有发展的铸造工艺方法之一。

6.2.3.2　溶体电磁泵技术

1992 年，Alan M Peel 公司开发的熔体电磁泵新技术开始得到应用。新设计的熔化系统是一个强力并瞬间可逆的循环熔炼系统，它和电磁泵成为一体，并以一种独特的方式，通过进料井把各种形状的铝金属和合金元素加入到熔炉中，如图 6.5 所示。当工作时，进料井中的铝金属熔体在强大的电磁力作用下形成高速漩涡式的铝金属涌流，使之通过两个旁路回流的铝金属熔体迅速地达到成分均匀、温度均匀。此时，无论是极细小的板锭铣面碎屑、板带切边时的切边碎片和铝箔打包废料，还是铝锭和

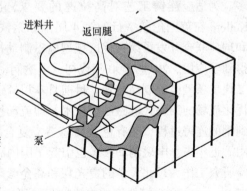

图 6.5　配置电磁泵的熔化系统

合金锭（块），在加入进料井的瞬间都完全浸没在漩涡式的熔化金属中。这种加料方式会使铝金属熔体氧化损失的可能性达到最小值。熔化的金属被驱动的方向，取决于磁场的极性。增加和降低电压可控制流速。该技术具有熔炼时间短、合金适应性好、废料金属回收率高、温度均匀等优点。

6.2.3.3 电磁泵搅拌

铝的熔炼与保温，有 95% 以上都是在反射炉中进行，而且大多数为燃气反射炉，燃烧的气体、炉顶及炉墙通过辐射将热传给熔池中的铝熔体表面。如果不搅拌铝熔体与不循环流动，则熔体温度不会均匀，成分也很难均匀，熔化速度慢，能源效率低，成本升高。采用机械搅拌、人工搅拌、泵源循环等可在很大程度上克服这些缺点。但人工搅拌劳动强度大、工作环境恶劣，且大型炉根本不适用；机械搅拌虽比人工搅拌优越得多，但有运动部件，在铝熔体中的工作时间有限，且零部件是用钢材制作的，很可能带入少量的铁；用泵特别是电磁泵使铝熔体环流是当今最佳的搅拌措施。派瑞科（Pyrotek）公司在研发铝熔体泵领域做了许多富有开拓性的工作。

自 1950 年首台电磁泵在铝工业中应用以来，现在许多大型铝业公司都已采用了此项技术，我国也引进了此项技术与装备。经过近 10 年来的研发，此项技术已经取得了长足进展。采用电磁泵熔炼的主要优点为：最大限度减小了熔体温度差；固态料熔化速度大为提高；熔体成分均匀，提高了合金品质；由于提高了热的传输，具有能耗下降、炉龄延长、渣量下降、合金元素调控简单方便。

6.3　流量抑制功能

6.3.1　概念及发展历程

通过在连铸结晶器上施加静磁场对钢液产生洛伦兹力的作用效果来控制结晶器内的钢液流动状态，是提高铸坯质量的一项冶金技术。

提高连铸机的拉速一直是钢铁生产企业追求的目标。但是，随着拉速的提高，结晶器内钢液弯月面失稳加剧，钢液流股的冲击深度增大，造成铸坯表面的振痕和裂纹等缺陷增多。为适应连铸工艺对高拉速的要求，出现了电磁制动技术。20 世纪 80 年代初期，Kollerg 在英国伦敦举行的第 4 届国际钢铁会议上首先提出电磁制动的概念。随后，日本和瑞典联合开发了第一代区域型电磁制动技术与装置，并在日本钢铁公司的板坯连铸机上得到了应用。20 世纪 90 年代初，电磁制动技术得到了进一步发展，法国和荷兰开发出第二代单条型电磁制动装置。目前日本川崎钢铁公司开发出可完全改变磁场的布置并可获得优化流场的第三代电磁制动技术，即流动控制结晶器技术。电磁制动技术除了被广泛应用到钢的连铸过程，在有色金属铸造、复合材料制备以及半导体材料的制备上也得到了应用。近年来，电磁制动技术也引起了国内高校和科研院所的高度关注，纷纷开展理论和实验研究工作。东北大学的贾光霖和高允彦等建立了板坯电磁制动热模拟实验台，利用低熔点 Pb-Sn-Bi 合金模拟钢的连铸过程，研究了电磁制动器的磁场分布规律和冶金效果。中国科学院力学研究所毛斌在济南钢厂板坯连铸机上率先进行了区域型电磁制动的工业实验。随后，东北大学、钢铁研究总院、北京科技大学等科研院所纷纷就电磁制动技术开展了大量的数值模拟、冷态模拟和热模拟实验研究，揭示电磁制动的作用效果和作用机理。宝钢等国内钢铁企业也陆续引进国外的电磁制动技术，取得了良好效果。2010 年，国内的科研人员还将电磁制动技术应用到复合金属铸造过程中，成功制备出双层以及多层金属复合材料。

6.3.2 电磁制动技术的原理及分类

对导电的液态金属施加稳恒磁场，当液态金属流经磁场垂直切割磁力线时，根据欧姆定律在液态金属中产生感生电流，感生电流与外加稳恒磁场产生耦合作用又在液态金属中产生电磁力（洛伦兹力）。电磁力总是与液态金属的流动方向相反，从而抑制液态金属的流动使其减速，实现制动效果。

经过多年的理论研究、工业试验和工业应用，连铸用电磁制动技术得到了不断发展，开发出多种类型。通常，按照制动器磁场发生装置的形状，分为局部磁场电磁制动（区域形电磁制动，EMBR）、单条形磁场电磁制动（全幅一段电磁制动，LMF）和双条形磁场电磁制动（全幅二段电磁制动，FC-Mold）三种电磁制动装置。

6.3.3 电磁制动技术的应用效果

6.3.3.1 连铸过程

在钢的连铸过程中，随着拉坯速度的提高，从浸入式水口喷出的钢液流速增大，高速的钢液喷流产生的表面流和涡流会加剧弯月面波动并将保护渣卷入钢液。向下的射流也会将气泡和非金属夹杂物卷入更深位置，同时，钢液喷流也会破坏初生凝固坯壳的均匀生长。电磁制动技术可以有效解决或缓解这类问题。

6.3.3.2 电磁制动在金属复合材料制备过程中的应用

利用电磁制动技术可以制备两侧面具有不同性能的复层金属材料。通过在结晶器内插入挡板并在水平方向上布置直流磁场，借助电磁制动来降低两种金属液的冲击深度，进而使两种金属液在挡板底部的糊状区接触之前不发生混流。通过熔合和元素扩散过程形成中间结合层，最终得到双层或多层复合铸坯。

6.3.3.3 电磁制动在半导体材料制备过程中的应用

在半导体晶体生长过程中向熔体空间引入磁场时，半导体熔体的热对流沿垂直于外加磁场方向的速度分量切割磁力线会产生洛伦兹力。洛伦兹力会显著抑制半导体熔体内的宏观对流，进而形成电磁制动效果。熔体内的对流被抑制后，晶体主要以扩散为主导的模式生长，有效抑制了氧、硼、铝等杂质进入熔体和晶体，从而显著提高晶体的质量。目前，磁场辅助直拉法生长单晶是半导体材料制备中普遍采用的方法。

6.4 磁选功能

6.4.1 背景

磁性是物质最基本的属性之一。我国历史上最早发现磁现象，在公元前一千多年就利用磁石的极性创造了指南针。在 17~18 世纪，人们进行了用手提式永久磁铁从锡石和其他稀有金属精矿中除铁的初次尝试。但是，工业上开始应用磁选法选别磁铁矿石是在 19 世纪末，美国和瑞典制造出第一批用于干选磁铁矿石的电磁筒式磁选机。自然界中各种物质都具有不同程度的磁性，但是绝大多数物质的磁性都很弱，只有少数物质才有显著的磁性。磁选是在不均匀磁场中利用矿物之间的磁性差异而使不同矿物实现分离的一种选矿方法。该法比较简单而又有效。关于磁选法的原理，虽然有许多方面还未充分了解，但磁选法在当今的选矿领域和其他领域中却占有重要地位。磁选法广泛地应用于黑色金属矿石的选别，有色金属矿石和稀有金属矿石的精选，重介质选矿中介质的回收；从非金属矿物原料中除去含铁杂质，排出铁物保护破碎机和其他设备；从冶炼生产的钢渣中回收废钢，以及从生产和生活污水中除去污染物等。

磁选是处理铁矿石的主要选矿方法，按用磁选法选别磁铁矿石的规模来说，磁选法在我国、俄罗斯、美国、加拿大、瑞典和挪威等国家占有重要地位。我国铁矿资源较丰富，但绝大多数铁矿品位低、杂质含量高而且嵌布粒度细，导致难以被高效利用。因此，铁矿石中的80%以上需要选矿。就世界范围来说也大体如此。铁矿石经过选矿以后，提高了品位，降低了二氧化硅和有害杂质的含量，给以后的冶炼过程带来许多好处。根据我国的生产实践统计，铁精矿品位每提高1%，高炉利用系数可增加2%~3%，焦炭消耗量可降低1.5%，石灰石消耗量可减少2%。非金属矿物原料的选矿中，在许多情况下都伴随有除铁的问题，磁选成为一个重要的作业。例如，高岭土中铁是一种有害杂质，含铁高时，高岭土的白度、耐火度和绝缘性都降低，严重影响制品的质量。含铁杂质除去1%~2%时，白度一般可提高2~4个单位。许多国家对高岭土应用高梯度磁分离装置除去含铁杂质，均获得了良好的效果。

19世纪末，为了磁选弱磁性矿石，美国制造出闭合型电磁系的强磁场带式磁选机。之后为了同一目的，前苏联和其他一些国家又制造出强磁场盘式、辊式和鼓式磁选机。上述几种磁选机共同的缺点是选别空间小，处理能力低。20世纪60年代，琼斯（Jones）型强磁选机首先在英国问世。这是强磁场磁选机的一个重要突破。这种磁选机在两原磁极间隙中成功地利用了多层的聚磁介质板，大大增加了选别空间，因而处理能力大大提高。

高梯度磁选是20世纪70年代发展起来的一项磁选工艺。它能有效地回收磁性很弱、粒度很细的磁性矿石，为解决品位低、粒度细、磁性弱的氧化铁矿石的选别开辟了新途径。它不仅用于选别矿石，还可用于选别许多其他细粒和微细粒物料。尤其以Slon立环脉动高梯度磁选机为代表，为我国贫赤铁矿的选矿技术的发展做出了重大贡献。高梯度磁选新工艺在环境保护领域也有广泛的应用前景，将来可能成为全球性的环境保护的重要方法之一。磁流体选矿（包括磁流体静力分选和磁流体动力分选）是以特殊的流体（如顺磁性溶液、铁磁性胶粒悬浮液和电解质溶液）作为分选介质，利用流体在磁场或磁场和电场的联合作用下产生的"加重"作用，按矿物之间的磁性和密度的差异或磁性、导电性和密度的差异，而使不同矿物实现分离的一种新的选矿方法。当矿物之间磁性差异小而密度或导电性差异较大时，采用磁流体选矿可以有效地分选。国内外已进行了一些有关磁流体静力分选应用于金刚石的选矿的试验研究工作，结果表明，它可以作为金刚石选矿中的精选方法之一。

将超导技术用于选矿领域，研制出了超导电磁选机。这种磁选机采用超导材料做线圈，在极低的温度（绝对零度附近）下工作。线圈通入电流后，可在较大的分选空间内产生1600kA/m以上的强磁场，并且线圈不消耗电能，磁场长时间不衰减。这种磁选机的体积小，重量轻，磁场强度大，分选效果好，是用于工业生产的较理想的设备。美国Eriez公司已成功生产了工业超导磁选机。我国正在进行超导电磁选机的研制工作。这种磁选机可用于选别矿石特别是稀有金属矿石，以及从非金属矿物原料中除去含铁杂质等等。

6.4.2 磁选原理

磁选是在磁选设备的磁场中进行的。被选矿石给入磁选设备的分选空间后，受到磁力和机械力（包括重力、离心力、水流动力等等）的作用。磁性不同的矿粒受到不同的磁力作用，沿着不同的路径运动（见图6.6）。因为矿粒运动的路径不同，所以分别截取时就可得到磁性产品和非磁性产品（或是磁性强的产品和磁性弱的产品）。进入磁性产品中的磁性矿粒的运动路径由作用在这些矿粒上的磁力和所有机械力合力的比值来决定。进入非磁性产品小的非磁性矿粒的运动路径由作用在它们上面的机械力的大小和方向来决定。因此，为了保证把被分选的矿石中的磁性强的矿粒和磁性弱的矿粒分开，必须满足以下条件：

$$f_{1磁} > \sum f_{机} > f_{2磁} \tag{6.1}$$

式中，$f_{1磁}$ 为作用在磁性强的矿粒上的磁力；$\sum f_{机}$ 为与磁力方向相反的所有机械力的合力；$f_{2磁}$ 为作用在磁性弱的矿粒上的磁力。

这一公式不仅说明了不同磁性矿粒的分离条件，同时也说明了磁选的实质，即磁选是利用磁力和机械力对不同磁性矿粒的不同作用而实现的。磁力和机械力对不同磁性矿粒的不同作用与矿石的分选方式有关，见图6.7。从图中可以看出，矿粒在不同的情况下按磁性分离的路径也不同。第一种情况对于磁性差别较大的矿粒分离效果很好（见图6.7a），而对于磁性相近的矿粒由于磁性与非磁性矿流的路径相近，分选难以控制（见图6.7b）；后两种情况（见图6.7c、d和e、f）对磁性相近的难选矿石分离效果较好，因为在非磁性部分排出的地方，磁铁表面仅是吸出和吸住个别的被非磁性部分机械混杂的磁性矿粒，而大部分的磁性矿粒在这以前就已经被分离出去了。因此，$f_{磁} > f_{机}$ 保

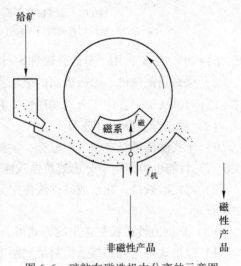

图6.6 矿粒在磁选机中分离的示意图

证了磁性矿粒被吸到磁极上，在分离磁性差别较大的易选矿石时，能够顺利地分出磁性部分，但在分离磁性差异小的难选矿石时，如要获得高质量的磁性部分，就需要很好地调整各种磁件矿粒的磁力和机械力关系，使之能有选择性的分离，才能得到良好的效果。

6.4.3 磁选设备及应用

6.4.3.1 磁选设备
磁选设备的结构多种多样，分类方法也比较多。通常根据以下一些特征来分类。

（1）根据磁场强度和磁场力的强弱可分为：

1）弱磁场磁选机。磁极表面的磁场强度 H_0 为 $72 \sim 120 \text{kA/m}$，磁场力（$H \text{grad} H$）$_0$ 为

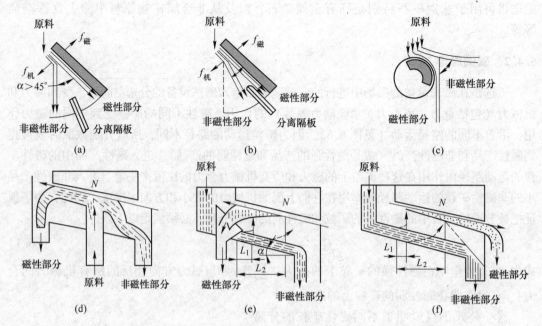

图 6.7　矿粒在不同情况下按磁性分离的示意图
(a), (b) 磁性矿粒偏离；(c), (d) 磁性矿粒吸住；(e), (f) 磁性矿粒吸出

$(3 \sim 6) \times 10^{11} A^2/m^3$，用于分选强磁性矿石。

2）强磁场磁选机。磁极表面的磁场强度 H_0 为 $800 \sim 1600 kA/m$，磁场力（HgradH）$_0$ 为 $(3 \sim 12) \times 10^{13} A^2/m^3$，用于分选弱磁性矿石。

（2）根据分选介质可分为：

1）干式磁选机。在空气中分选，主要用于分选大块、粗粒的强磁性矿石和细粒弱磁性矿石，目前也力图用于分选细粒强磁性矿石。

2）湿式磁选机。在水或磁件液体中分选，主要用于分选细粒强磁性矿石和细粒弱磁性矿石。

（3）根据磁性矿粒被选出的方式可分为：

1）吸出式磁选机。被选物料给到距工作磁极或运输部件一定距离处，磁性矿粒从物料中被吸出，经过一定时间才吸附在工作磁极或运输部件表面上。这种方式一般精矿质量较好。

2）吸住式磁选机。被选物料直接给到工作磁极或运输部件表面上，磁性矿粒被吸住在工作磁极或运输部件表面上。这种磁选机一般回收率较高。

3）吸引式磁选机。被选物料给到距工作磁极表面一定距离处，磁性矿粒被吸引到工作磁极表面的周围，在本身的重力作用下排出，成为磁性产品。

（4）根据给入物料的运动方向和从分选区排出选别产品的方法可分为：

1）顺流型磁选机。被选物料和非磁性矿粒的运动方向相同，而磁性矿粒偏离此运动方向。这种磁选机一般不能得到高的回收率。

2）逆流型磁选机。被选物料和非磁性矿粒的运动方向相同，而磁性产品的运动方向与此方向相反。这种磁选机一般回收率较高。

3）半逆流型磁选机。被选物料从下方给入，而磁性矿粒和非磁性矿粒的运动方向相反。这种磁选机一般精矿质量和回收率都比较高。

（5）根据磁性矿粒在磁场中的行为特征可分为：

1）有磁翻动作用的磁选机。在这种磁选机中，由磁性矿粒组成的磁链在其运动时受到局部或全部破坏。这有利于精矿质量的提高。

2）无磁翻动作用的磁选机。在这种磁选机中，磁链不受到破坏，这有利于回收率的提高。

（6）根据排出磁性产品的结构特征，可分为圆筒式、圆锥式、带式、辊式、盘式和环式。

（7）根据磁场类型可分为：

1）恒定磁场磁选机。这种磁选机的磁源为永久磁铁和直流电磁铁、螺线管线圈。磁场强度的大小和方向不随时间变化。

2）旋转磁场磁选机。磁选机的磁源为极性交替排列的永久磁铁，它绕轴快速旋转。磁场强度的大小和方向随时间变化。

3）交变磁场磁选机。磁选机的磁源为交流电磁铁。磁场强度的大小和方向随时间变化。

4）脉动磁场磁选机。磁选机的磁源为同时通直流电和交流电的电磁铁。磁场强度的大小随时间变化，而其方向不变化。

磁选机的最基本的分类是根据磁场或磁场力的强弱和排出磁性产品的结构特征进行的。

6.4.3.2 磁选技术的应用

鞍山式贫赤铁矿石在我国铁矿石资源中占有重要地位。下面以鞍钢齐大山选矿厂为例，介绍这类矿石的矿石性质和选矿工艺流程。

齐大山选矿厂处理的矿石为典型的沉积变质型"鞍山式"铁矿石。齐大山矿石主要工业类型为假象赤铁矿石，其次是磁铁矿石和半氧化矿石。矿石的主要自然类型为石英型矿石和闪石型矿石。矿石多为粗-中条带状构造，少量为块状构造、斑块状构造、碎裂构造、揉皱构造。工业矿物主要有：假象赤铁矿、赤铁矿、磁铁矿、赤-磁铁矿、镜铁矿、褐铁矿、曼铁矿；脉石矿物主要有：石英、单斜闪石（透闪石和阳起石）、绢云母、绿泥石、铁白云石以及微量磷灰石、黄铁矿等。各类型矿石多元素分析结果表明矿石中：TFe26%~33%，FeO 1%~11%，$SiO_2$48%~54%。

齐大山选矿厂最早采用一段破碎—干式自磨——段闭路磨矿—弱磁—强磁的生产工艺。之后经过三次大型改造，到1992年形成了两段外路破碎、粉矿和块矿分别处理的工艺流程，其中，粉矿采用阶段磨矿—粗细分选—重选—磁选—酸性正浮选工艺流程，块矿采用焙烧—磁选的工艺流程，铁精矿品位达到63.3%左右。2001年，选矿厂对生产流程进行了进一步改造，增加了细碎作业，取消了焙烧作业，并采用H8800中碎机、HP800脉动磁选机、BF-8大型浮选机和BLt515等新设备和新药剂，形成了目前的生产流程，即三段—闭路破碎—阶段磨矿—粗细分选—重选—磁选—阴离子反浮选联合工艺流程，铁精矿品位由过去的63.3%提高到67.68%，铁精矿的回收率为78.92%。

齐大山选矿厂目前原矿最大粒度为1000mm，经过二段一闭路破碎后产品粒度为

−10mm。一次磨矿处理破碎产物，磨矿产物经旋流器分级，构成一次闭路磨矿分级系统。二次磨矿处理粗粒级的选别中矿，磨矿产物直接返回粗细分级旋流器，属于开路磨矿作业。一次磨矿产物经旋流器分级的溢流再经粗细分级旋流器进行预先分级，分为粗、细两个粒级，实行粗细分级分选。粗细分级旋流器沉砂给入粗选、精选、扫选三段螺旋流槽和弱磁机（采用半逆流湿式弱磁场永磁筒式磁选机）、中磁机（采用 Slon-1500 立环脉动高梯度磁选机进行扫选）两段磁选作业，选出粗粒合格重选精矿，并抛弃粗粒尾矿；中矿给入二次分级作业旋流器，沉砂给入球磨机。磨矿后的产品与二次分级溢流混合后返回粗细分级作业。粗细分级旋流器溢流接入永磁作业（采用湿式中磁场永磁筒式磁选机）。永磁机尾矿给入浓缩机进行浓缩，其底流经过一段平板除渣筛进入 Slon-1750 立环脉动高梯度强磁机。永磁精矿、强磁精矿合并给入浓缩机进行浓缩。浓缩底流给入浮选作业，浮选作业经一段粗选、一段精选、三段扫选选出精矿。重选精矿、浮选精矿合并成为最终精矿，Slon 中磁机尾矿、强磁尾矿、浮选尾矿合并成为最终尾矿。

　　磁化焙烧-磁选是指将铁矿石在一定温度和气氛条件下焙烧，使矿石中弱磁性铁矿物转变为强磁性铁矿物，再利用铁矿物与脉石矿物之间的磁性差异进行磁选获得铁精矿。磁化焙烧-磁选是一种从复杂难选铁矿石中回收铁矿物行之有效的方法。近年来，国内许多研究单位针对磁化焙烧技术和装备开展了大量的研究。余永富院士提出了闪速磁化焙烧技术，对陕西大西沟菱铁矿、昆明王家滩矿、重钢接龙铁矿等含碳酸盐铁矿进行焙烧-磁选，均获得了精矿铁品位大于 55%、回收率大于 70% 的指标。

　　针对常规选矿方法和磁化焙烧技术也难以高效经济开发利用的复杂难选铁矿资源，国内相关科研人员提出了深度还原-磁选技术，即以煤粉为还原剂，在低于矿石熔化温度下将矿石中的铁矿物还原为金属铁，并通过调控促使金属铁聚集长大为一定粒度的铁颗粒，还原物料经磁选获得金属铁粉。深度还原-磁选技术为复杂难选铁矿的开发利用提供了新途径，成为近年来选矿领域研究热点之一。东北大学、北京科技大学、河北联合大学、广西大学等多家单位围绕深度还原-磁选工艺及理论开展了大量的研究工作。鲕状赤铁矿、含碳酸盐赤铁矿、铁尾矿、羚羊铁矿石、赤泥、锌铁矿等含铁原料深度还原提铁试验表明，在最佳的还原温度、还原时间、煤粉用量条件下，可获得铁金属化率大于 90% 的还原物料，经磁选后可获得铁品位 85%~95%、回收率大于 90% 的深度还原铁粉。该铁粉可直接作为炼钢原料。

　　随着我国矿山企业产能的不断增加，铁尾矿排放量迅速增加，已成为排放量最大的工业固体废弃物。尾矿排放不仅占用大量土地，有时因管理不善，还会发生尾矿坝溃坝事故，造成人员伤亡、环境污染、村镇被毁等严重后果。受选矿技术和水平的制约，铁尾矿中通常含有一定量的金属铁元素，粒度较细，因而与采出原矿石，相比磨矿能耗低。因此，铁尾矿再选是提高矿石利用率，实现资源化的重要途径之一。梅山矿业有限公司在对梅山铁矿选矿厂综合尾矿、强磁选尾矿、降磷尾矿工艺矿物学特性综合分析基础上，分别开展了再选研究：铁品位 18.49% 的综合尾矿经粗扫弱磁选可获得铁品位 56.5% 的精矿，按此工艺每年可选出铁精矿 18750t，减少尾矿排放量 1.5%；采用强磁再选-分步浮选技术处理铁品位 23.46% 的强磁选尾矿，最终获得了铁品位 42.75% 的精矿，该技术可以使梅山铁矿选矿厂铁回收率提高 5 个百分点以上；使用 Slon 高梯度磁选机对铁品位 21.31% 的脱磷尾矿再选工艺进行优化改造后，强磁精矿铁回收率提高了 10.51 个百分点。云南大红山尾矿铁品位 14.52% ，主要以赤铁矿形式富集在 -0.01mm 粒级。该尾矿经强磁预选-悬振锥面选矿机精选工艺处理，获得的精矿铁品位为 54.02% ，回收率为 34.68% 。袁致涛等采用强磁—细磨—3 次弱磁选工艺回收本钢马耳岭选矿厂铁品位为 8.87% 的尾矿中磁铁矿，获得的铁精矿铁品位为 51.39% ，磁性铁回收率达到 81.89% 。

6.5 感应加热功能

6.5.1 概念及发展历程

电磁感应加热是利用电磁感应的方法在物料内部产生涡电流，通过涡电流产生的焦耳热来加热物料的方法。磁感应加热技术最初来源于法拉第电磁感应现象，即交变电流在导体中产生感应电流，从而引起导体发热。1890 年，瑞典研制出开槽式有芯炉，标志着电磁感应加热技术的问世。但是当时的开槽式有芯炉还无法进行大规模应用。1916 年，美国学者研制出闭槽式有芯炉，将电磁感应加热技术带入实用化阶段。随后，电力电子技术的飞速发展，诱发了电磁感应加热技术的重大变革，极大地促进了该技术的发展。1957 年，美国研制出晶闸管，随后瑞士和联邦德国首先将晶闸管应用到电磁感应加热技术中，开启了电磁感应加热技术的现代化。自 20 世纪 80 年代开始，门级可关断晶闸管（GTO）、金属氧化物场效应管（MOSFET）、绝缘栅双极晶闸管（IGBT）、光电晶体管光耦合器（MCT）及静态感应晶体管（SIT）等新型电子器件相继出现，逐渐取代旧式晶闸管在电磁感应加热技术中的应用。现在比较常用的是 IGBT 和 MOSFET。IGBT 多用于大功率电磁感应加热，可以将感应加热装置的功率提高到 1000kW 以上，频率多为 50kHz。而 MOSFET 多用于较高频率电磁感应加热，频率可达到 500kHz 以上甚至数兆赫兹，但是加热功率通常在数千瓦的中小功率范围。国外也有推出采用 MOSFET 的大功率电磁感应加热装置，比如美国开发出功率为 2000kW、频率为 400kHz 的电磁感应加热装置。

6.5.2 电磁感应加热原理及装置

电磁感应现象：当通过导电回路所包围的面积的磁场发生变化时，回路中就会产生电势。此电势称为感应电势。当回路闭合时，则产生电流。在感应电势的作用下，被加热的金属表面产生感应电流。电流在流动时，因金属表面的电阻而产生焦耳热。简而言之，电磁感应加热就是电能通过线圈转化为磁能（电生磁），再由磁能转换为电能（磁生电），然后产生大量的热（焦耳定律），从而达到加热工件的目的。在电磁感应加热的过程中，还会表现出涡流效应和集肤效应。集肤效应还表现出邻近效应和圆环效应。

感应加热是一种环保、节能和高效的加热方式，其原理是：当交变电流通过线圈时，它的内部和周围将形成交变磁场，置于交变磁场中的金属内部由于电磁感应作用，会产生涡流。涡流在金属内部做功，使金属温度不断升高。感应加热具有能量密度高，易于控制，成本和能耗低，无污染，铸锭表面质量好的优点。感应加热是电磁场最早应用于材料制备的技术。目前，感应加热技术广泛应用于金属的熔炼、铸造、焊接、热处理、热锻造，以及半导体的区域提纯、单晶生长、外延等热加工工艺。

电磁感应加热装置的基本组成包括交流电源、感应线圈和被加热工质。根据加热对象不同，可以把线圈制成不同的形状。线圈通过电源输入交变电流，从而在线圈包围的工质内产生涡流而加热工质。电磁感应加热装置按其工作环境分为普通感应炉和真空感应炉。真空感应炉可以在真空或者保护气氛中对物料进行熔炼操作，进而精确控制所炼物料的成分。在工业应用中，通常根据电源频率的不同，将电磁感应加热炉分为工频感应炉、中频感应炉和高频感应炉。

6.5.3　电磁感应加热技术的应用

根据集肤效应，随着与工件表面距离的增大，导体内的涡电流逐渐减弱。因此，除了熔炼金属和合金，电磁感应加热也可以用于工件的表面加热和热处理。另外，如果加热时间足够长，热传导足够充分，电磁感应加热可以实现对工件的整体均匀加热。所以，电磁感应加热也可用于透热、金属热加工等过程。通过合理设计线圈形状、正确选择电源功率和精确控制频率，可以严格控制加热速度和温度分布，实现电磁感应加热技术在更多领域的应用：

（1）金属加工前的预热。电磁感应加热技术目前已经广泛应用于锻造和挤压等金属加工工艺的前处理过程，如对钢材、铅合金和钛、镍等稀有金属进行加工前的预热。

（2）金属的热处理。电磁感应加热技术可用于钢材的表面淬火、穿透淬火、回火和退火。

（3）金属和合金的熔化。通常用电磁感应加热的方法来熔化金属和合金。结合真空或者保护气氛，电磁感应加热技术可以精确控制合金成分、显著降低杂质含量以及提高合金的成分均匀性。

（4）焊接。高频电磁感应加热可以将加热能量集中在微小区域，因此被应用于金属焊接。最常见的应用途径是高速焊接管材。

（5）镀锡。利用局部加热的功能，电磁感应加热可以应用于钢板镀锡。该方法具有镀锡层均匀、表面光泽度高的特点。

（6）碳材料的石墨化。科研人员也将电磁感应加热技术应用到碳材料的石墨化。该方法可以在保护气氛下将碳材料加热至 2000~3000℃ 的高温而实现石墨化。

（7）中间包电磁感应加热。中间包电磁感应加热技术是近年发展起来的利用电磁感应加热来对中间包温度进行补偿的新技术。由于该技术可以精确控制中间包内的钢液温度并部分去除钢水中的夹杂物，因此可以实现低过热度恒温浇注，改善铸坯质量，提高连铸生产率和收得率。根据中间包内通道形状不同，中间包电磁感应加热技术可以分为中间包通道式（根据通道设置的不同，可以分为包外单通道式、包内双通道式和包内三通道式）、中间包弧形双通道式和中间包蝶形通道式。

6.6　检测功能

6.6.1　背景

在冶金过程中，液态金属的流动行为是一个普遍存在的冶金现象。流速是反映液态金属流动规律的重要参数之一，准确地测量流速，对研究液态金属运动规律具有重要意义。由于液态金属的不透明性及高温下液态金属的强腐蚀性，许多传统流速测量技术难以应用于液态金属流速的测量。因此，液态金属流速的测量一直是困扰人们的难题。然而，从核反应堆冷却到熔化金属的铸造和配量等各种技术中，都需要进行液态金属流速的测量，因此开发了电磁测速技术，尤其是对于冶金过程中的高温液态金属，可靠且非接触的电磁测速技术的开发具有深远的意义。

用磁场进行流速测量始于 1832 年，Faraday 尝试确定泰晤士河的流速。采用 Faraday 的方法所开发的测速装置被称为感应式流速测量计。从 20 世纪 40 年代后期开始，人们开发了多种电磁测速计，标准方法是通过测量在磁场中导电流体流动时电极间的电势来确定流速。感应式流速测量计广泛应用在常温下流体的流速测量，如饮料、化工品和废水。但是，该方法并不适用于冶金过程中的流速测量。因为感应式流速测量计要求将电极插进流体中，在测量液态金属尤其是高温液态金属时，主要问题是电极腐蚀和其他界面效应能在电极间引起假的电势差。

因此，为了开发不与流体有机械接触的流速测量方法，研究者进行了许多尝试。其中无接触的漩涡测速计避免了电极的问题。它是通过感知磁场中的流动引起的扰动来测量流体的流速。此类测速计的主要问题是弱场扰动可能不是由流动引起的。另外一种液体金属中非接触的流速测量技术是由 Shercliff 开发的电磁飞轮，其永磁体沿着圆盘圆周等间距分布，由流动产生的涡流穿过磁场和磁体相互作用，使得圆盘以正比于流速的速度旋转。这种类型的测速计由 Bucenieks 推广并获得广泛的应用，最近又被成功地应用在洛伦兹力速度测量技术中。

6.6.2 洛伦兹力测速原理

洛伦兹力测速计（LFV）是一种非接触式流体流速测量技术，尤其适用于液态金属，如冶金工业中钢液、铝液等。洛伦兹力测速计的基本原理如图 6.11 所示，当导电流体（如铝液、钢水等）流经永磁体产生的磁场时，将在液体金属中产生感应电流。感应电流与磁场相互作用进而产生电磁力，即洛伦兹力，其作用相当于阻碍液体金属流动。根据牛顿第三定律作用力与反作用力的关系，会有大小相等且方向相反的作用力作用在永磁体上，图 6.8 中的黑色箭头示意出该力。该力与流体的速度及电导率均成正比。因此，通过测量作用在永磁铁上的力，可确定流体的速度。

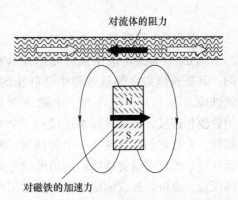

图 6.8 洛伦兹力速度测量方法原理简介

液态金属通常为顺磁性或抗磁性物质，受到永磁铁吸引的作用极小，因此洛伦兹力测速计中所涉及的洛伦兹力与物质和永磁体之间的吸引作用力无关。洛伦兹力仅与感应电流、流体与永磁体之间的相对速度、磁场的强弱相关。

6.6.3 洛伦兹力测速装置及效果

6.6.3.1 旋转洛伦兹力测速计

图 6.9 给出了旋转洛伦兹力测速计示意图。永磁铁安置在旋转磁盘的边缘，液态金属

流体和磁场相互作用引起转矩。这个转矩使磁盘产生旋转运动，其角速度就是所测量液态金属的速度。

    图 6.9 中测速计应用的原理是飞轮原理。在可旋转的磁盘上安排一组永磁体，以便使磁感应线穿过流动的液态金属。测速计安装在距离矩形树脂玻璃通道 5mm 处，通道中充满 80mm 高、10mm 宽的 Ga-In-Sn 合金。室温下液态金属的流速采用电磁泵控制，电磁泵位于离流速计足够远的地方，以不干扰其操作。平均速度由超声多普勒测速仪扫描测试区入口处的速度确定。图 6.10 给出了磁盘的角速度与液态金属流动平均速度的关系，角速度随着平均速度的增加呈线性增加。

图 6.9   应用在环形管道中流体的旋转测速计

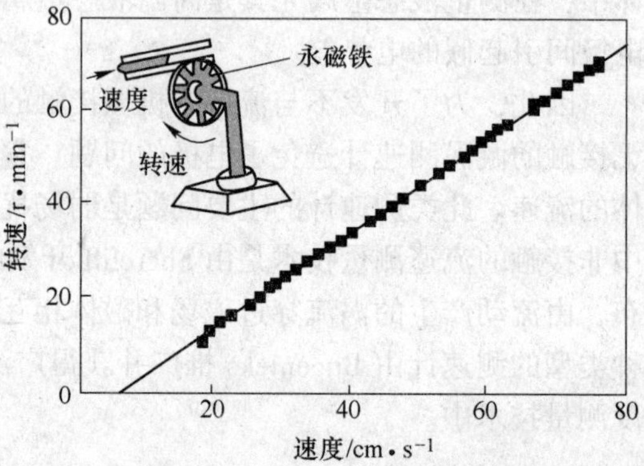

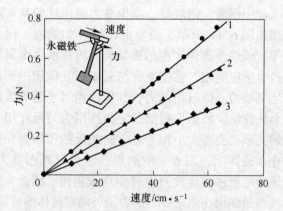

图 6.10   旋转洛伦兹力测速计的角速度随矩形通道
内液态金属的平均速度的变化

6.6.3.2   固定洛伦兹力测速计

    图 6.11 为固定洛伦兹力流速计示意图，其磁铁体系在测量过程中是静止的。磁铁体系为 U 形，包含两个永磁体并且用铁轭相连接。该磁铁体系连接到一个平衡物，并且它们都连接在一个钟摆上。测速计可以通过测量钟摆倾斜的角度确定流体流速，也可以通过固定钟摆测量作用在磁铁体系上的力来确定流体流速。采用固定钟摆的方法测量了直径为 35mm 的不锈钢圆形管道内 Ga-In-Sn 合金的流速。用电磁泵产生流体的流动，同时采用法拉第型电磁流速计测量流体的流速。测量的结

图 6.11   作用在洛伦兹力测速计上的力随通道
内液态金属平均速度的变化

果如图 6.11 所示，作用在磁铁体系上的力随流体流速的增加而增大，曲线的斜率为该测试方法的灵敏度。当磁铁体系两极间的距离增大时，灵敏度下降。当采用测量钟摆倾斜的角度确定流体流速时，也得到了相似的结果。洛伦兹力测速是唯一非接触电磁流速测量的方法，并且即使管道壁采用导电性能好的金属材料，该方法依然可以应用。这种方法有望在冶金行业获得推广和应用。

6.7 精炼功能

6.7.1 背景

电磁分离夹杂物技术是利用电磁力对导电熔体中的不导电物体产生的挤压力，将液态或固态非金属夹杂物从熔体中分离出来的一种金属熔体除杂与净化技术。

1954年，美国的 Leenov 和 Kolin 对磁场作用下通电流体中不导电球形颗粒的受力及迁移行为进行了理论分析，发现电磁力对导电流体中的不导电物体能产生挤压作用，进而控制颗粒的迁移速度，由此提出了可以利用电磁场对液体与颗粒的混合物进行分离的方法。1982年，Marty 和 Alemany 采用直流电流加稳恒磁场的方法，用水银模拟熔融金属液，水滴模拟非金属夹杂物，利用电磁力使水银中的水滴发生了偏聚，在实验上验证了电磁分离夹杂的可行性。随后，EI-Kaddah 等采用交变磁场，利用金属液在交变磁场中感生出的电流耦合磁场形成电磁力来分离金属液中的夹杂物。1994年，谷口尚司和 Brimaeombe 提出采用交变电流产生电磁力分离夹杂物，他们预测该方法可以用在中间包上，以去除钢液中的夹杂物。1995年，田中佳子等对铝液和 Al_2O_3 夹杂物的混合物施加行波磁场，依靠铝液在行波磁场作用下产生感生电流并同磁场耦合形成电磁力去除 Al_2O_3 夹杂物。近年来，国内的上海大学、东北大学、大连理工大学等科研院所也纷纷开展利用高频、交变、行波磁场和旋转磁场分离金属熔体内的非金属夹杂物的理论和实验研究。

6.7.2 电磁分离技术的工作原理

电磁分离技术是指利用金属熔体与熔体内非金属夹杂或初生相通常存在的导电性差异，在磁场作用下导电熔体与非金属夹杂或初生相所受电磁力不同，电磁力只产生在导电性能好的熔融金属中，而在导电性差的夹杂物中并不产生，因此夹杂物就受到了与电磁力方向相反的力，沿着这个电磁排斥力的方向分离，使得非金属夹杂或初生相在熔体内做有规律的定向移动，从而得到熔体加工的目的。电磁净化技术能够快速实现分离那些密度与金属熔体非常接近靠上浮法很难除去的非金属夹杂物。

6.7.3 电磁分离技术的分类

6.7.3.1 利用直流电流加稳恒磁场的分离技术

在各种电磁分离技术中，采用外加直流电流正交稳恒磁场的研究开始最早。在稳恒磁场作用下的液态金属内通入直流电流，液态金属成为载流导体，与外加稳恒磁场相互作用产生电磁力。液态金属中的非金属颗粒由于电导率小于液态金属将受到与电磁力相反的作用力，在此力的作用下发生迁移和聚集而被去除。

6.7.3.2 利用交变磁场的分离技术

将液态金属置于交变磁场中，则在金属中感应出频率与交变磁场一致的涡流。涡电流与磁场相互作用，对金属液产生压向轴心的挤压力。由于液态金属中非金属夹杂物的电导率远小于金属液，夹杂物中的感生电流较小而几乎不受电磁力的作用，在电磁挤压力的作用下，逆着电磁力方向向外部运动，从而实现与金属液的分离。

6.7.3.3　利用交变电流的分离技术

利用交变电流的电磁分离方法同交变磁场的电磁分离方法原理类似，交流电流在熔体中产生感生交变磁场，外加电流与自身感生磁场相互作用对金属液产生指向轴心的挤压力，电导率低的非金属夹杂物颗粒受到的电磁力较小而向四周运动，聚集后实现分离。

6.7.3.4　利用行波磁场的分离技术

基于展开的三相异步电动机定子产生行波磁场，将流过平行管道的液态金属垂直置于行波磁场，液态金属感生出的电流同行波磁场相互作用，对液态金属产生电磁力。对非金属夹杂物来说，就会产生一个排斥力，从而使夹杂颗粒迁移到与电磁力方向相反的一侧管壁而被除去。

6.7.4　电磁分离夹杂物技术与净化效果

电磁分离夹杂物技术依靠金属熔体同非金属夹杂物之间的电导率差异，利用金属熔体和非金属夹杂物之间的电磁力差产生的挤压作用驱动夹杂物颗粒运动、聚集而实现分离。利用该技术，从理论上讲只要电磁场强度足够高就可以产生足够大的电磁力差。如果有足够长的时间保证夹杂物颗粒的迁移，即使对于粒径非常小的夹杂物颗粒，都可以实现与熔体的有效分离。通过增加磁场强度来提高夹杂物颗粒的迁移速度，通过缩小分离器管径来缩短夹杂物颗粒的迁移距离，可以提高分离效率。但是，如何把偏聚在管壁附近的夹杂物颗粒与熔体及时分开，并且实现对于金属熔体的大批量连续处理，是该技术工业应用的一个关键问题。这也是目前制约电磁分离夹杂物技术实现大规模工业应用的难点。

电磁分离夹杂物技术的核心是通过电磁力控制金属熔体内的非金属夹杂物的迁移行为。相对于除杂和净化，如果能有效控制非金属增强相在合金熔体中的迁移和分布，可以为制备金属基复合材料提供新途径。在利用铸造法制备金属基复合材料时，经常会发生非金属增强相颗粒（如 Al_2O_3、SiC、TiB、AlN 等）被凝固界面排斥，由于密度差的原因产生颗粒偏聚。如果通过电磁场控制增强相颗粒在液相基体内的受力状态，使其处于失重状态，则可以显著改善固液界面间颗粒的结合行为，并抑制颗粒的偏聚，制备出增强相均匀分布的复合材料。另外，利用电磁场控制增强相颗粒在液相基体内的迁移行为，通过合理调整电磁场条件和凝固条件，可以使增强相在金属基体内形成含量呈连续分布的梯度组织。这又为制备梯度功能材料提供了新途径。

20 世纪 80 年代初，前苏联研究了在正交电磁场中液态金属除气的效果，结果表明：在这种情况下金属液除气效果好，试样宏观组织更致密，金属的力学性能提高了 30% ～ 35%。1996 年，日本川崎制钢的水岛厂在不锈钢连铸机上采用了电磁离心去夹杂技术。日本名古屋大学用高强磁场进行 Al-Si-Mn-Fe 和 Al-Si 合金熔体的电磁除渣。近年来，山东工业大学开展了电磁搅拌对铝钛硼合金净化的研究，结果表明：电磁搅拌能去除夹杂，且交流磁场比直流磁场除渣效果好；铝钛硼合金在磁感应强度为 0.24T 的交流磁场下搅拌 3min，除渣效果最明显，除渣率达 90% 以上。他们认为电磁场不仅引起熔体的旋转，且在熔体界面前约 1cm 范围内还存在一个附加环流。附加环流的存在是电磁搅拌除渣的根本原因。

6.8　凝固组织控制

6.8.1　材料凝固应用背景

在材料制备过程中，材料的组织结构与性能受到来自外场的能量作用时，会发生显著改变。其中，热能（温度场）和机械能（应力场）是比较常见的外场处理技术，而电场处理是利用施加高压、直流电源形成的电场，对金属凝固、固态相变、再结晶及扩散产生影响。电场是 20 世纪 60 年代兴起的一种新型处理方法。1984 年，印度学者 Misra 首先在金属和合金的凝固过程中使用了电流技术；后来 Conrad 等又将脉冲电流及高压直流静电场作用于 Cu 的回复和再结晶过程。90 年代中期，刘伟等在 Al-Li 合金均匀化退火、固溶、时效和再结晶过程中引入了直流电场，更加丰富了电场处理技术的内涵。

目前，电场处理技术主要有三种：（1）连续直流、交流电流处理；（2）脉冲电流处理；（3）直流静电场处理。通过电场处理技术，可以影响合金的再结晶、电致迁移、电致塑性等，从而改善金属的组织和性能。特别是对合金凝固行为、金属的再结晶、金属中原子扩散及金属固态相变有显著影响。

6.8.2　凝固组织控制原理

电场处理技术是在材料制备或加工过程中，利用外加电场的能量对材料产生影响的方法。其中，电场能量作用于材料的机理主要分为四种：电传输效应、起伏效应、佩尔捷效应及焦耳热效应。电传输效应是一种只能在直流电场中表现出来的效应。在该效应作用下，液体金属中的各种离子在电场中发生定向迁移，界面有效分配系数发生变化，传输方向取决于电场的极性。起伏效应是指当电场作用于一个处于熔点附近的凝固系统时，其系统中的近程有序团的结构、尺寸和数量都会随着电场强度、方向而发生变化，从而在电场的作用下导致系统结构起伏、能量起伏及温度起伏的加剧，有利于促进匀质形核和细化晶粒。佩尔捷效应是指当电导率不同的两种材料接触时，接触面上会有接触电位差，进而会产生附加的热量。这一热量称为佩尔捷热，其大小与通过界面的电流密度成正比。通过该种电场热处理，能够抑制树枝晶生长，促进球形或准球形晶粒的形成。电流通过导体时，最为熟知的效应就是焦耳热效应。在凝固过程中施加电场时，通过该种作用能够使凝固趋于同时化，使最终的结晶组织比较均匀。

6.8.3　电场对合金凝固行为的影响

电场对凝固的影响最初开始于对"电迁移"现象的研究。当人们偶然间发现电流能够改变合金的形核和生长过程后，电场对合金中凝固组织的影响被广泛研究。近年来，国内外学者采用直流电场、交流电场以及高强度脉冲电场处理金属熔体，研究了包括从低熔点的 Sn-Pb 合金、Al 合金、Mg 合金和 Zn 合金，到高熔点的铸铁、不锈钢和镍基高温合金，甚至超导材料 Y-Ba-Cu-O 等在电场作用下的凝固特征，证实电场在合金熔体处理、凝固组织细化及组成相形态与分布等方面，均表现出较为明显的作用效果。

Crossley 等研究发现，直流电流可引起 Al-Ni 合金宏观凝固组织的粗化，认为这是直流电场所产生的过多焦耳热效应的结果。Misra 等在 Pb-15%Sb-7%Sn 合金的凝固过程中通入电流，发现在电流作用下凝固的铅锑合金凝固组织明显细化。常国威等研究了电流对柱状枝晶间距的影响，结果表明在亚快速凝固条件下，增大电流密度会增加固/液界面的稳定性，从而使柱状枝晶间距缩小。王劲等研究了直流电下 ZA27 合金凝固组织的变化情况，当电流密度达 9.5A/cm² 以上时，熔体中粗大的树枝晶组织被细小的非枝晶组织所取代；在直流电场作用下，合金元素的分布随电流密度的变化会发生相应的变化。

6.8.4 电场对合金固态转变的影响

6.8.4.1 电场对金属固态相变的影响

Cao 等在 02 钢（高碳钢）和 4340 钢（中碳合金钢）淬火过程施加了 1kV/cm 的电场，发现在中等冷速条件下淬火，电场使样品硬度值升高幅度最大，且 02 钢的效果最为明显。与电场奥氏体化相比，电场淬火对性能的影响更大些，如图 6.12 所示。Cao 等在解释电场的影响时认为，电场改变了由扩散控制的相变动力学，降低了从奥氏体到珠光体或贝氏体相变中碳和其他溶质原子的扩散速率，反映到 TTT 曲线上，相当于珠光体和贝氏体转变的 "鼻子" 区在电场作用下向右移动，如图 6.13 所示。02 钢在中等冷速淬火时的连续冷却曲线相交于珠光体和贝氏体转变区，在淬火时施加电场则 TTT 曲线右移，不与连续冷却曲线相交。而电场对于 4340 钢的影响效果较弱。

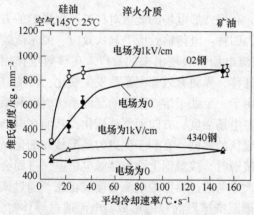

图 6.12 电场与非电场条件下维氏
硬度与平均冷速的关系

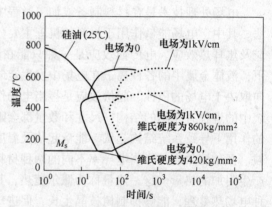

图 6.13 电场与非电场条件下 02
钢的 TTT 曲线估计图

Liu 等研究了电场对 2091Al-Li-Cu-Mg 合金均匀化处理过程的影响。结果表明，外加电场可以促进 Cu、Mg 原子的扩散，导致第二相的溶解加速，减少第二相的体积分数。此外还发现，电场抑制了 2091Al-Li 合金时效过程中 δ′ 相的析出，分析表明，这是由于电场增加了时效处理的激活能。

6.8.4.2 电场对金属再结晶的影响

Conrad 教授较早地开展了脉冲电流对 Al 和 Cu 的回复和再结晶行为影响的研究工作。他认为电场可以影响金属中的原子和位错的可动性，因此对恢复和再结晶有显著影响，如图 6.14 所示。可以看出，电场提高了冷拔铝和铜试样的再结晶温度。另外从图 6.14（b）

还可以看到，电场对铜试样的影响效应随着试样的预先冷轧量的增加而愈加明显。实验还发现，在所采用的电场强度范围内（2.4~2.8kV/cm），电场对再结晶的影响与所处的实验环境无关。值得注意的是：当试样与电源的正极相连时，电场抑制金属的再结晶；当试样与电源的负极相连时，没有上述现象发生，在一定条件下，电场对再结晶的影响不随所处的介质与电场强度的变化而变化，这是因为在该条件下电荷的作用已达到了饱和状态。

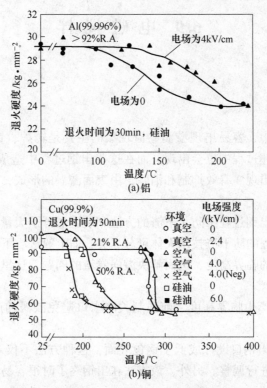

图 6.14　电场与非电场条件下退火的退火硬度

王轶农、胡卓超等研究了电场退火对 Cu、Cu-30%Zn 合金、IF 钢、高纯铝箔和 08Al 深冲钢板再结晶的影响，结果表明，电场未改变再结晶及再结晶织构的形成机制，但电场抑制了再结晶进程，导致再结晶温度升高及晶粒尺寸减小，增强了 Cu 的 {001}<100>和 IF 钢的 γ 纤维再结晶织构。他们认为这些现象是由于电场降低了再结晶驱动力，从而抑制了其他取向晶核的形成与长大。迄今为止，电场对金属再结晶影响的确切机理尚不清楚。

6.8.4.3　电场对金属中原子扩散的影响

外加势场对原子扩散影响很大，如施加应力场、温度场时，试样表面自由能差都具有诱发原子扩散的作用。电场作为一种外加的物理场，对原子的扩散必然产生一定的影响。当试样与外电源的正极相连时，在试样表面可形成正电荷层。在外加电场的作用下，带负电的空位有向金属表面迁移的趋势，进而加速原子的扩散过程。

傅莉等在研究电场热处理对铜与不锈钢摩擦焊接头扩散行为中发现，在外加静电场热处理过程中，摩擦焊接界面处 Fe 元素在 600℃ 时的扩散系数高于常规焊接后热处理时的扩散系数，使 Fe 元素在焊接界面处的扩散激活能降低。而且随电场强度的增加，Fe 元素在焊接界面处的扩散系数增大，扩散激活能下降。其中，负电场的影响更为明显。

Liu 等研究了电场对 Al-Cu 扩散偶柯肯达尔效应的影响：当没有电场时，Mo 丝向 Al 内部迁移，这是因为 Al 原子向 Cu 中的扩散速率比 Cu 原子向 Al 原子的扩散速率高，两者之差造成了界面的移动，使标志物相对移动。而电场的施加加速了 Cu 原子向 Al 的扩散速率，减少了 Al 原子向 Cu 的扩散速率，Mo 丝向 Cu 侧移动，即电场抑制了柯肯达尔效应。

6.9　电磁搅拌

6.9.1　电磁防漩

6.9.1.1　背景

在整个炼钢过程中，容易出现漩涡卷渣现象的主要是转炉、钢包和中间包的出钢过程，甚至在结晶器拉坯过程中也会出现。而在这些出钢过程中造成卷渣现象的主要原因，就是自由表面漩涡的出现。有效抑制和消除自由表面漩涡的形成，便可降低和消除卷渣现象的发生。

近年来，人们对出钢过程中防止下渣的方法和装置展开了大量的研究和探索，取得了一定的成果。浇注过程的防下渣技术大体可分 3 类，即上躲法、下藏法和抑制法。这些方法都是通过控制漩涡的临界高度，进而解决漩涡卷渣的问题。这里，临界高度是漩涡延伸到水口处的高度。

（1）上躲法是在产生临界高度之前强制关闭水口避免漩涡的产生，此法虽然操作简单但是金属收得率低。

（2）下藏法是将出钢口设计成低于钢包底面，这种方法不仅对钢包进行大改动而且在耐火砖的砌筑也要进行调整。另外，该方法在出钢终了时很容易粘渣，不利于清理。一般不使用该方法。

（3）抑制法是设计一种阻漩装置，抑制漩涡的形成，降低产生漩涡的临界高度，从而减少漩涡卷渣，提高钢水洁净度。

国内外学者据此做了大量的研究工作。日本学者研究出类似于转炉炼钢用的挡渣塞的浮游阀。其密度介于钢液和炉渣的密度之间，使浮游阀的下部浸入到钢液中，上部浸入到炉渣中。工作原理是在钢包出钢接近末期时，将浮游阀投入到钢包中，由于浮游阀的阻挡抑制了漩涡的产生，从而起到了防止漩涡卷渣的作用。

尽管人们使用了以上方法防止漩涡卷渣的产生，但是在生产过程中，浮游阀投入时不能准确定位以及出钢时钢液对浮游阀的机械冲刷，也会给钢液带来新的污染。此外，在高温钢液中长时间使用后，阀门容易被腐蚀，再次将杂质元素或夹杂物引入钢液中，而且精确控制阀和旋转管阀等水平侧孔也较容易堵塞。因此，人们开展了利用电磁场对漩涡进行抑制或消除的非接触方法的研究。

6.9.1.2　电磁防漩装置及效果

A　旋转磁场防漩装置

法国 IRSID 研究所在 1978 年提出了应用电磁原理对中间包内的漩涡进行控制的设计。

该设计结合了下藏法的原理，在中间包底部加了一个井状的竖井部分，竖井的直径至少是水口直径的一倍，直径比为5~10，用来安装电磁装置。在磁场的布置方向从垂直于浇注轴到平行于浇注轴的变化过程中，磁场的制动作用逐渐下降到消失，垂直于浇注轴时最佳。电磁装置可以由永磁体、电磁铁或类似的设备构成，分别放在竖井的两侧，如图6.15所示。磁场也可以选择旋转磁场，因为旋转磁场驱动钢液运动，所以旋转方向必须与钢液的旋转方向相反。若可以确定漩涡的旋转方向，选择旋转磁场对漩涡的抑制效果更有效，甚至可以消除漩涡。旋转磁场可以由多相位的静态电磁铁管状式布置来诱导产生，类似于电机定子的旋转电磁感应的形式。如果采用旋转电磁场，必须注意两个方面：一方面，要先确定好漩涡的旋转方向，中间包或钢包浇注过程中出现的涡类似于盆池涡，可以先做一些冷态实验对其旋转方向进行研究确定，或者必要时可以加装一个导流板来使浇注过程中漩涡的方向是确定的。另一方面，要注意调节好电磁感应装置的电磁参数（旋转频率和磁场强度），至少不要运行时间过长而引起漩涡的逆向旋转。同时，也可以施加方向周期性改变的旋转磁场进行防漩。

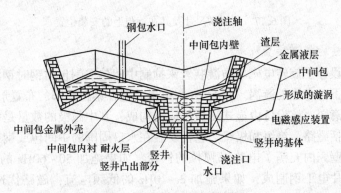

图 6.15　中间包底部结构图

B　静磁场防漩装置

Suh 等提出了采用静磁场进行防漩。利用两种磁场装置，一种是永磁铁，一种是电磁铁，钢液流动方向垂直于静磁场。图6.16为实验装置示意图。图6.17给出了永磁铁的尺寸和放置的位置。两个磁场装置分别位于钢包的底部和侧边，产生的是静磁场。该磁场垂直于钢液的切向流动。在漩涡的抑制上永磁铁和电磁铁相比较，电磁铁某种程度上相对更有效些，但不是特别明显。随着静磁场磁场强度的增加，漩涡的形成高度下降。电磁铁平均静磁场达 0.17T 时，或者永磁铁的平均静磁场达到 0.19T

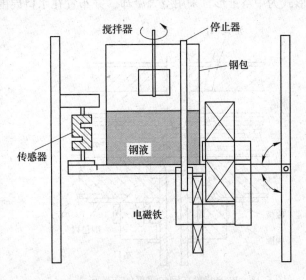

图 6.16　静磁场防漩的实验装置

时，漩涡形成的无量纲高度（形成时液面高度与水口直径的比）从 1.7 下降到 0.85。而即使磁场强度低到 0.05T，漩涡的形成也会明显被抑制。

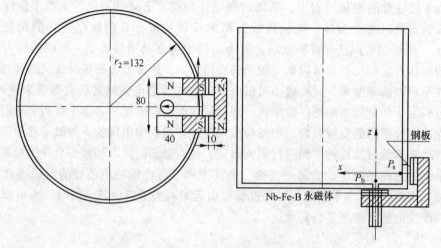

图 6.17   永磁铁尺寸及其在钢包上的安装位置

C 旋转电磁场防漩装置

达尔迪克等设计了旋转电磁场防漩装置来抑制中间包或钢包出钢时钢液的自由液面下降到临界高度以下时产生的漩涡。图 6.18 为电磁装置在钢包底部的布置形式。图 6.19 为电磁装置结构示意图。该设备由显式磁极感应器构成，其中磁极的数量是电流相位数量的倍数。感应器包括磁路、绕组和极靴。它们安装在水口周围的中间包或钢包底部之下，其中磁路制成的薄壁壳内充满了电绝缘颗粒的铁粉，如果施加 50~60Hz 的工业频率电流，则磁路优选由薄片电工钢制成；如果施加 2~10Hz 的低频电流，磁路优选由钢或铸铁铸成。整个磁路的形式为带有中心孔的扁平圆盘，中心孔可以使钢包或中间包的水口穿过。磁极呈梯形截面，带有垂直于衬背平面的绕组。极靴选用钢、铁或层压的电工用钢制成，形式为中空锥形，采用空气冷却，并布置在水口周围的底部衬里中。在钢液上方的中间包

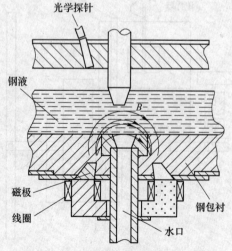

图 6.18   电磁装置在钢包底部的布置形式

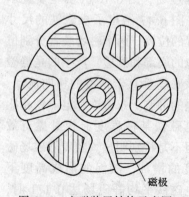

图 6.19   电磁装置结构示意图

盖板上安装光学探针，测量熔融物的速度，确定漩涡的旋转方向。通过低温模型实验，发现施加频率和幅值调制的旋转磁场，或者随时间改变旋转磁场的旋转方向、强度或频率，防漩效果更明显。

6.9.2 电磁稳流和电磁加速技术

6.9.2.1 背景

近年来，连铸技术的快速发展给钢铁产业带来了巨大的影响。目前，钢的"高速连铸"、"近终形连铸"、"连铸-连轧"已成为连铸发展的必然趋势。而现行连铸工艺生产的铸坯存在着振痕、裂纹等表面质量缺陷。振痕主要起源于结晶器钢液弯月面区域的不稳定，表面横裂、角部横裂主要发生在振痕的谷底处，这些缺陷在高拉速连铸工艺中问题更加严重。为了解决上述问题，近年来国内外的连铸工作者采取的措施有：低过热度浇注，使用高效传热结晶器，使用特殊性能保护渣，采取非正弦振动等。这些措施对提高拉速、改善铸坯质量是有益的，但尚不能完全满足高拉速条件下生产无缺陷铸坯的质量要求。

在实现高生产率技术的背景下，人们已意识到结晶器内钢水流动控制技术对实现连铸机的高生产率和高品质铸坯具有重大影响。结晶器内钢液的流动在很大程度上会影响钢液的污染程度和凝固壳对夹杂物的捕捉。结晶器是去除夹杂物和气泡、改善铸坯质量的最后机会，它的运行状况直接影响连铸机的生产率和铸坯质量。控制和优化结晶器内钢液流动，对于提高铸坯质量至关重要。

连铸的基本要求是提供高洁净的钢水，从而避免由夹杂物造成的表面和内部缺陷。这些夹杂物主要来自保护渣的卷吸和外来氧化铝的浸入等，它们都与结晶器内钢水流动，特别是弯月面下的流动密切相关。然而在连铸过程从浇注开始到浇注终了，浇注条件经历各种各样的变化，为了避免保护渣的卷吸，需要使结晶器内流动控制在最佳的范围内，从而在提高铸坯质量的同时，保持浇注的稳定性。为此，日本钢管公司在1991年提出了电磁稳流和电磁加速技术。该技术利用移动磁场控制结晶器内钢液流动，从浇注开始到终了，都可将钢液流动控制在最佳状态。

6.9.2.2 电磁稳流和电磁加速技术原理

作为结晶器内钢水流动控制的手段，基于行波磁场方式的结晶器电磁稳流和电磁加速技术是保证高速连铸时铸坯质量和浇注稳定性不可缺少的技术。电磁稳流和电磁加速技术采用4个线性搅拌器，位于浸入式水口的两边，两两并排安装在结晶器宽面支撑板的后面。它们用于对通过水口的钢液进行减速或增速，目的在于有效控制结晶器内的钢液流动，特别是将弯月面附近的流动控制在一个恰当的范围内，以满足不同拉速和规格板坯的生产。为了产生这样的移动磁场，沿结晶器前后的长边板面配置了线性马达型磁场发生装置，如图6.20所示。由前后磁场发生装置的线圈所合成的磁通，贯穿结晶器厚度方向。

其工作原理为：在板坯结晶器两宽面上分别布置

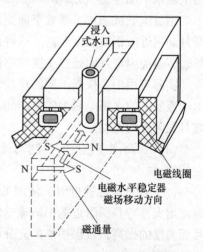

图 6.20　电磁水平稳定器和电磁
水平加速器磁场放置方式示意图

两对行波磁场搅拌器，在同一宽面上的一对行波磁场搅拌器可分别激发相向行进的行波磁场或反向行进的行波磁场，在从浸入式水口流出的流股上产生两类水平的电磁力。前者的电磁力从窄面指向浸入式水口，从而制动流股使其减速；后者的电磁力从浸入式水口指向窄面，其方向顺着流股，从而使钢液加速。图 6.21 为结晶器电磁控流技术原理示意图。

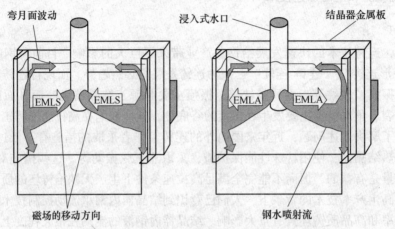

图 6.21　电磁稳流和电磁加速技术原理示意图

6.9.2.3　电磁稳流和电磁加速技术装置及效果

如前所述，磁场在从结晶器水口流出的钢液流股上产生两类水平的电磁力，其中一种电磁力是从窄面指向水口，其力的方向正好和流股的速度方向相反。由于电磁力是体积力，从而制动钢液流股的流出速度，使其减速。这种形式称为电磁水平稳定器（Electromagnetic level stabilimeter，EMLS）。其相对切割磁力线的速度更大，产生的电磁力更强，制动效果更好。这种电磁控流技术主要用于当弯月面流动过于剧烈，钢水液位波动过大，保护渣分布不均匀时，避免出现与结晶器保护渣有关的大颗粒夹杂物。另外一种电磁力方向从水口指向板坯窄面，其方向和钢液流股的速度方向相同，从而使钢水加速。此种形式为电磁水平加速器（Electromagnetic level accelerator，EMLA）。在这种模式下，从水口流出的钢液流股被加速，导致窄面附近向上流股速度增大，过热钢水不断向弯月面供热，使弯月面附近的钢液温度升高。这种形式的电磁控流技术主要用于当弯月面钢水流动速度太低时，避免因弯月面处热交换效率低，形成铝基夹杂物。

实际应用中，根据不同的浇注条件和浇注速度，通过选择和调节加于从浸入式水口吐出的流股上的水平电磁力的方向和大小，选择使用 EMLS 或 EMLA，控制结晶器内特别是弯月面附近的流动。

（1）在高浇注速度时，制动流股，降低弯月面附近的流动速度，避免弯月面的不稳定或波动。

（2）在低浇注速度时，使用 EMLA 后，从水口吐出的钢液流股被加速，沿窄面的上返流增大，弯月面附近的钢液流动增大，增大了对凝固前沿的清洗作用；同时也有利于弯月面温度的提高以及保护渣的充分熔融，提高了保护渣吸收夹杂物的能力，减少了缺陷发生的频率。

（3）在整个连铸过程中，可以借助于计算机控制，将弯月面波高维持在最佳范围内。

据统计，在有 EMLA/EMLS 的人工控制工况下，冷轧薄板的表面缺陷可降至无 EMLA/EMLS 时的 1/3 左右。自动控制工况下，又进一步降到人工控制的一半。

采用电磁控流装置 EMLA/EMLS，结晶器内弯月面附近的流动可以被控制在一个最佳范围内，从而大大减少铸坯表面和皮下的夹杂物含量，达到减少铸坯表面和内部缺陷的目的。

6.10 电 磁 侧 封

6.10.1 背景

近终形连铸是指浇注接近最终产品尺寸和形状的浇注方式，是当代钢铁工业发展中一项重要的高新技术。近终形连铸力求浇注尽可能接近最终产品尺寸的铸坯，这些坯材只要稍稍加工即可使用，甚至可以直接使用，以减少加工工序、节约能源、缩短生产周期。近终形连铸包括薄板坯连铸、带钢连铸、异型坯连铸、管坯连铸、线材连铸等，其中应用最广、影响最大的是薄板坯连铸。

薄板坯连铸就是把钢水经中间包直接注入两铸辊之间，轧制成厚度小于 20mm 的板带，如图 6.22 所示。这样能缩短生产流程，节约能源，提高成材率，降低成本。其中侧封技术为制约薄板坯连铸关键技术之一。

侧封是为了能在两铸辊间形成液态金属熔池而在铸辊两端安装的防漏装置，它能起到约束金属液体、促进薄带成型、保证薄带边缘质量等作用。目前，主要有电磁侧封、气体侧封和固态侧封 3 种侧封技术，其中电磁侧封和固态侧封是当前冶金界研究的热点，而气体侧封作为一种新的侧封形式，还有待进一步研究。

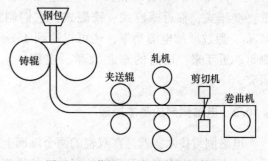

图 6.22 薄板坯双辊连铸连轧简图

6.10.1.1 固态侧封

以一定的压力，用机械装置将异型的耐火材料导板以接触的方式固定在双辊的两侧段，用这种简单的直接接触式固态侧封导板，既可以完成液态金属的浇注工艺过程，又可以防止浇注系统中液态金属的泄漏，如图 6.23 所示。这种方式由于是靠固体的耐火材料导板与双辊之间在转动中直接连续发生物理接触，固体的耐火材料导板不可避免地产生磨损，导致固体导板的寿命不会太长，并且磨损又不可能是均匀的，局部就会产生间隙。同时固态侧封也容易使浇注系统中的液态金属内产生温度梯度，从而会使薄带坯的组织不均匀和带来不规则的边缘形状。

6.10.1.2 电磁侧封

固态侧封存在的问题，一方面促使人们不断地对其进行改进，另一方面促使人们积极地探索新的侧封方法和装置，各种不同形式的电磁侧封方案受到普遍关注。电磁侧封可以提高侧封装置的使用寿命、提高薄带连铸机的稳定性和薄带产品的边部质量，并且可以避

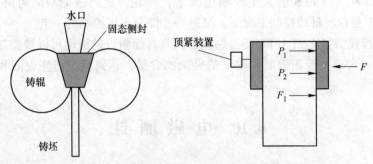

图 6.23　薄板坯双辊连铸固态侧封简图

免固态侧封材料存在的问题，从根本上完善双辊薄带连铸机浇注系统。

　　电磁侧封（EMD）技术试图用电磁力来约束钢液，实现轧辊端部无漏钢的非接触侧封，避免了钢液被侧封材料污染以及钢液遇冷结块等问题，从而提高铸带质量（图6.24）。电磁侧封的优越性引起了冶金界的重视，世界各国都投入大量人力物力，做了大量研究工作。1989 年，美国内陆钢铁公司率先进行试验，证实了电磁侧封技术的可行性。1998 年，该公司和日本日立造船厂合作，在工业双辊轧机上试验了 3 种 EMD 装置：变压式、临近感应式、铁磁式，它们侧封的熔池的最大高度相应为 28cm、23cm、35cm。通过增加电源功率，还可以达到 45cm。日本名古屋大学研究了直流电与静磁场侧封。近年来，国内的东北大学、宝钢、上海大学等针对电磁侧封技术也做了大量研究。

6.10.2　电磁侧封的基本原理

　　电磁侧封技术，就是在双辊的两个端面上施加一个特定的电磁场，通过作用于液态金属上的电磁感应力来达到侧封的目的。如果施加的电磁场是交变的，就会在欲封住的液态金属中感生出相应的电流。这个感生电流在电磁场中就会受到一个始终指向液态金属内部的洛伦兹力。只要这个洛伦兹力满足特定的条件，就可以完全抵消液态金属的静压力，达到在全端面上封住液态金属的效果。如果这个电磁场是稳恒的，则需要另外的手段给液态金属通入与此电磁场垂直的电流。其原理如图 6.24 所示。当铸辊间充满金属液时，由于直流电源和电极的存在，就会在其中产生如图所示的电流。根据左手定则，该电流与图中所示的磁场相互作用，产生指向液态金属内部的电磁力，从而达到密封住侧封板与铸辊缝隙间液态金属的目的。显然，电磁场无须与液态金属相接触就可以实现金属液的侧封，避免了侧封板的消耗和磨损，具有固体侧封板所无法比拟的优越性。

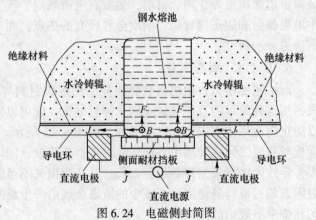

图 6.24　电磁侧封简图

6.10.3 电磁侧封的方式与装置

6.10.3.1 直流传导式侧封

在直流传导式侧封装置中，用来侧封熔池边缘液态金属的电磁力由稳恒磁场和直流电直接的相互作用提供。如图 6.25 所示，在辊的端部，即在浇注系统的两侧设置磁场。在浇注过程中，再给液态金属输入一个与磁场垂直的直流电流，这样液态金属将受到电磁力的作用。当电磁力与液态金属的静压力达到平衡时，液态金属保持在熔池中不泄漏，实现侧封。

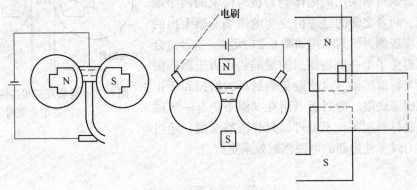

图 6.25　不同形式薄板坯双辊连铸直流电磁侧封

电磁力的方向由磁场和电流方向确定。当电流方向一定时，使辊子两侧的磁场方向不同，可使辊子两端的液态金属同时产生方向相反且指向中心的电磁力，浇注系统中的液态金属自约束进入到双辊结晶器中，从而实现薄板坯连铸机的连续正常工作。

6.10.3.2 交流电磁场侧封

交流电磁场侧封装置如图 6.26 所示。该装置利用电磁发生装置，由时变电场产生时变磁场，再由线圈的磁场磁化铁芯，使之形成两个磁极。将时变磁场的两个磁极置于两辊的侧端锥形辊缝的两侧，两个磁极间产生如图 6.26（a）中虚线所示的交变磁场，当铸辊间充满液态金属时，交变磁场使液态金属中感生出图 6.26（b）所示的电流。电流与磁场之间相互作用产生排斥力，其方向由辊的两端外侧指向中心。同时由于集肤效应，电磁场

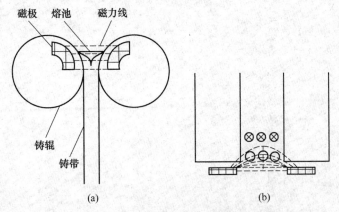

图 6.26　不同形式薄板坯双辊连铸交流电磁侧封

在液态金属中只能透过一定的深度，并且随透入深度的增加，强度呈指数衰减，因此液态金属边缘的电磁力要大于内部的电磁力，最后形成指向液态金属内部的电磁力。当这一电磁力与浇注系统中液态金属的静压力和来自两辊的挤压力的合力达到平衡时，便能够成功地完成侧封。

6.10.3.3 电磁场与固态组合侧封

单一的电磁侧封目前还存在着很多问题需要解决，尤其是侧封的高度不能满足大规模工业生产的要求，为此人们提出了电磁场与固态组合侧封。电磁场与固态组合侧封所采用的固体侧封板与铸辊的两个端面不接触，两者之间的缝隙由交变电磁场所感生出的电磁力来实现侧封，其结构如图 6.27 所示。这种组合侧封不仅避免了单一电磁侧封的缺陷，还由于固态侧封板并不与辊面接触，也能避免侧封板的磨损和板带形状不规则等缺陷。侧封板采用在高温下仍有一定磁导率的铁磁材料制备，不但可以封住液态金属，还可以引导磁力线，使边部的电磁密封效果更好。

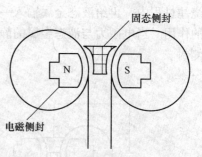

图 6.27 薄板坯双辊连铸电磁场与固态组合侧封

思 考 题

6-1 什么是电磁悬浮冶金？简述其基本原理。

6-2 电磁泵有哪些类型？简述其工作原理。

6-3 什么是电磁制动，其作用是什么？

6-4 金属液电磁净化作用的特点有哪些？简述其工作原理。

6-5 电磁净化处理的时候按加磁场的方法不同可分哪些类型？

6-6 电磁搅拌的类型有哪几种？

6-7 电磁感应加热技术主要应用于哪些工业部门？

7 电磁流体力学在材料制备方面的应用

将磁场技术应用于材料制备过程中，已经越来越引起业内人士的关注，也取得了许多重要的成果。磁场的种类有很多，主要可分为静磁场、交变磁场、脉冲磁场、脉动磁场，且都有广泛应用。目前，强磁场在控制材料的物理化学过程、相变、结晶配向等方面均获得了大量的科研成果，并由此诞生了强磁场材料科学。强磁场通常是指磁感应强度在2.0T以上的磁场，是与温度、压力一样重要的物理参数。强磁场具有的增强洛伦兹力、磁化能、磁力矩、磁化力和磁偶极间相互作用等可以影响材料的物理和化学过程。由于材料受到的磁化力与磁感应强度的平方成正比，在强磁场作用下，无论是非磁性材料还是磁性材料，在不均匀的强磁场中都会受到显著的磁化力作用。强磁场的这种作用不仅可以直接达到原子尺度，而且对纳米尺寸的颗粒以及宏观物体都会有明显的影响。因此，强磁场对众多领域的影响是极为深远的。自1913年以来，20项与强磁场有关的成果获得了诺贝尔奖。

随着低温、超导和真空技术的不断发展，大空间、高强度超导强磁场的获得成为现实。也正是因为强磁场蕴藏着不可估量的应用前景，才引起科技界乃至各国政府的高度重视。世界一些先进国家都相继投入了大量人力和物力，建立了强磁场实验室，开展强磁场利用方面的研究工作。强磁场在各个学科领域的广泛应用，形成了很多交叉学科，这极大地促进了强磁场在物理学、化学和生物学等多学科领域中的应用。20世纪90年代，强磁场技术开始被应用到材料科学的研究中，并逐步形成一门独立的学科——强磁场材料科学。强磁场对光、电、磁等材料制备过程的作用，为开发具有特殊性能的磁光材料、光学晶体、多功能薄膜、磁性材料、超导材料等提供了一种新途径，也逐步形成了一个全新的研究领域，成为电磁冶金技术领域的一个重要的学术分支。

随着在强磁场中的化学反应、高温加热和薄膜沉积等实验装置陆续被成功开发，强磁场的洛伦兹力和磁化力等磁作用效果被广泛地用来控制化学反应过程、表面催化过程、材料（特别是磁性材料）的生长过程、生物效应以及液晶的生成等。通过强磁场对材料的物理化学反应的宏观或者微观过程的作用，达到改善材料性能甚至开发新型材料的目的。目前，强磁场材料科学已经延伸到各个研究领域，包括纤维材料、陶瓷材料、块体金属材料、高分子材料、薄膜材料、生物材料、有机化合物材料和金属间扩散等。目前我国已经拥有了最高磁感应强度达到40T的强磁场装置，这对我国强磁场下的科学研究起到了推进作用，促使许多更新更有价值现象的发现，制备出功能更加优异的材料。本章主要介绍强磁场在材料制备过程中的应用及其对材料结构和性能的影响，以及强磁场条件下梯度功能材料、取向与排列材料和薄膜材料的制备。

7.1　强磁场条件下材料制备原理

7.1.1　强磁场对材料结构的影响

从材料结构上来说，强磁场（包括梯度强磁场）作为一种手段，与不同的材料制备过程相结合，可以制备出具有优异性能的新型材料。目前，强磁场主要和凝固过程（包括定向凝固过程）、薄膜制备过程、热处理过程、烧结过程等相结合，制备出了不同结构的材料。

利用常规制备材料的方法，通过强磁场的作用，材料的生长方向、结晶度、位错与空位、晶体形貌、晶界等都会发生改变。强磁场和材料热处理过程、金属间扩散过程、普通凝固过程、定向凝固过程、烧结过程、碳化过程、薄膜制备过程及微晶纳米晶生长过程等相结合，制备出了许多具有新型结构的材料，而且研究表明，强磁场手段的施加对材料性能也有很大的提高。

在热处理过程中，稳恒强磁场的影响主要涉及相变、结晶度、位错与空位、晶粒形貌、离子排列、晶界及取向。关于稳恒强磁场下相变的研究，在1968年，Satyanarayan等报道了1.6T强磁场可以使得低碳钢的马氏体相变温度提升5℃；温度低于马氏体相变时，马氏体增加了4%~9%。1972年，Peters等在Fe-26%Ni-2%Mn合金的等温马氏体相变过程中施加稳恒磁场，发现稳恒磁场使得相变速率显著提高。在反应温度为−60℃时，20kOe（1Oe＝79.5775A/m）磁场的应用加快了3倍的相变速率。1973年，Peters等还研究了稳恒磁场对Fe-Co系统相平衡的影响，在19kOe磁场作用下，$\alpha \to \alpha + \gamma$ 和 $\gamma \to \alpha + \gamma$ 相变的温度向更高的温度迁移。对于30%Co合金，$\alpha \to \alpha + \gamma$ 的相变温度升高了5K，$\gamma \to \alpha + \gamma$ 的相变温度升高了8K。在磁场作用下，$\gamma \to \alpha + \gamma$ 相变速率增加，$\alpha \to \alpha + \gamma$ 相变速率相对降低。

在金属间扩散过程，稳恒强磁场可以改变金属间化合物的形貌与晶体生长方向，有些研究表明稳恒强磁场可以促进扩散及金属间化合物的生长，而有些研究表明稳恒强磁场则抑制了扩散及金属间化合物的生长。在凝固过程中，稳恒强磁场可以改变晶体生长速率、晶体形貌与晶界、液相线温度与凝固温度、成分分布及取向等，并且大部分材料在凝固过程中都发生了取向生长。而相对于热处理过程，材料的取向生长在凝固过程中更加容易发生。1981年，Savitsky等最先研究了2.5T磁场对Bi-Mn合金凝固结晶的影响，发现延长的MnBi晶体的生长方向平行于外加磁场方向，而且晶粒的尺寸大于无磁场下的晶粒尺寸，在磁场下结晶的合金具有很大的各向异性。Sung等研究了稳恒强磁场对碳纤维碳化过程的影响，发现稳恒强磁场使得表面缺陷减少，碳纤维的抗拉强度增强了14%。

在薄膜制备过程及微晶纳米晶生长过程中，施加稳恒强磁场可以改变材料的晶体形貌、生长行为、致密度、表面粗糙度、缺陷、颗粒尺寸及其分布与离子分布、有序化、晶体步长速率及取向。在研究磁场下电沉积铁薄膜的微观结构时，发现随着磁感应强度的增加，薄膜晶粒尺寸减小，表面粗糙度降低。在磁场中电沉积铜和镍薄膜，薄膜的晶粒尺寸减小。

稳恒强磁场与胶体过滤和基片加热过程、注浆成型过程、溶液自然蒸干或烘干过程及化学合成过程等相结合，主要是制备有取向的材料。在三氯甲烷溶液中制备二维有序的正十二硫醇包覆的银纳米晶时，发现 10T 磁场下材料的有序度得到了提高。1981 年，Torbet 等在强磁场中通过聚合制备了有取向的纤维蛋白凝胶。Sugiyama 等利用强磁场制备了有取向的纤维素微晶。Yamaguchi 等研究了强磁场对 $LaCo_5$-H 系统的化学平衡迁移的影响，研究了 14T 磁场对 $LaCo_5$-H 系统的 β+α 区域的平衡氢压力的影响，在 4T 下，对数压力 $\ln(p_H/p_0)$ 是 0.19，平衡系数改变了 21%。$LaCo_5H_{3.4}$（β 相）和 H_2 共存与 $LaCo_5H_{4.3}$（γ 相）达到化学平衡，这里 β 相的饱和磁矩是 45emu/g（$1emu/g = 1Am^2/kg$），γ 相的饱和磁矩是 11emu/g，磁场使得平衡向 β 相方向迁移。因此，随着磁感应强度的增加，氢压力增加。对于稳恒强磁场下这么多新奇现象，大量研究人员不断探索强磁场下的理论解释，并进行了大量的原位观察及模拟研究。

利用常规的材料制备过程，施加梯度强磁场与材料的凝固过程、溶液中晶体生长过程、热处理过程、溶解结晶生长过程、磁分离过程等相结合，可以实现溶质及相的分离，影响生长速度、晶体形貌、分布及取向等。梯度强磁场下的分离主要和磁化力的作用有关，不同物质磁性强弱不同及物质所处磁场中的梯度和磁感应强度乘积不同，都会对物质产生不同的磁化力，进而发生分离现象。利用梯度强磁场，Arkadiev 在 1947 年首次报道了磁悬浮现象。随后，大量材料科学家对磁悬浮现象进行了研究，并且利用磁悬浮使抗磁性的液态和固态金属悬浮起来。由于磁悬浮具有无接触、低重力的环境及无振动的优点，还可以抑制在晶体生长过程中无法控制的不均匀形核对材料晶体生长过程的影响，这样利用磁悬浮可以制备特殊结构的材料。磁悬浮对于熔化材料也是一项非常有用的技术，因为它脱离了坩埚并且没有污染，为合成新材料提供了全新的手段，而且一些需要在空间站完成的实验，可以通过这种办法取代。例如，Wakayama 等利用磁悬浮，生长出高质量的生物大分子晶体。Ikezoe 等利用磁阿基米德悬浮分离了弱磁性颗粒，并利用磁阿基米德力使水悬浮。Hamai 等对悬浮非晶体进行熔化，获得了完整的球体和细小的颗粒（这里获得的球体是由于表面张力的作用）。Kitamura 等利用磁悬浮制备的 BK_7 和 Na_2O-TeO_2 非晶球体在非晶结构上表现为各向同性。Takahashi 等利用磁悬浮把石蜡悬浮在炉中，并用 YAG 激光均匀地辐射石蜡，发现试样表面的马兰格尼对流降低。目前，还有很多研究人员利用磁悬浮来制备新型材料，研究磁悬浮下的理论。对于梯度强磁场下晶体生长的形貌影响研究，主要通过动力学进行解释说明，主要考虑由洛伦兹力引起的磁流体力学机制和磁化力作用引起的磁化对流等。由于强磁场可以改变材料的结构，那么就可以利用强磁场获得不同性能的材料。

除了强磁场的力效应对晶体生长的影响外，由热电效应在强磁场引起的热电磁力也会引起流体的运动，进而改变晶体的外貌。1942 年，Alfven 首次提出磁流体波。1949 年，Lundquist 首次在实验室里检测到这种波，这种磁流体波有望在材料制备领域获得应用。1967 年，Pershan 对磁光效应进行了总结。1968 年，Freiser 研究了磁光效应，并提出 Kerr 和 Faraday 效应在磁记录和光控制方面的应用。

材料的结构与性能之间有密切的联系，由于强磁场可以改变材料的结构，那么就可以利用强磁场获得不同性能的材料，如磁性能、超导特性、光学性能、电性能等。目前对于磁性能的研究比较多，而对于超导特性则主要是关于 Bi 基超导玻璃陶瓷材料及 $YBa_2Cu_3O_7$ 薄膜。目前对于强磁场下材料结构的研究要多于对性能的研究，今后的强磁场科学研究，必将从结构和性能两方面展开。

7.1.2　强磁场对材料性能的作用

对于磁性能，强磁场可以增加 Fe-Si-O 薄膜垂直方向上的剩磁和矫顽力，磁场热处理可以显著地提高 Nd-Fe-B 磁体的矫顽力。Kato 等研究了强磁场对烧结 Nd-F-B 磁体矫顽力的影响，发现含有少量 Cu 和 Al 的样品在 500℃ 和 550℃ 下热处理，施加 140kOe 的磁场，样品的矫顽力相对于无磁场样品分别增加了 20% 和 16%。Li 等研究了强磁场热处理对 Fe-Pd 合金织构和磁性能的影响，发现强磁场热处理增加了结晶晶粒的体积分数，晶体的 c 轴沿磁场方向排列，经过磁场热处理的 Fe-Pd 合金表现为单轴磁各向异性。Wang 等在溅射沉积 $\alpha' - FeN$ 薄膜过程中施加强磁场，研究了强磁场对薄膜微观结构和磁性能的影响，发现在强磁场作用下，晶粒的生长被抑制，薄膜的表面粗糙度降低，矫顽力变小。Sun 等通过对 Fe^{3+} 和 Ni^{2+}（5%，摩尔分数）掺杂的 In_2O_3 单晶立方纳米材料进行 4T 强磁场热处理，发现材料的磁性能发生了显著改变。Fe^{3+} 掺杂的 In_2O_3 纳米晶通过强磁场热处理从顺磁态转变为超顺磁态，然而 Ni^{2+} 掺杂的 In_2O_3 纳米立方晶明显地改进了铁磁性，还发现材料的磁性能不受杂质或者晶体结构和形貌变化的影响。在强磁场下，材料磁性的转变和改进可以归因于掺杂离子的重新排列。Suzuki 等研究了旋转磁场（在磁场中样品被旋转）热处理对纳米晶 $(Fe_{1-x}Co_x)_{90}Zr_7B_3$（$x=0$，0.1，0.2，0.3）软磁性能的影响，发现纳米晶的单轴各向异性在旋转磁场热处理过程中被抑制，矫顽力降低了 60%。不过，磁致弹性的各向异性对纳米晶的软磁性能仍有影响。Zuo 等研究了强磁场对凝固制备的 Fe-49%Sn 偏共晶合金的磁性能的影响，发现沿磁场方向和垂直于磁场方向的磁性能显著不同，强磁场增加了合金的磁各向异性，平行于磁场方向的饱和磁化强度、磁化率和剩磁显著地增加，这归因于 Fe-Sn 合金在强磁场下取向生长。Li 等在水热合成 2%（摩尔分数）Cr 掺杂的 ZnO 纳米颗粒时施加强磁场，研究了强磁场对结构和磁性能的影响，发现在磁场作用下，晶粒沿 c 轴生长。在 4T 磁场下，样品在室温时表现为铁磁行为，但是无磁场下试样表现为顺磁行为。Liu 等在相变合成 $Mn_{0.6}Zn_{0.4}Fe_2O_4$ 纳米颗粒过程中施加 6T 磁场，研究强磁场对结构和磁性能的影响，发现在 6T 磁场作用下，颗粒的平均尺寸增加和颗粒尺寸分布范围变窄。磁场增强了纳米颗粒的饱和磁化强度并降低了磁损耗。磁场影响了晶粒尺寸和离子的分布，结果导致高的磁化强度和 MnZn 纳米铁氧体低的磁损耗。Tang 等在直流磁控溅射制备 Fe_3O_4 薄膜时施加了 350Oe 磁场，研究发现磁场有效地促进了 Fe_3O_4 多晶薄膜沿一定方向取向生长，磁场也提升了材料的磁阻（MR）值。

对于超导性能，磁场还可以增强 Bi 基超导玻璃陶瓷材料的取向度，进而提高材料的超导性能。Lu 等研究了在强磁场下变温烧结对 Bi-2223/Ag 条带的微观结构和超导性能的影响，发现在 10T 强磁场下，Bi-2223/Ag 相发生了强烈的 c 轴排列，获得了高比例的 Bi-2223 相，具有最高的临界电流密度（J_c）值。Ma 等在金属有机化学气相沉积制备 $YBa_2Cu_3O_7$ 薄膜过程中施加磁场，研究磁场对薄膜生长的影响，在磁场作用下，薄膜的取向明显地被诱导。在 8T 磁场下，沉积薄膜的 J_c 值在 77K 时比无磁场情况下的 J_c 值高出一个数量级。Watanabe 等利用 10T 磁场在 1000℃ 种晶 $YBa_2Cu_3O_7$ 块体 3 天，提高了块体的结晶度。在 77.3K 和 2T 时，经过强磁场种晶过程处理的样品 J_c 值是无磁场试样的 2 倍。

在生物医学领域，Nakahira 等利用 14T 磁场使得骨骼形状的轻磷灰石大量析出，增强了磷灰石基生物材料的生物活性。对于光学性能，Cao 等研究了强磁场对菲和二甲基苯胺链状分子的分子内激态配合物的荧光性影响，发现在 0～1T 范围内，随磁感应强度增加，荧光衰减速度快速降低，在 1～14T 范围内，随磁感应强度的增加，荧光衰减速度缓慢增加。Yang 等在热处理非晶 TiO_2 纳米管过程中施加强磁场，研究了强磁场对 TiO_2 纳米管的可见光致发光的影响，发现在磁场作用下，由于氧空位的参与，TiO_2 纳米管的可见光致发光性能提高。通过改变磁感应强度大小和方向，可以控制 TiO_2 纳米管的氧空位的密度。Yang 等利用真空气相沉积制备了氧钒根-酞化青染料薄膜，在热处理薄膜过程中施加磁场（1.0T），发现在紫外-可见吸收光谱范围中 Q 波段吸收峰位置迁移到更长的波长；在磁场热处理后，薄膜的 X 射线衍射强度增强，并且感光衰变特性显著提高。这些变化是由于在磁场热处理过程中分子发生取向和薄膜结晶度提高。

对于热电性能及电性能，Kim 等在注浆成型过程中施加了 6T 强磁场，随后采用火花放电等离子体烧结制备了多晶的 $Bi_{0.5}Sb_{1.5}Te_3$ 块体材料，对材料的取向和热电性能进行研究，发现在 6T 磁场中，直径小于 $36\mu m$ 的片状颗粒粉末沿 c 轴排列；然而在 0T 时，直径小于 $5\mu m$ 颗粒粉末表现为随机方向排列。在磁场作用下，垂直于 c 轴方向的空穴迁移率增加，导致电阻率降低了 15%，依据 c 轴排列的电阻率的理论评估与实验结果相一致。Anazawa 等在电弧放电制备多壁碳纳米管过程中施加 300mT 磁场，获得了高纯度的无缺陷的多壁碳纳米管。电流电压测试表明，载流子在无缺陷的多壁碳纳米管中是弹道运输，最大电流密度达 $10^{11} A/m^2$。

对于力学性能，Grasso 等在浇注过程中施加强磁场，随后进行烧结获得了高硬度的 B_4C 多晶材料。B_4C 的 c 轴方向垂直于磁场方向排列，垂直和平行于 c 轴的表面硬度分别是（38.86±2.13）GPa。材料的高硬度和弹性系数值与报道的 $B_{4.38}C$ 单晶材料相一致。Feng 等在电镀 Al_2O_3 复合材料涂层过程中沿垂直于电极表面施加强磁场，研究了强磁场对颗粒成分和镀层的表面形貌、微观硬度和耐磨性的影响，发现随着磁感应强度增加，纳米 Al_2O_3 颗粒在复合层中的数量增加，在 8T 时，数量达到最大值，随后略微降低。与无磁场下纯镍层的显微硬度和耐磨性相比，在磁场作用下的纳米复合层的显微硬度和耐磨性得到了提升。

强磁场的取向作用使得材料的性能表现为各向异性，如 Kimura 等成功制备了各向异性的多壁碳纳米管聚合物复合材料。在 10T 磁场作用下，多壁碳纳米管在聚合物基体中定向排列。材料的磁化率、电导率和弹性系数均表现为明显的各向异性。Suzuki 等在注浆成型过程中施加强磁场，制备了取向的 AlN 块体陶瓷。AlN 的 c 轴方向垂直于磁场方向。织构化 AlN 的力学性能与热传导性能依赖结晶方向，在平行于磁场方向上的性能优于其他方向的性能。Rivoirard 等对 Nd-Cu 共晶基体中含有 $Nd_2Fe_{14}B$ 晶粒的材料进行热处理，温度高于 Nd-Cu 熔化温度，并且在热处理过程中施加了 16T 强磁场，成功地制备了各向异性的硬磁合金。

7.2 强磁场热处理

强磁场用做热处理是一个新的课题，比普通热处理更容易控制，更清洁。在磁场的作用下，可以改善金属材料的力学性能，主要有磁场退火、磁场加热淬火、磁场回火、磁场渗氮等。固态材料在施加强磁场时，会发生固态相变，可获得需要的取向组织。主要机理可能是磁场使位错形成较低能量状态的位错形式，或者是磁场改变了晶体界面构造和界面能。Xu 等的研究表明，在珠光体的等温相变中，磁场可促进珠光体相变、促进形核生成。吴存有等发现球墨铸铁在强磁场下退火后，在平行于试样方向上，拉伸强度、硬度降低，伸长率、断面收缩率升高，还发现强磁场可以加速渗碳体的分解，从而缩短退火时间。磁场能改善热处理过程中超导膜（$YBa_2Cu_3O_7$）的表面形貌，使之具有更好的表面性能。高温顺磁性奥氏体在强磁场作用下发生磁化变形，形成高密度的位错胞结构，并有弥散碳化物析出；磁场淬火得到明显的位错胞，并且这种组织淬火后抑制马氏体长大，细化了组织，使材料强化。

7.3　复合涂层及薄膜材料制备

7.3.1　复合涂层的制备

电磁搅拌在铸造、半固态制浆、电弧焊、激光焊接等领域得到了大量的研究和应用，但针对电磁搅拌应用在材料表面改性中的研究较少，特别是针对提高材料表面硬度、耐磨性以及耐蚀抗高温氧化性能的应用更少，结合材料表面改性技术，综合现有关于电磁搅拌在材料表面改性中的应用，电磁搅拌在堆焊中主要是磁场强度和磁场频率对堆焊层组织形态和性能的影响研究。刘政军等研究了纵向和横向磁场对 Fe 基堆焊层组织形态和性能，结果表明，激磁电流在 3A 时，堆焊层中硬质相呈六方块状分布，且性能最好；磁场频率在 10Hz 时，堆焊层性能达到最佳值。

电磁搅拌技术在以上领域得到了较为广泛的研究和应用，并取得了较好的研究结果和应用价值，更重要的是人们掌握了电磁搅拌的机理，因此电磁搅拌技术在激光熔覆中的研究和应用同样受到人们的重视。2005 年，许华等率先开展了电磁搅拌对激光熔覆硬质合金的影响研究，其磁场装置为自制旋转磁场，磁场发生装置采用三组激磁线圈，并对三组线圈施加三相交流电来实现磁场的旋转。激光熔覆实验方法采用预制涂层并放置在旋转磁场搅拌体内，从而完成电磁搅拌辅助激光熔覆，其实验结果和分析表明，熔覆涂层中的WC 组织在电磁搅拌作用下明显被细化，且分布较均匀，同时熔覆涂层中过渡区的树枝晶也能在电磁搅拌作用下也被明显细化。2010 年，余本海等采用自制旋转磁场的电磁搅拌装置，研究了旋转磁场对激光熔覆 WC-Co 涂层显微组织及硬度的影响。实验结果对比与实际分析表明，电磁搅拌促使 WC-Co 涂层组织细化且在涂层中的分布更均匀，涂层内部无裂纹和气孔的产生，从而提高了涂层内部质量，涂层显微硬度随着磁场强度的增加而增加；但其自制旋转电磁搅拌装置针对激光熔覆涂层其局限性较大，因为只能使用预制法来制备熔覆涂层，同时涂层制备面积受旋转磁场内部空间的限制。

7.3.2　强磁场下薄膜制备方法

将物理气相沉积方法与强磁场相结合考察强磁场对 Fe-Ni 薄膜制备的影响。实验装置如图 7.1 所示。实验装置由超导强磁体系统、真空系统、加热源、源温度控制系统、基片样品架及基片温度控制系统等构成。如图 7.1（a）所示，把物理气相沉积装置放入直径为 300mm 的强磁场腔体内，并且与强磁场装置固定在一起。强磁场由最外层的超导线圈产生，用液氦对超导线圈进行冷却，磁感应强度最大可达到 6T。当磁感应强度为 6T 时，在磁体冷腔中磁感应强度 B 以及磁感应强度和磁场梯度的乘积 BdB/dz 在垂直方向上的分布如图 7.1（b）所示。

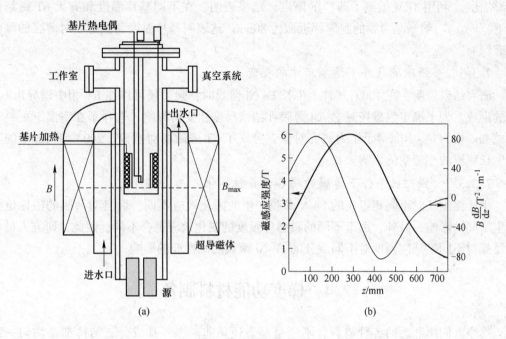

图 7.1　薄膜制备方法

（a）实验装置示意图；（b）强磁场分布曲线

真空抽气装置采用机械泵和分子泵组合方式，真空腔的真空度为 10^{-5} Pa。当加热源温度设置在 1400℃时，在蒸镀过程中，真空腔可以长时间保持在 2.0×10^{-4} Pa。加热源是空心长管状，中心放有氧化铝坩埚。加热源最高加热温度为 1450℃。由于坩埚内部的温度非常均匀并且坩埚口的面积又很小，从坩埚口逸出的原子或者原子团簇汇成一束沉积到基片上。它的强度取决于坩埚的温度。相对于用加热丝的蒸镀方法，这种物理气相沉积方法沉积速率慢，有利于控制薄膜的厚度。源材料为纯度 99.999% 的纯铁和纯镍。在坩埚底部位置有热电偶，进行温度监测和源温度的控制，温度波动为 ±1℃。基片位于 6T 磁场磁感应强度最大的位置，如图 7.1（a）所示。强磁场的方向竖直向上，与基片表面垂直。源与基片之间的距离为 20cm。在基片样品架中间位置装有热电偶，进行温度监控和基片温度控制。基片通过电阻丝加热。

7.3.3　强磁场对薄膜微观结构演化及磁性能的影响

7.3.3.1　磁场强度与温度的竞争关系

为了对比强磁场和基片温度对薄膜生长过程的影响，主要讨论 6T 强磁场与 400℃的基片温度对 Fe-Ni 薄膜生长和磁性能的影响。首先，通过 EDX 面扫描确定薄膜的 Fe 与 Ni 的摩尔比是 55：45。对薄膜表面做面扫检测，确定 Fe 与 Ni 原子的分布情况，发现在有无

6T 磁场作用下，Fe 原子与 Ni 原子都分布均匀。利用 TEM 的 EDX 对薄膜纵截面不同位置的成分进行了测量，发现薄膜只含有 Fe 元素和 Ni 元素的能谱峰，没出现其他元素的能谱峰。这表明薄膜没有出现严重氧化和被污染等现象。还发现薄膜成分随薄膜厚度增加是不变的，这表明随沉积时间的增加，薄膜成分是均匀的，成分都近似为 Fe：Ni = 55：45（摩尔比）。利用 TEM 检测了薄膜的厚度，结果表明，在不同基片温度和有无 6T 磁场作用下，$Fe_{55}Ni_{45}$ 纳米晶薄膜的膜厚都近似为 80nm。这表明基片温度和强磁场对薄膜的厚度没有影响。

7.3.3.2　强磁场条件下纳米尺寸的相变

研究结果表明，在 400℃基片上生长 Fe-Ni 薄膜时，强磁场可以在 fcc 相中诱导出 bcc 相的形成。为了确定强磁场对 Fe-Ni 薄膜在纳米尺度相变的影响，选择了在室温下更易于形成 bbc 相的 $Fe_{60}Ni_{40}$ 薄膜作为研究对象，考察了 6T 强磁场对室温、200℃和 400℃的基片生长薄膜的相转变的影响。

7.3.3.3　强磁场条件下薄膜的磁各向异性演化

由于强磁场对不同相组成的 Fe-N 薄膜产生的磁化效应不同，而且对薄膜的磁性也会产生不同的影响，另外，由于不同的磁感应强度的磁化效应也会不同，因此，研究人员也主要探讨不同磁感应强度对不同成分的 Fe-Ni 薄膜的磁性能的影响。

7.4　梯度功能材料制备

迄今人们所熟悉的各种材料，不论是晶态还是非晶态，其成分、结构都是均匀一致的，因此其力学、电磁等性能也是一定的。梯度功能材料的成分和组织在其内部的某个方向上连续变化形成梯度分布。这类材料因其内部成分和结构的变化，性能也发生连续变化。这种变化的性能可满足不同工作环境对材料的要求。梯度功能材料最初是应现代航天航空工业等高技术领域的需要，为满足在极限环境（超高温、大温度落差）下能反复地正常工作而开发的一种新型功能材料，它以缓和热应力、耐热、隔热以及耐腐蚀等为目的。随着科技的发展，更多领域对梯度功能材料提出了应用需求。目前，梯度功能材料的设计思想是使材料的构成要素（组成、结构、结合形式等）从一侧向另一侧呈现连续性变化，从而使材料在机械、声、光、电、磁等性能上呈现单一或复合功能渐变的特性。

7.4.1　冶金过程强磁场下梯度功能材料制备原理

7.4.1.1　磁化力和磁浮力的作用效果

1991 年，Beaugnon 和 Tournier 首次利用梯度强磁场实现了多种抗磁性固体和液体（如金属 Bi 和 Sb、水、木材和塑料等）在重力场下的稳定悬浮；还利用物质的磁化率数据对实现悬浮的磁场强度和梯度条件进行计算，来验证实验结果。实验结果证明，一定强度的梯度磁场对非磁性物质也能够产生可以同重力相比拟的作用效果，为磁化力在材料科学领域的应用提供了直接证据。随后其他学者扩大了实验材料的范围，如有机物和生物体，同样实现了非磁性物质在梯度强磁场下的稳定悬浮。虽然在高温冶金和材料制备过程中，大部分物质都将表现出较弱的磁性，但是当磁感应强度和磁场梯度值较高时，磁化力仍然会对物质产生可观的作用效果。另外，即使是在磁感应强度和磁场梯度相对弱的环境下，对于组元间磁化率差异较大的特定混合体系来说，磁浮力的产生同样会大大强化磁化力的作用效果。

当一个含有液相的两种或多种物质混合体系被置于梯度磁场时，作用在任一物质上的磁化力将最终由该物质和其他物质的磁化率差值决定，即类似于重力场中浮力的作用效果。这样，对于一个同时处于轴向梯度磁场和重力场中含有 A 和 B 两种物质的混合体系来说，物质 A 所受到的合力可以用 $F_{resA} = F_{AM} - F_{AG} = v_A(\chi_A - \chi_B)\dfrac{1}{\mu_0}B\dfrac{dB}{dz} - (\rho_A - \rho_B)v_A g$ 来表示。如果磁感应强度和梯度值足够大，A 所受到的合力将由磁浮力项来主导，且其方向也由磁浮力的方向来决定；另外，如果 A 和 B 两种物质间的磁化率差异较大，就会对物质产生增强的磁化力作用效果。因此，在有固/液两相或多组元液相存在的材料制备过程中施加梯度强磁场，通过磁化力或磁浮力对颗粒相或富溶质液相的驱动作用控制其分布，可以制备出组成或结构呈梯度分布的功能材料。

7.4.1.2　固相颗粒迁移及分布的控制

对于一个由固相颗粒和液相基体组成的两相体系来说，当施加梯度磁场后，固相颗粒将受到由密度差引起的浮力、磁化率差引起的磁浮力的作用。另外，液态基体可以视为黏性介质，当固相颗粒在液态基体里移动时，还要克服一个由介质的黏性引起的动力学阻力。在梯度磁场作用下，当顺磁性的固态颗粒置于顺磁性的液态基体中，且颗粒的密度小于液态基体，如果磁场梯度足够大，颗粒的迁移和分布将可以得到有效控制。如图 7.2 (a) 所示，当无磁场作用或者在均恒磁场作用时，在黏滞阻力的作用下或者黏滞阻力同均恒强磁场的洛伦兹力的共同作用下，颗粒将不会发生明显的迁移并均匀分布在液态基体中。当施加正梯度磁场且磁场梯度足够大时，固相颗粒将受到竖直向上的磁浮力和浮力的共同作用；当磁浮力和浮力之和大于黏滞阻力时，固相颗粒将向上迁移。另外，由于磁场梯度的分布是沿着竖直方向连续变化的，这样固相颗粒在不同位置受到的合力也将连续变化，最终引起在分布上的连续变化，如图 7.2 (b) 所示。当施加负梯度磁场且磁场梯度足够大时，固相颗粒将受到竖直向下的磁浮力和竖直向上的浮力的共同作用。当磁浮力大于浮力同黏滞阻力之和时，固相颗粒将向下迁移。同样，由于磁场梯度的分布沿着竖直方向连续变化，固相颗粒在不同位置受到的合力也将连续变化，最终引起在分布上的连续变化，如图 7.2 (c) 所示。

分析表明，将梯度强磁场施加到固相颗粒和液相基体组成的两相体系中，可以有效控制颗粒相的迁移和分布。在随后的液相转变成固相的过程中，颗粒相在试样中的分布得到固定，可以制备出颗粒相连续分布的组织。因此，将梯度强磁场施加到半固态、固化、凝固等材料制备过程中，通过合理设计功能相及基体的种类和成分等参数，便可以制备出具有不同性能的梯度功能材料。

7.4.1.3　溶质迁移及分布的控制

对于一个处在梯度强磁场条件下且组元间密度和磁化率不同的二元合金熔体来说，如果合金熔体内存在很多富溶质微区，这些微区也可以像熔体中的固相一样受到由密度差引起的浮力和由磁化率差引起的磁浮力的作用。如果磁场梯度足够大，富溶质区的迁移和分布也可以得到有效控制。

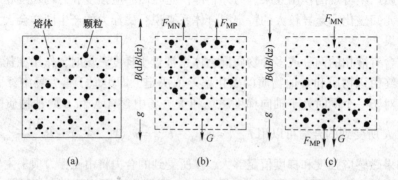

图 7.2　不同磁场条件下液/固两相体系内颗粒受磁化力
（F_{MP}）和重力（G）以及合金受磁化力（F_{MN}）的示意图
（a）无磁场；（b）正梯度磁场；（c）负梯度磁场

　　将梯度强磁场施加到合金熔体中，可以有效控制富溶质微区的迁移和分布，进而控制合金在凝固前沿单一方向的成分变化，最终会得到成分或不同相连续分布的组织。因此，将梯度强磁场施加到材料的凝固过程中，通过合理设计合金的成分和元素的种类等参数，同样可以制备出具有不同性能的梯度功能材料。

7.4.2　梯度功能材料的制备

7.4.2.1　颗粒相梯度分布组织

　　当某一共晶系合金处在高于共晶线但是低于液相线的某一温度保温时，合金会形成固态初生相同近共晶成分的液相共存的半固态。根据熟化理论，如果保温时间足够长，由于原子扩散和能量起伏，枝晶状或条状初生相会逐渐熔断成小块状组织并逐渐球化。同时伴随着小晶粒的熔化消失，大晶粒最终粗化成为初生相颗粒。为此，Liu 等采用亚共晶 Mn-Sb 合金作为模型合金，将合金在不同梯度强磁场条件下加热至半固态，并进行不同时间的等温处理，成功制备出 MnSb 颗粒在共晶 MnSb/Sb 基体内呈梯度分布的复合材料。

　　研究证明，将梯度强磁场施加到固态功能相颗粒和液相基体组成的混合体系，可以通过磁化力来驱使磁化率不同的功能相颗粒在液相基体中迁移，进而制备出梯度功能材料。控制颗粒迁移行为的参数为磁场梯度的方向、值的大小和保温时间的长短。

7.4.2.2　初生相梯度分布组织

　　Wang 等采用亚共晶 Mn-Sb 合金作为模型合金（Mn 和 Sb 元素的密度和磁化率数据示于表 7.1 中），将合金熔体在不同梯度强磁场条件下保温不同时间后凝固，通过磁浮力控制合金熔体中 Mn 溶质的迁移和分布来控制合金沿磁场梯度方向上的成分变化，成功制备出 MnSb-MnSb/Sb 和 MnSb-MnSb/Sb-Sb 层状梯度复合材料。

表 7.1　液态 Mn 和 Sb 在熔点附近的物性参数

合金元素	密度 ρ/kg·m^{-3}	磁化率 χ
Mn	5.76×10^3	882.62×10^{-6}
Sb	6.48×10^3	-1.00×10^{-6}

研究结果表明，将梯度强磁场施加到合金凝固过程中，可以通过控制合金内溶质的分布而制备出层状梯度功能材料。由于层状梯度组织的形成是 Mn 溶质富集微区受磁浮力驱动发生迁移在合金内形成成分变化的结果，那么所有影响 Mn 溶质富集微区迁移行为的因素都将影响合金的微观组织。经深入的研究后发现，影响层状梯度组织形成及相分布的因素为磁场梯度的方向、梯度磁场的 $|BdB/dz|$ 值大小、合金的成分、试样沿梯度方向的长度、合金的凝固速率、合金在液态时的等温处理时间。更大的磁场梯度有助于合金中梯度层状组织的形成和各个初生相体积分数的增加。

7.4.2.3 初金相梯度分布的排列组织

Wang 等用 Mn-Bi 合金作为模型合金，将合金熔体在不同梯度强磁场条件下凝固，通过磁浮力控制合金凝固过程中形核和长大的初生 MnBi 相晶粒的迁移和分布，成功制备出初生 MnBi 相晶粒沿磁场梯度方向呈梯度分布且沿磁场方向定向排列的 MnBi-MnBi/Bi 梯度排列复合材料。

研究结果证明，将梯度强磁场施加到合金的凝固过程，可以通过磁化力来驱使已经形核并正在长大的固相在液相基体中迁移，同时结合强磁场的磁极间相互作用，在固相晶粒间产生吸引或排斥的作用效果，诱发晶粒相互连接，最终制备出功能相梯度分布且定向排列的复合材料。

7.4.2.4 多元无相梯度分布组织

Liu 等采用 Al-Si-Mg-Ti 多元合金系作为模型合金，将合金熔体在不同梯度强磁场条件下凝固，考察了利用梯度强磁场控制多元合金系内不同生成相分布，进而制备出多元复合材料的可能性。由于多元合金系在凝固过程中不同的生成相在不同温度下析出并长大，而各生成相间存在密度差和磁化率差，因此作用在各生成相上的磁浮力和浮力将有所差异，并最终影响各生成相的迁移和分布。

上述研究结果证明，将梯度强磁场施加到多元合金的凝固过程，通过各生成相间的密度差和磁化率差引起的磁浮力和浮力上的差异，可以控制各个已经形核并正在长大的固相在液相基体中产生有差别的迁移。通过合理设计合金的成分和元素的种类等参数，可以制备出具有多种不同性质的功能相且各功能相呈特殊分布的复合材料。

7.5 对碳纤维石墨化的影响

在碳纤维轴向上施加 12T 的强磁场后，其抗拉强度提高了 30% 左右。但是通过对施加和未施加磁场条件下的试样进行 X 射线衍射分析后，并没有发现晶粒取向性的不同。因而分析认为，这种抗拉强度的提高是由于强磁场作用以后，试样的缺陷减少而造成的。而缺陷对碳纤维的强度具有非常重要的影响。

对单个石墨颗粒而言，强磁场的取向作用还是很明显的。Hiroshi Morikawa 等在这方面做了研究。考虑到石墨具有很大的磁晶各向异性，因此它是研究晶体取向性很好的材料。实验分别在有和没有磁场的条件下进行，用硬化剂将直径约为 $70\mu m$ 的石墨颗粒与液体聚酯树脂混合，并保持数小时直至树脂变硬。然后分别对试样垂直磁场的面和平行磁场的面进行 X 射线衍射分析，以检测石墨颗粒的取向。最后，还研究了石墨颗粒大小对晶体取向性的影响。对试样进行 X 射线衍射分析发现，施加磁场后，在垂直于磁场的面上出现了分别表示（100）面和（110）面的峰值，即 a 面和 b 面，而在平行于磁场的面上峰值减弱。这表明，石墨颗粒的 a 面和 b 面沿垂直磁场方向排列。c 面平行于磁场方向。对不同直径石墨颗粒进行研究发现，石墨颗粒越小的试样与磁场垂直面和平行面之间的峰值差别就越大。这表明，小颗粒石墨的磁晶各向异性在磁场下表现更为明显，其原因可能是小颗粒石墨更像一个单晶体，而大颗粒石墨就变成了多晶体。

7.6　强磁场对晶体取向的影响

由于晶体结构的不同，有些晶体在不同晶向上会表现出不同的磁化率，即具有磁晶各向异性。另外，晶体的不规则外形导致其在不同方向上也表现出不同的磁化率，即具有形状磁各向异性。这样，磁场中晶体在不同晶向或方向间会由于磁化而产生自由能的差异，即磁各向异性能。磁各向异性能通过对晶体产生磁力矩的方式试图使晶粒发生旋转，从而使系统处于能量最低状态。这就为利用强磁场和晶体的磁化率各向异性来制备有取向（织构化）的功能材料提供了可能。对于铁磁性和顺磁性材料，由于磁化率大于零，在磁各向异性能的作用下，磁化率最大的方向将平行于磁场方向；而对于抗磁性材料，磁化率最小的方向将平行于磁场方向。

强磁场下的晶体取向行为引起了研究者的广泛关注，通过大量的实验研究，在多种材料的凝固、半固态等温处理、固态热处理等过程中都得到了生成相沿特定方向形成高度取向的组织，并形成了较完整的磁取向理论。

7.6.1　晶体取向强磁场作用原理

在晶体制备/定向凝固中施加静磁场抑制流动，可以使凝固以纯扩散的方式进行，减少因对流造成的偏析，促进溶质元素的合理分布。利用结晶体磁化率各向异性的特点以及母相和生成相的磁矩差，在金属材料的再结晶、扩散析出等相变等过程中施加静磁场作用时，可以使金属组织结构发生变化或者改善晶体组织的取向，从而改善材料的性能，甚至可以制造出新型材料。1949 年，Smoluchowski 等就发现在静磁场作用下，Fe_2Co 合金的再结晶组织发生了变化。

结晶物的磁化率具有各向异性的特点，而且结晶物由于形状不同，其在静磁场中所受到的磁化力也存在差异。因此，在磁场作用下，晶体将朝磁化能稳定的方向析出，这就是结晶取向的基本原理。目前，强磁场下的结晶取向被用在气相蒸发、电析及凝固过程中。

首先讨论晶体只具有磁晶各向异性特点时的情形。以简单立方晶系为例，假设晶体在不同晶向的磁化率存在如下关系：$\chi_c < \chi_a = \chi_b$。非磁性物质（$\chi \ll 1$）的磁化能为

$$U_m = -\frac{\mu_0 \chi}{2(1+\chi N)^2} H_{ex}^2 \tag{7.1}$$

第二相在各方向具有的磁化能分别为

$$\begin{cases} U_{m(a,b)} = -\dfrac{\mu_0 \chi_{a,b}}{2(1+N\chi_{a,b})^2} H_0^2 \\[3mm] U_{m(c)} = -\dfrac{\mu_0 \chi_c}{2(1+N\chi_c)^2} H_0^2 \end{cases} \tag{7.2}$$

式中，$\chi_{a,b}$ 为 a 方向或 b 方向的磁化率，$\chi_{a,b} = \chi_a = \chi_b$。

则第二相在不同晶体方向上的磁化能的差异为

$$U_{m(c)} - U_{m(a,b)} = \frac{\mu_0 H_0^2}{2(1+N\chi_{a,b})^2(1+N\chi_c)^2}(\chi_{a,b}-\chi_c) \approx \frac{\mu_0 H_0^2}{2}(\chi_{a,b}-\chi_c) \quad (7.3)$$

根据能量最低的原则，第二相的 c 轴沿垂直于磁场的方向取向。如果晶体在不同晶向的磁化率满足 $\chi_c < \chi_a = \chi_b$ 的关系，则第二相的 c 轴沿平行于磁场的方向取向，如图 7.3 所示。

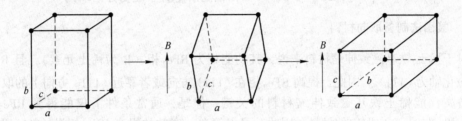

图 7.3 磁场下晶体取向示意图

上述分析以弱磁性材料作为研究对象，如果第二相是铁磁性，需要将式（7.4）代入式（7.3）中，由于两者没有本质上的区别，因此上述结论对于铁磁性材料同样适用：

$$U_m = -\frac{\mu_0 M_S H_S}{2(1+N\chi)} - \mu_0 M_S H_{ex} + \mu_0 M_S H_S \quad (\chi \gg 1) \quad (7.4)$$

下面讨论晶体只具有形状磁各向异性特点时的情形。假设晶体形状为针状或者棒状，并且轴向为 a，径向为 r。晶体的形状不仅使自身产生磁化率各向异性，根据阿基米德效应，还会引起周围熔体对其产生同样作用。弱磁性晶体在轴向和径向上的磁化能分别为

$$\begin{cases} U_{m(r)} = -\dfrac{\mu_0 \chi_{p,r}}{2(1+N_r\chi_{p,r})^2}H_0^2 + \dfrac{\mu_0 \chi_m}{2(1+N_r\chi_m)^2}H_0^2 \\[3mm] U_{m(c)} = -\dfrac{\mu_0 \chi_{p,a}}{2(1+N_a\chi_{p,a})^2}H_0^2 + \dfrac{\mu_0 \chi_m}{2(1+N_a\chi_m)^2}H_0^2 \end{cases} \quad (7.5)$$

式中，下标 p 表示第二相；下标 m 表示熔体。

显然，液态下的熔体是非晶体，不具备晶体的各向异性特征，因此式（7.5）中熔体的磁化率在轴向和径向是一致的。则晶体在轴向和径向的磁化能之差为

$$\Delta U_m = U_{m(r)} - U_{m(a)} \approx \frac{\mu_0 H_0^2}{2}\left[(\chi_{p,a}-\chi_{p,r}) + 2(\chi_{p,a}\chi_{p,r}-\chi_m^2)(N_r-N_a)\right] \quad (7.6)$$

从式（7.6）的右侧可以看出，形状磁各向异性情况下晶体的取向相对复杂，右侧第一项表示晶体自身的贡献，第二项表示熔体的贡献。

当晶体的磁化率在不同方向差异较小时，即 $\chi_{p,a} \approx \chi_{p,r}$，式（7.6）可以变形为

$$\Delta U_m = U_{m(r)} - U_{m(a)} \approx \mu_0 H_0^2(\chi_p^2-\chi_m^2)(N_r-N_a) \quad (7.7)$$

式（7.7）中，总有 $N_r > N_a$，因此公式的符号取决于晶体和熔体的磁化率，当 $|\chi_p| >$

$|\chi_m|$ 时，$\Delta U_m > 0$，第二相长轴沿平行于磁场方向取向；当 $|\chi_p| < |\chi_m|$ 时，$\Delta U_m < 0$，第二相沿轴向垂直于磁场方向取向。

当晶体和熔体的磁化率差异较小时，即 $\chi_{p,a}\chi_{p,r} \approx \chi_m^2$，式（7.7）可以变形为

$$\Delta U_m = U_{m(r)} - U_{m(a)} \approx \frac{\mu_0 H_0^2}{2}(\chi_{p,a} - \chi_{p,r}) \tag{7.8}$$

由式（7.8）可见，晶体和熔体的磁化率差别较小时，其取向规则与磁晶各向异性条件下的磁取向规则相同。当 $|\chi_{p,a}| > |\chi_{p,r}|$ 时，$\Delta U_m > 0$，晶体轴向沿平行于磁场方向取向；当 $|\chi_{p,a}| < |\chi_{p,r}|$ 时，$\Delta U_m < 0$，第二相轴向沿垂直于磁场方向取向。

7.6.2 凝固法制备取向材料

对于稀土-铁基磁致伸缩材料来说，其功能相为 RFe_2 相（R 为稀土元素），且 RFe_2 相的易磁化轴为 $\langle 111 \rangle$。因此，提高 RFe_2 相在 $\langle 111 \rangle$ 方向或者靠近 $\langle 111 \rangle$ 方向上的取向度，是制备高性能稀土铁基磁致伸缩材料的关键。但是，通常条件下仅能得到 RFe_2 相沿 $\langle 110 \rangle$ 和 $\langle 112 \rangle$ 方向取向的材料，因此，寻求简单、高效的提高 RFe_2 相沿 $\langle 111 \rangle$ 取向的材料制备方法，还是当前该领域研究的焦点。根据磁取向理论，晶体在磁场作用下发生晶体取向必须满足以下三个条件：

（1）晶体具有磁晶各向异性。
（2）磁各向异性能大于热扰动能。
（3）有可以供晶体自由转动的介质。

另外，晶体的旋转取向还要受到同其他晶体以及与器壁之间的机械作用、液相的黏性和液体中的流动等多种因素影响。因此，强磁场作用下的晶体取向通常都发生在固/液混合体系中，如在凝固过程中已经形核并长大到一定尺寸的晶粒。Liu 等在稀土-铁基磁致伸缩材料的凝固过程中施加不同磁感应强度的磁场，成功制备出磁性相具有高 $\langle 111 \rangle$ 取向的磁致伸缩材料。制备出的材料呈现明显的磁各向异性特征，磁致伸缩系数及低磁场下的磁致伸缩性能得到显著提高，动态磁致伸缩系数和磁机械耦合系数得到显著增加。

研究结果表明，强磁场可以显著提高稀土-铁基磁致伸缩材料的磁致伸缩系数、动态磁致伸缩系数和磁机械耦合系数等同性能有关的参数。深入分析显示，稀土-铁基磁致伸缩材料在性能上的提高都是由强磁场诱发 RFe_2 相沿 $\langle 111 \rangle$ 取向所引起。

7.6.3 半固态热处理法制备取向材料

在合金的凝固过程中施加强磁场，通过作用在已经形核并长大到一定尺寸的晶粒上的磁力矩，可以使晶粒发生旋转取向，并在随后的长大过程中保持取向状态，最后形成取向组织。而在半固态等温处理过程中施加强磁场，如果满足前文中所述的磁取向的 3 个必要条件，液固混合体系中的固相同样可以发生晶体取向。Liu 等采用 MnSb 合金作为模型合金，通过在合金的半固态等温处理过程中施加强磁场，得到了 MnSb 颗粒高度取向的复合组织。

7.6.4 固态热处理法制备双向与排列材料

由于材料加工过程大部分都在高温环境下进行，多数物质都表现出较弱的磁性，即使

是铁磁性物质，在居里温度以上也会转变成顺磁性物质。因此，强磁场诱发晶体取向通常发生在液固两相体系内，以便于晶粒在液相基体内自由转动。但是对于某些具有较高居里温度的铁磁性物质，如 Fe-C 合金中的 α 相，其在相变时仍然是铁磁性，在强磁场作用下会诱发出更强的磁力矩。因此，在某些材料的固态热处理加工过程中施加强磁场，同样可以得到取向组织。Wang 等在 Fe-C 合金的固态热处理过程中施加强磁场，通过磁力矩、磁化力和磁极间相互作用的耦合作用，得到了 α 相晶粒在 γ 相基体内取向并沿磁场方向形成链状排列的组织。

研究结果表明，利用强磁场作用下的固态热处理过程，可以有效控制某些材料内功能性相的晶体取向行为。这为制备具有取向和排列组织的功能材料提供了一个思路。

7.7 粉末材料制备

7.7.1 粉末材料制备背景

电磁场能够通过影响金属熔体中电子和离子的运动状态，使液态金属凝固后的金相组织发生变化，产生了细化作用，使金属或合金材料的性能得到提高。材料的宏观性能和微观状态与材料中的电子和离子的运动状态有着密切的关系。在热能量场（如温度场）作用的同时施加冷能量场（如电场、磁场），则复合交互场中的金属熔体相变会呈现一系列新的特点。从目前国内外的研究结果来看，电磁场在材料制备过程中的应用，已开始成为提高材料性能质量以及新材料、新工艺开发研究的重要途径。

7.7.2 电磁雾化原理及效果

电磁雾化原理如图 7.4 所示。由图可见，从细小喷嘴中射出的液态金属和喷嘴对面安装的电极间存在电位差。如果从喷嘴与电极间的电流方向或成正交的方向上加直流磁场的话，那么在通电的同一时刻，会在喷嘴与电极间的液态熔化金属内产生电磁力，从而使液态金属飞散雾化，于是电流暂时被切断；其在后续流出的金属作用下，又重新通电，并再次使金属飞散雾化。于是这一过程反复进行下去。这种方法可以很好地控制金属的颗粒尺寸及颗粒分布，而且通过改变电磁场的方向，还可以使金属的飞散方向发生变化，从而克

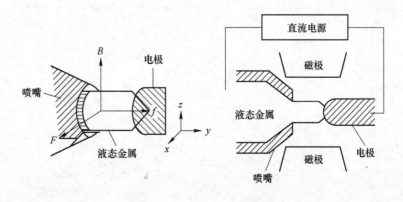

图 7.4 电磁雾化工艺示意图

服由于流体冲击产生的偶发因素而使金属颗粒尺寸不规则及分布不均的缺陷。因此，该工艺可应用于喷射铸造。

另外，电磁泵或电磁流槽是应用较早的利用电磁方法对液态金属进行提升、输送、定量和浇注的装置。电磁泵始于原子能工业钾钠铋等液体金属的输送，后来发展到铸造方面的铝镁等有色金属以及铸铁的输送和浇注。电磁泵主要分直流和交流电磁泵两大类。

思 考 题

7-1 简要说明强磁场材料科学已影响到哪些学科的研究？

7-2 梯度功能材料有何特点？

7-3 取向与排列材料的主要制备方法有哪些？

7-4 简述磁性薄膜材料制备装置。

7-5 强磁场对磁性薄膜微观结构和磁性能有何影响？

参 考 文 献

[1] 韩至成. 电磁冶金学 [M]. 北京：冶金工业出版社，2001.

[2] 韩至成. 电磁冶金技术及装备 [M]. 北京：冶金工业出版社，2008.

[3] 潘秀兰，王艳红，梁慧智. 国内外电磁搅拌技术的发展与展望 [J]. 鞍钢技术，2005 (4)：9-15.

[4] 赫冀成. 电磁场对改善钢材质量的作用 [J]. 钢铁，2005，40 (1)：24-30.

[5] 徐国兴，张琪渔. 电磁搅拌技术在连铸机上的应用及其对铸坯质量的改善 [J]. 上海金属，1997，19 (3)：28-33.

[6] 韩至成. 电磁流体力学在冶金工业中的应用 [J]. 钢铁，1987 (6)：24-39.

[7] 刘薇，胡林，解茂昭. 连铸工艺中的电磁搅拌技术 [J]. 炼钢，1999，15 (1)：54-56.

[8] 任忠鸣，董华锋，邓康，等. 软接触结晶器电磁连铸中初始凝固的基础研究 [J]. 金属学报，1999，35 (8)：851-855.

[9] 王长龙，梁四洋，左宪章，等. 漏磁检测的研究现状及发展 [J]. 军械工程学院学报，2007，19 (4)：13-16.

[10] 金百刚. 电磁连铸冶金技术及应用现状 [J]. 冶金设备，2009 (2)：5-10.

[11] 江中块. 电磁制动技术在板坯连铸机上的应用 [J]. 安徽工业大学学报，2007，24 (3)：253-256.

[12] 张廷安，杨欢，魏世丞，等. 电磁技术在冶金中的应用 [J]. 材料导报，2000，14 (10)：22-25.

[13] 殷瑞钰. 中国钢铁业发展与评估 [J]. 金属学报，2002，38 (6)：561-567.

[14] 王宏丹. 多模式电磁搅拌板坯连铸结晶器内电磁场与钢液流动数值模拟 [D]. 东北大学，2011.

[15] 郑军. 连铸电磁搅拌 [J]. 武钢技术，1997 (10)：33-38.

[16] 于光伟，贾光霖，王恩刚，等. 方坯软接触电磁连铸实验研究 [J]. 钢铁，2002，37 (5)：19-22.

[17] 王强，金百刚，高翱，等. 中频磁场下两段式无缝结晶器的透磁效果 [J]. 金属学报，2008，44 (7)：883-886.

[18] 周汉香. 新日铁板坯连铸机的铸流电磁搅拌器 [J]. 武钢技术，2004 (2)：58-61.

[19] 张永杰，温宏权. 板坯连铸电磁制动技术发展20年 [J]. 世界钢铁，2001 (4)：6-10.

[20] 白丙中. 电磁搅拌和电磁制动技术在连铸生产中的应用 [J]. 首钢科技，1999 (3)：3-6.

[21] 王宝峰，李建超. 电磁搅拌技术在连铸生产中的应用 [J]. 鞍钢技术，2009 (1)：1-5.

[22] 于艳，刘俊江，徐海澄. 结晶器电磁搅拌对连铸坯质量的影响 [J]. 钢铁，2005，40 (2)：31-33.

[23] 黄尊贤，朱祖民. 电磁搅拌在板坯连铸机上的应用 [J]. 宝钢技术，1994 (3)：51-55.

[24] 夏晓东，史华明. 电磁搅拌技术在连铸的应用 [J]. 宝钢技术，1999 (3)：9-13.

[25] 孙亮. 结晶器电磁搅拌技术的原理及发展 [J]. 梅山科技，2003 (2)：43-45.

[26] 电磁铸造与电磁搅拌专集 [J]. 国外钢铁，1992 (11)：81-84.

[27] 李润生，王为钢，郝冀成. 电磁冶金概述 [J]. 钢铁，1998，33 (4)：70-73.

[28] 李廷举，迷兰旦，曹志强. 钢电磁连续铸造的基础研究 [C]. 第六届连续铸钢全国学术会议论文集，1999：239.

[29] 贾均，陈熙探. 交变磁场在铸造中的应用 [C]. 哈尔滨工业大学铸造论文集，1996 (3)：31-35.

[30] 汪洪峰，郭振和. 结晶器电磁制动技术在高效连铸中的应用 [J]. 钢铁研究，2003，135 (6)：43-47.

[31] 徐愧儒，刘光穆，孟征兵，等. 电磁制动对CSP结晶器内坯壳冲击和弯月面温度的影响 [J]. 特殊钢，2006，27 (1)：11-14.

[32] 张瑞忠，路占宝，刘俊山，等. 邯钢薄板坯连铸机电磁制动的应用效果 [J]. 钢铁研究学报，2005，17 (增刊)：143-146.

[33] 李建超，王宝峰，董方，等．电磁场相位对小方坯结晶器电磁搅拌效果的影响［J］．连铸，2007（1）：43-46.

[34] 王瑞金．磁流体技术的工业应用［J］．力学与实践，2004，26（6）：8-12.

[35] 王坤，王立峰，孙齐松，等．结晶器电磁搅拌对轴承钢矩形坯凝固组织的影响研究［J］．首钢科技，2009（2）：39-41.

[36] 王丽霞．电磁搅拌工艺在冷轧无取向硅钢的开发及应用［J］．山西冶金，2004（3）：26-27.

[37] 于艳，刘俊江，徐海澄．结晶器电磁搅拌对连铸坯质量的影响［J］．钢铁，2005，40（2）：31-33.

[38] 阎朝红，王克勇，刘涌．宝钢分公司4#连铸机提高板坯质量的措施［J］．宝钢技术，2008（1）：13-19.

[39] 侯鹤岚．磁流体技术的发展及其应用［J］．真空，1999，5：8-12.

[40] 张伟强．共晶合金在电磁力和离心力复合作用下的凝固规律［D］．中国科学院金属研究所，1997.

[41] 贾光霖．电磁离心铸造液态金属运动规律的数学模型［J］．东北大学学报，1996，17（6）：610-613.

[42] 王瑞金．磁流体技术的应用与发展［J］．新技术新工艺，2001（10）：8-12.

[43] 茹菊红．电磁场下钢锭连铸凝固传输行为耦合数值模拟［D］．哈尔滨工业大学，2007.

[44] Lehman A. The Use of Electromagnetic Braking in Continuous Casting［J］. Steel Times，1996（7）：278-280.

[45] Zhu M Y, Inomoto T, Sawada I, Tse-Chiang H. Fluid Flow and Mixing Phenomena in the Ladle Stirred by Argon through Multi-Tuyere［J］. Isij International，1995，35（5）：472-479.

[46] 王强，赫冀成，刘铁，等．电磁冶金新技术［M］．北京：科学出版社，2015.

[47] 张志宏，顾建农．流体力学［M］．北京：科学出版社，2015.

[48] 倪光正，杨仕友，邱捷，等．工程电磁场数值计算［M］．北京：机械工业出版社，2010.

[49] 章四琪，黄劲松．有色金属熔炼与铸锭［M］．北京：化学工业出版社，2013.

[50] 于萍．工程流体力学［M］．北京：科学出版社，2015.

[51] 袁致涛，王常任．磁电选矿［M］．2版．北京：冶金工业出版社，2011.

[52] 韩跃新，孙永升，李艳军，等．我国铁矿选矿技术最新进展［J］．金属矿山，2015（2）：1-11.